住房和城乡建设部“十四五”规划教材

高职高专土建专业“互联网+”创新规划教材

第三版

工程造价控制

主　编◎斯　庆

副主编◎王秀英　褚菁晶

主　审◎张　鑫　李艳玲

北京大学出版社
PEKING UNIVERSITY PRESS

内 容 简 介

本书针对高等职业技术应用型人才的培养目标和要求，结合高等职业教育的特点，以理论知识够用、突出实践为目的编写。本书内容按照基本建设程序编排，以工程造价控制原理为基础，为培养实践能力导入大量的工程实例，与其他专业课程内容之间保持相互渗透、相互统一的关系。同时，本书介绍了工程造价领域现行的法规和相关政策，体现知识的综合性、实用性、实践性和政策性。

全书共分7章，主要内容包括建设工程造价构成、建设工程造价确定的依据、建设工程决策阶段工程造价控制、建设工程设计阶段工程造价控制、建设工程招投标阶段工程造价控制、建设工程施工阶段工程造价控制和建设工程竣工验收阶段工程造价控制。

本书既可作为高职高专院校工程造价、建筑工程管理、工程监理等专业的教学用书，也可作为造价员等执业资格考试的培训教材。

图书在版编目(CIP)数据

工程造价控制/斯庆主编．—3版．—北京：北京大学出版社，2021.1
高职高专土建专业“互联网+”创新规划教材
ISBN 978-7-301-31571-2

Ⅰ．①工…　Ⅱ．①斯…　Ⅲ．①工程造价控制—高等职业教育—教材
Ⅳ．①TU723.3

中国版本图书馆CIP数据核字(2020)第156723号

书　　名　工程造价控制（第三版）
GONGCHENG ZAOJIA KONGZHI (DI-SAN BAN)
著作责任者　斯　庆　主编
策 划 编 辑　杨星璐
责 任 编 辑　赵思儒
数 字 编 辑　蒙俞材
标 准 书 号　ISBN 978-7-301-31571-2
出 版 发 行　北京大学出版社
地　　址　北京市海淀区成府路205号　100871
网　　址　http://www.pup.cn　新浪微博：@北京大学出版社
电 子 信 箱　pup_6@163.com
电　　话　邮购部010-62752015　发行部010-62750672　编辑部010-62750667
印 刷 者　三河市北燕印装有限公司
经 销 者　新华书店
787毫米×1092毫米　16开本　16.25印张　390千字
2009年2月第1版　2014年8月第2版
2021年1月第3版　2022年11月第4次印刷（总第21次印刷）
定　　价　42.00元

第三版前言

工程造价控制是工程建设项目管理工作中极为重要的一部分，目的是切实增加项目企业的根本利益，提高业主单位资金投入效果，有效控制工程进度，合理降低工程成本。本书根据行业企业调研和高等职业教育建设工程管理专业和工程造价专业教学需要，结合专业人才培养目标、课程教学标准和教学大纲，明确以理论知识适度够用、培养造价控制和管理能力为目标，以工程建设全过程造价管理为线索，系统地讲述在工程建设决策阶段、设计阶段、招投标阶段、施工阶段、竣工验收阶段的工程造价控制技术与方法。

本书服务于“工程造价控制”课程教学，结合中价协〔2017〕45号《建设项目全过程造价咨询规程》(CECA/GC 4—2017)、建市〔2017〕214号《建设工程施工合同（示范文本）》(GF—2017—0201)、《中华人民共和国招标投标法实施条例（2019年第三次修订）》、财建〔2016〕503号《基本建设项目竣工财务决算管理暂行办法》等国家现行的行业规范、标准和全国注册造价工程师考试内容以及全过程工程咨询前沿知识进行了修订，涵盖了项目全寿命周期造价管理、全过程造价管理知识。本书列出了学习目标、学习要求、学习重点、引例、知识链接、特别提示、应用案例、选择题、简答题和实训题等内容，具有体例新颖、结构完整、案例全面、便于教学、注重实践等特点。

本书由内蒙古建筑职业技术学院斯庆担任主编，内蒙古建筑职业技术学院王秀英和褚菁晶担任副主编。王秀英编写第1章和第2章，褚菁晶编写第3章和第5章，斯庆编写第4章、第6章和第7章。全书由斯庆负责统稿。

内蒙古建设工程标准定额总站费用定额和咨询科张鑫和内蒙古自治区建筑业协会副秘书长李艳玲对本书进行了审读，并提出了很多宝贵意见，为本书的修订工作提供了很大的帮助，在此表示感谢！

本书在编写过程中，参考和引用了国内外大量文献资料，在此谨向相关作者表示衷心的感谢！

由于编者水平有限，书中难免存在不足和疏漏之处，敬请各位读者批评指正。

编　者

2020年6月

资源索引

第二版前言

为适应21世纪高等职业教育发展的需要，结合高职高专建筑工程管理专业、工程造价专业培养目标，依据“工程造价控制”课程的标准和教学大纲，以理论知识适度够用、培养职业能力为目标，以从事建筑工程管理与工程造价工作所需的政策制度和基本知识为重点，本书导入了大量的典型案例，具有综合性和实践性的特点。

本书结合国家现行的行业规范、标准修订，以工程建设全过程造价管理为线索，系统地阐述了工程建设决策阶段、设计阶段、招投标阶段、施工阶段、竣工验收阶段的工程造价控制技术与方法。本书结合注册造价工程师考试内容和工程造价控制领域前沿知识，列出了学习目标、学习要求、学习重点、引例、知识链接、特别提示、应用案例、选择题、简答题和实训题等内容，具有体例新颖、结构完整、案例全面、便于教学、注重实践等特点。

全书内容按照60学时安排，推荐学时分配：第1章8学时，第2章6学时，第3章12学时，第4章8学时，第5章10学时，第6章12学时，第7章4学时。各院校可以根据实际情况，灵活地安排教学内容。

本书由内蒙古建筑职业技术学院斯庆担任主编；内蒙古建筑职业技术学院王秀英和褚菁晶，河南建筑职业技术学院周艳冬担任副主编。其中王秀英编写第1章和第2章，褚菁晶编写第3章和第5章，斯庆编写第4章、第6章和第7章，周艳冬也参与了本书的编写，为本书的修订工作提出了建设性的意见。全书由斯庆负责统稿。

内蒙古建设工程造价管理总站站长杨廷真和内蒙古公诚信造价咨询公司董事长赵秀琴对本书进行了审读，并提出了很多宝贵意见，对本书的修订工作提供了很大的帮助，在此表示感谢！

本书在编写过程中，参考和引用了国内外大量文献资料，在此谨向相关作者表示衷心的感谢！

由于编者水平有限，书中难免存在不足和疏漏之处，敬请各位读者批评指正。

编　者

2014年5月

第一版 前言

本书为北京大学出版社“21 世纪全国高职高专土建系列技能型规划教材”之一。为适应高等职业教育的发展需要，结合高职高专建筑工程管理专业、工程造价专业培养目标，依据“工程造价控制”课程的教学大纲，以理论知识适度够用、加强职业能力培养为目标编写了本书。以从事建筑工程管理与工程造价工作所需的政策、制度和基本知识作为重点，本书导入大量的典型案例，体现了“能力本位”的课程观。

全书内容共分 7 章，主要包括建设工程造价构成、建设工程造价确定的依据、建设工程决策阶段工程造价控制、建设工程设计阶段工程造价控制、建设工程招投标阶段工程造价控制、建设工程施工阶段工程造价控制、建设工程竣工验收阶段工程造价控制等。

全书内容建议按照 56 学时编排，推荐学时分配：第 1 章 6 学时，第 2 章 4 学时，第 3 章 10 学时，第 4 章 10 学时，第 5 章 10 学时，第 6 章 12 学时，第 7 章 4 学时。教师可以根据实际情况，灵活地安排教学内容。

本书的内容按照基本建设程序设置，以工程造价控制原理为基础，阐述了建设工程决策阶段、设计阶段、招投标阶段、施工阶段和竣工验收阶段的工程造价控制技术与方法。书中引用了大量的典型案例，并推荐了相关阅读资料，对学生拓展知识面有积极的作用。本书的特色如下。

(1) 体现了政策性。本书在编写过程中参照了工程造价领域现行的法规和相关政策，尤其是工程造价行业的新法规、新规范和新经验。

(2) 内容结构的新颖性。本书的主要内容列出了学习目标、学习要求、学习重点、引例、知识点、特别提示、相关案例和能力评价体系，练习题主要以选择题、简答题和实训题为主，同时在重点章节列出了工程造价领域前沿知识，体现了内容结构的新颖性。

(3) 注重了适用性。本书的编写人员由具备多年实践教学经验和工作经验的多个区域、多个院校的教师及专家组成，将丰富的教学典型案例运用到书中，同时，本书的编写内容考虑到学生考取执业资格证书的需要，结合了注册造价工程师考试教材的内容。

(4) 实践性强。本书的编写以当前实际开展的工作为主要内容，辅以典型案例分析，重点说明如何操作，旨在提高学生的实践操作能力。

(5) 注重了实用性。

此外，本系列规划教材充分体现了“技能型”的定位，具有以下特点。

(1) 系列完整。结合建筑工程、工程管理和工程造价等土建类专业相关学科与课程之间的关系，整个系列体系严密完整。

(2) 针对性强。切合高等职业教育的培养目标，侧重技能传授，平衡理论与实践教学内容。

(3) 体例新颖。从人类常规的思维模式出发，本书的内容编排打破传统教材的编写框架；整个系列由工程实例导入，然后展开理论描述，更符合教师的教学要求，也方便培养学生的理论与实践一体化的目标。

(4) 案例全面。采用最新的工程案例，切合实际；工程案例的引用不局限于地域，面向全国。

(5) 方便教学。全套教材以立体化精品教材为构建目标，提供完备的电子教案、习题参考答案及电子课件等教学资源，适合教学需要。

本书既可作为高职高专院校建筑工程类相关专业的教材和指导书，也可以作为土建施工类及工程管理类等专业执业资格考试的培训教材。

本书由内蒙古建筑职业技术学院斯庆、河南建筑职业技术学院宋显锐任主编，济南工程职业技术学院关永冰、武汉工业职业技术学院周业梅、内蒙古建筑职业技术学院褚菁晶任副主编，全书由斯庆负责统稿。内蒙古建筑职业技术学院银花对本书进行了审读，并提出了很多宝贵意见，对本书的编写工作也提供了很大的帮助，在此表示感谢！

本书在编写过程中参考和引用了国内外大量文献资料，在此谨向原书作者表示衷心感谢！由于编者水平有限，书中难免存在不足和疏漏之处，敬请各位读者批评指正。联系E-mail：linsiqing@163.com。

编　者

2008 年 11 月

目录

第1章 建设工程造价构成

学习目标

了解工程造价控制的相关知识；掌握工程造价的构成，设备及工、器具购置费用的构成，建筑安装工程费用的构成；熟悉工程建设其他费用的构成，预备费、建设期贷款利息的含义及计算方法。

学习要求

能力目标	知识要点	权重
了解工程造价控制的相关知识	工程造价的含义、工程造价的特点、工程造价的计价特征、工程造价管理的含义、全面造价管理的含义、我国工程造价管理的基本内容、工程造价管理的组织	10%
掌握工程造价构成	我国现行建设项目投资构成、我国现行建设项目工程造价的构成	30%
掌握设备及工、器具购置费用的构成	设备购置费的构成及计算方法、工、器具及生产家具购置费的构成及计算方法	10%
掌握建筑安装工程费用的构成	我国现行的建筑安装工程费用的构成要素，及各要素的内容及计算方法	30%
熟悉工程建设其他费用的构成	土地使用费、与项目建设有关的其他费用、与未来生产经营有关的其他费用的含义及计算方法	10%
熟悉预备费、建设期利息	预备费和建设期利息的含义及计算方法	10%

引 例

某综合楼工程，在项目决策阶段由建设单位召集规划、设计、大学教授、施工等专家进行座谈，根据地理位置、投资渠道、对建成后的收益等进行可行性研讨，定论后通过招投标选择施工单位。

该项目主管接到任务后，对该项工程先组建概预算小组(由建设单位、施工单位、监理单位组成)，对该大楼作完整、详细的预算和工料分析，结合施工管理程序，将其融于其中，进行分工合作，指定专人负责。同时要求在施工过程中各负其责，及时沟通，相互间密切配合，严格按照事前规定办事，按月审核工程量后，将所发生的费用与事前核定的预算对照。一旦发现出入较大，及时召开碰头会，分析原因所在，将讨论的意见下达，使工程得到及时调整，充分发挥工程造价管理在施工中的作用。

经过三方的配合操作，项目完成后，虽然施工前的工作量较大，但施工过程中却获得了收益，费用也比同等规模的工程节省5%左右。从这个工程实例可以看出，工程项目只有经过全过程造价管理，同时与工程相结合，才能够强化整个工程过程，最有效地控制工程造价。

1.1 工程造价控制概述

1.1.1 工程造价的含义及其特点

1. 工程造价的含义

工程造价通常是指工程建设预计或实际支出的费用。由于所处的角度不同，工程造价有两种不同含义。

(1) 从投资者(业主)的角度分析，工程造价是指建设一项工程预期开支或实际开支的全部资产投资费用。投资者为了获得投资项目的预期效益，需要对项目进行策划决策及建设实施，直至竣工验收等一系列投资管理活动。在上述活动中所花费的全部费用就构成了工程造价。从这个意义上讲，建设工程造价就是建设工程项目固定资产总投资。

(2) 从市场交易的角度分析，工程造价是指为建成一项工程，预计或实际在工程发承包交易活动中所形成的建筑安装工程费用或建设工程总费用。显然，工程造价的这种含义是指以建设工程这种特定的商品形式作为交易对象，通过招标投标或其他交易方式，在进行多次预估的基础上，最终由市场形成的价格。这里指的工程，既可以是涵盖范围很大的一个建设工程项目，也可以是其中的一个单项工程或单位工程，甚至可以是整个建设工程中的某个阶段，如建筑安装工程、装饰装修工程或者其中的某个组成部分。

特别提示

人们通常将工程造价的第二种含义认定为工程承发包价格。工程造价的两种含义是从不同角度把握同一种事物的本质。

对建设工程投资者来说，市场经济条件下的工程造价就是项目投资，是“购买”项目要付出的价格，同时也是投资者在作为市场供给主体“出售”项目时定价的基础。

对承包商、供应商，以及规划、设计等机构来说，工程价格是他们作为市场供给主体出售商品和劳务的价格总和，或者是特指范围的工程造价，如建筑安装工程造价。

应用案例 1-1

工程造价通常是指工程的建造价格，其含义有两种，下列关于工程造价的表述正确的是(　　)。

A. 从投资者(业主)的角度而言，工程造价是指建设一项工程预期开支或实际开支的全部投资费用

B. 从市场交易的角度而言，工程造价是指为建成一项工程，预期或实际在交易活动中形成的建筑安装工程费用或建设工程总费用

C. 工程造价涵盖的范围只能是一个建设工程项目

D. 通常人们将工程造价的第一种含义认定为工程承发包价格

解： 工程造价通常是指工程的建造价格，其含义有两种，应掌握两种含义及其意义。

本题答案：B

2. 工程造价的特点

工程建设的特点决定了工程造价具有以下特点。

(1) 大额性。

能够发挥投资效用的任何一项工程，不仅实物形体庞大，而且造价高。其中，特大型工程项目的造价可达百亿、千亿元人民币。工程造价的大额性使其关系到有关各方面的重大经济利益，同时也会对宏观经济产生重大的影响，这就决定了工程造价的特殊地位，也说明了工程造价管理的重要意义。

(2) 个别性。

任何一项工程都有特定的用途、功能和规模。因此，对每一项工程的结构、造型、空间分割、设备配置和内外装饰都有具体的要求，即工程内容和实物形态都具有个别性。产品个别性决定了工程造价的个别性，同时，每项工程所处的地区、地段都不相同，这使得工程造价的个别性更加突出。

(3) 动态性。

任何一项工程从决策到竣工交付使用，都有一个较长的建设期。在此期间，经常会出现许多影响工程造价的因素，如工程变更，设备材料价格、工资标准，以及利率、汇率的变化等，这些变化必然会影响到工程造价的变动。由此可见，工程造价在整个建设期内处于不确定状态，直至竣工决算后才能最终决定实际造价。

(4) 层次性。

工程造价的层次性取决于工程的层次性。一个建设项目往往含有多个能独立发挥设计效能的单项工程(车间、写字楼、住宅等)，一个单项工程又是由能够各自发挥专业效能的多个单位工程(土建工程、电器安装工程等)组成的。与此相对应，工程造价有3个层次：建设项目总造价、单项工程造价和单位工程造价。如果专业分工更细，单位工程(如土建工程)的组成部分——分部工程也可以成为交换对象，如大型土方工程、基础工程、装饰工程等。这样，工程造价的层次就增加分部工程和分项工程两个层次而成为5个层次。

(5) 兼容性。

工程造价的兼容性首先表现在它具有两种含义，其次表现在工程造价构成因素的广泛性和复杂性。在工程造价中，成本因素非常复杂，其中为获得建设工程用地付出的费用，项目可行性研究和规划实际费用，与政府一定时期政策(特别是产业政策和税收政策)相关的费用占有相当的份额。此外，盈利的构成也较为复杂，资金成本也较大。

1.1.2 工程造价的计价特征

工程造价的计价是确定工程造价的形成过程，所以工程项目的特点决定了工程计价的特征。

1. 计价的单件性

建筑产品的单件性特点决定了每项工程都必须单独计算造价。

2. 计价的多次性

建设工期周期长、规模大、造价高，需要按建设程序决策和实施，工程造价的计价也需要在不同阶段多次进行，以保证工程造价计算的准确性和控制的有效性。多次计价是个逐步深化、逐步细化和逐步接近实际造价的过程。大型建设工程项目的造价计价过程如图1.1所示。

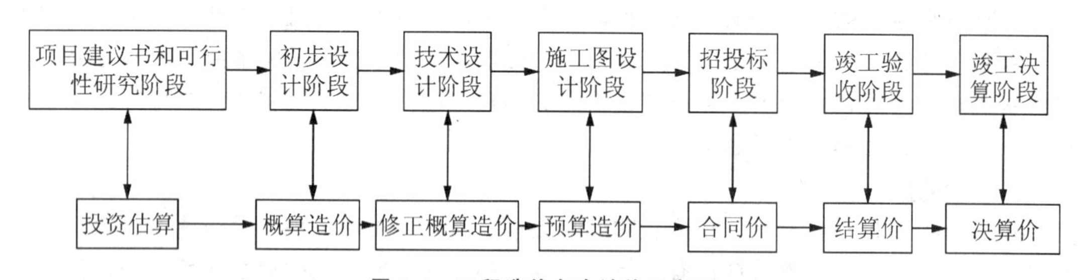

图1.1 工程造价多次计价示意图

(1) 投资估算。在项目建议书和可行性研究阶段通过编制估算文件预先测算和确定的工程造价。投资估算是建设项目进行决策、筹集资金和合理控制造价的主要依据。

(2) 概算造价。在初步设计阶段，根据设计意图，通过编制工程概算文件预先测算和确定的工程造价。与投资估算造价相比，概算造价的准确性有所提高，但受估算造价的控制。概算造价一般又可分为建设项目概算总造价、各个单项工程概算综合造价和各单位工程概算造价。

(3) 修正概算造价。在技术设计阶段，根据技术设计的要求，通过编制修正概算文件，预先测算和确定的工程造价。修正概算是对初步设计阶段的概算造价的修正和调整，比概算造价准确，但受概算造价控制。

（4）预算造价。在施工图设计阶段，根据施工图纸，通过编制预算文件、预先测算和确定的工程造价。预算造价比概算造价或修正概算造价更为详尽和准确，但同样要受前一阶段工程造价的控制。并非每一个工程项目均要确定预算造价。目前，有些工程项目需要确定招标控制价以限制最高投标报价。

（5）合同价。在工程发承包阶段，通过签订总承包合同、建筑安装工程承包合同、设备材料采购合同，以及技术和咨询服务合同所确定的价格。合同价属于市场价格，它是由发承包双方根据市场行情通过招投标等方式达成一致、共同认可的成交价格。但应注意，合同价并不等同于最终结算的实际工程造价。根据计价方法不同，建设工程合同有许多类型，不同类型合同的合同价内涵也会有所不同。

（6）结算价。在工程竣工验收阶段，按合同调价范围和调价方法，对实际发生的工程量增减，设备和材料价差等进行调整后计算和确定的价格，反映的是工程项目实际造价。工程结算文件一般由承包单位编制，由发包单位审查，也可以委托具有相应资质的工程造价咨询机构进行审查。

（7）决算价。在工程竣工决算阶段，以实物数量和货币指标为计量单位，综合反映竣工项目从筹建开始到项目竣工交付使用为止的全部建设费用。工程决算文件一般是由建设单位编制，上报相关主管部门审查。

3. 工程造价的计价组合性

工程造价的计算是分部组合而成的，这一特征和建设项目的组合性有关。一个建设项目是一个工程综合体，它可以分解为许多有内在联系的工程，如图 1.2 所示。从计价和工程管理的角度看，分部分项工程还可以进一步地分解。建设项目的组合性决定了概算造价和预算造价的逐步组合过程，同时也反映到合同价和结算价的确定过程中。工程造价的计算过程是：分部分项工程单价→单位工程造价→单项工程造价→建设项目总造价。

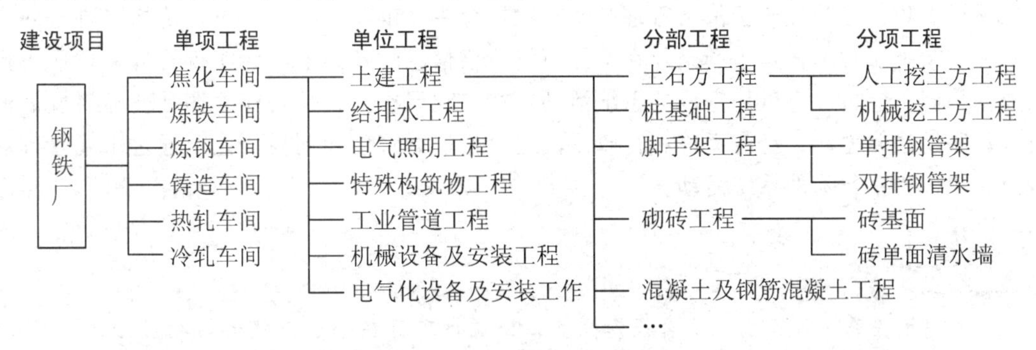

图 1.2　建设项目分解示意图

4. 工程造价计价方法的多样性

工程的多次计价有各不相同的计价依据，每次计价的精确度要求也各不相同，由此决定了计价方法的多样性。例如，计算投资估算的方法有设备系数法、生产能力指数估算法等，计算概、预算造价的方法有单价法和实物法等。不同的方法也有不同的适用条件，计价时应根据具体情况加以选择。

5. 工程造价计价依据的复杂性

影响造价的因素较多，这决定了计价依据的复杂性。计价依据主要可分为以下 7 类。

(1) 计算设备和工程量的依据。其中包括项目建议书、可行性研究报告、设计文件等。

(2) 人工、材料、施工机具等实物消耗量的计算依据。其中包括投资估算指标、概算定额、预算定额等。

(3) 计算工程单价的价格依据。其中包括人工单价、材料价格、材料运杂费、机械台班费等。

(4) 计算设备单价的依据。其中包括设备原价、设备运杂费、进口设备关税等。

(5) 计算措施费、其他项目费和工程建设其他费用的依据。其中主要是相关的费用定额和指标。

(6) 政府规定的税费。

(7) 物价指数和工程造价指数。

工程造价计价依据的复杂性不仅使计算过程复杂，而且要求计价人员熟悉各类依据，并加以正确应用。

1.1.3 工程造价管理及其基本内容

1. 工程造价管理的含义

工程造价管理的含义包括两方面，一是建设工程投资费用管理，二是建设工程价格管理。

1) 建设工程投资费用管理

建设工程投资费用管理是指为了实现投资的预期目标，在拟定的规划、设计方案的条件下，预测、计算、确定和监控工程造价及其变动的系统活动。建设工程投资费用管理属于投资管理的范畴，它既涵盖了微观的项目投资费用的管理，也涵盖了宏观层次的投资费用的管理。

2) 建设工程价格管理

建设工程价格管理属于价格管理范畴。在社会主义市场经济条件下，价格管理分两个层次：在微观层次上，是生产企业在掌握市场价格信息的基础上，为实现管理目标而进行的成本控制、计价、定价和竞价的系统活动；在宏观层次上，是政府根据社会经济发展的要求，利用法律手段、经济手段和行政手段对价格进行管理和调控，以及通过市场管理规范市场主体价格行为的系统活动。

特别提示

工程建设关系国计民生，政府投资公共、公益性项目在今后仍然会占相当份额。因此，国家对工程造价的管理，不仅承担一般商品价格的调控职能，而且在政府投资项目上也承担着微观主体的管理职能。这种双重角色的双重管理职能是工程造价管理的一大特色。区分不同的管理职能，进而制定不同的管理目标，采用不同的管理方法是一种必然的趋势。

2. 全面造价管理

全面造价管理是有效地使用专业知识和专门的技术去计划和控制资源、造价、盈利和风险。建设工程全面造价管理包括全寿命期造价管理、全过程造价管理、全要素造价管理和全方位造价管理。

1）全寿命期造价管理

建设工程全寿命期造价是指建设工程初始建造成本和建成后的日常使用成本之和，它包括建设前期、建设期、使用期及拆除期各个阶段的成本。在工程建设及使用的不同阶段，工程造价存在诸多不确定性，这使得工程造价管理至今只能作为一种现实建设工程全寿命最小化的指导思想，用来指导建设工程的投资决策及设计方案的选择。

2）全过程造价管理

建设工程全过程是指建设工程前期决策、设计、招投标、施工、竣工验收等各个阶段。全过程造价管理覆盖建设工程前期决策及实施的各个阶段，包括前期决策阶段的项目策划、投资估算、项目经济评价、项目融资方案分析，设计阶段的限额设计、方案比选、概预算编制，招投标阶段的标段划分、承发包模式及合同形式的选择、招标控制价或标底编制，施工阶段的工程计量与结算、工程变更控制、索赔管理，竣工验收阶段的竣工结算与决算等。

3）全要素造价管理

建设工程造价管理不能单就工程造价本身谈造价管理，因为除工程本身造价之外，工期、质量、安全及环境等因素均会对工程造价产生影响。为此，控制建设工程造价不仅是控制建设工程本身的成本，还应同时考虑工期成本、质量成本、安全与环境成本的控制，从而实现工程成本、工期、质量、安全、环境的集成管理。

4）全方位造价管理

建设工程造价管理不仅是业主或承包单位的任务，也应该是政府建设行政主管部门、行业协会、业主方、设计方、承包方以及有关咨询机构的共同任务。尽管各方的地位、利益、角度等有所不同，但必须建立完善的协同工作机制，才能实现建设工程造价的有效控制。

3. 我国工程造价管理的基本内容

1）工程造价管理的目标

工程造价管理的目标是按照经济规律的要求，根据社会主义市场经济的发展形势，利用科学的管理方法和先进的管理手段，合理地确定造价和有效地控制造价，以提高投资效益和建筑安装企业经营效果。

2）工程造价管理的任务

工程造价管理的任务是加强工程造价的全过程动态管理，强化工程造价的约束机制，维护有关各方的经济利益，规范价格行为，促进微观效益和宏观效益的统一。

3）工程造价管理的基本内容

工程造价管理的基本内容就是合理确定和有效控制工程造价。

(1) 所谓工程造价的合理确定，就是在建设程序的各个阶段，合理确定投资估算、概算造价、预算造价、承包合同价、结算价、竣工决算价。

① 在项目建议书阶段，按照有关规定编制的初步投资估算，经过有关部门批准，作为拟建项目列入国家中长期计划和开展前期工作的控制造价。

② 在项目可行性研究阶段，按照有关规定编制的投资估算，经过有关部门批准，作为该项目的控制造价。

③ 在初步设计阶段，按照有关规定编制的初步设计总预算经过有关部门批准即可作为拟建项目工程造价的最高限额。

④ 在施工图阶段，按照规定编制施工图预算，用以核实施工图阶段预算造价是否超过批准的初步设计概算。对以施工图预算为基础实施招标的工程，承包合同价也是以经济合同形式确定的建筑安装工程造价。

⑤ 在工程实施阶段，按照承包方实际的工程量，以合同价为基础，同时考虑因为物价变动所引起的造价变更，以及设计中难以预计的而在实施阶段实际发生的工程和费用，合理确定结算价。

⑥ 在竣工验收阶段，全面汇集在工程建设过程中实际花费的全部费用，编制竣工决算，以体现建设工程的实际造价。

(2) 所谓工程造价的有效控制，就是在优化建设方案、设计方案的基础上，在建设程序的各个阶段，采用一定的方法和措施把工程造价的发生控制在合理的范围和核定的造价限额以内。具体地说就是：用投资估算价控制设计方案的选择和初步设计概算造价；用概算造价控制技术设计和修正概算造价；用概算造价或修正概算造价控制施工图设计和预算造价。通过工程造价的有效控制以求合理使用人力、物力和财力，取得较好的投资效益。

有效控制工程造价应体现以下 3 项原则。

① 以设计阶段为重点的建设全过程造价控制。工程造价控制贯穿于项目建设全过程的同时，应注意工程设计阶段的造价控制。工程造价控制的关键在于前期决策和设计阶段，而在项目投资决策完成之后，控制工程造价的关键在于设计。建设工程全寿命期费用包括工程造价和工程交付使用后的经常开支费用(含经营费用、日常维护修理费用、使用期内大修理和局部更新费用)以及该项目使用期满后的报废拆除费用等。据西方一些国家分析，设计费一般不足建设工程全寿命期费用的 1%，但正是这少于 1%的费用对工程造价的影响度占到 75%以上，由此可见，设计质量对整个工程建设的效益是至关重要的。

② 主动控制以取得令人满意的结果。长期以来，人们一直把控制理解为目标值与实际值的比较，当实际值偏离目标值时，分析其产生偏差的原因并确定下一步的对策。在工程建设全过程进行这样的工程造价控制当然是有意义的，但问题在于这种立足于调查—分析—决策的基础之上的偏离—纠偏—再纠偏的控制是一种被动的控制，因为这样做只能发现偏离，不能预防可能发生的偏离。为尽可能地减少以致避免目标值与实际值的偏离，还必须立足于事先主动地采取控制措施，实现主动控制；也就是说，工程造价控制不仅要反映投资决策，反映设计、发包和施工(被动地控制工程造价)，更要能动的影响投资决策，影响设计、发包和施工(主动地控制工程造价)。

③ 技术与经济相结合是控制工程造价最有效的手段。要有效地控制工程造价，应从组织、技术、经济等多方面采取措施。从组织上采取的措施包括明确项目组织结构，明确造价控制及其任务，明确管理职能分工；从技术上采取的措施包括重视设计多方案选择，严格审查监督初步设计、技术设计施工图设计，深入技术领域研究节约投资的可能性；从经济上采取的措施包括动态地控制造价的计划值和实际值，严格审核各项费用支出，采取对节约投资的有力奖惩措施等。

4. 工程造价管理的组织

工程造价管理的组织是指为了实现工程造价管理目标而进行的有效组织活动，以及与造价管理功能相关的有机群体。它是工程造价动态的组织活动过程和相对静态的造价管理部门的统一，具体来说主要是指国家、地方、部门和企业之间管理权限和职责范围的划分。

工程造价管理组织有 3 个系统。

1）政府行政管理系统

政府在工程造价管理中既是宏观管理主体，也是政府投资目的的微观管理主体。从宏观管理角度来讲，政府对工程造价管理有一个严密的组织系统，设置了多层次管理机构，规定了管理权限和职责范围。国家建设行政主管部门的造价管理机构在全国范围内行使管理职能，它在工程造价管理工作方面承担的主要职责有以下几个方面。

（1）组织制定工程造价管理的有关法规、制度并组织贯彻实施。

（2）组织制定全国统一经济定额和制定、修订本部门经济定额。

（3）监督指导全国统一经济定额和部管行业经济定额的实施。

（4）制定工程造价咨询单位的资质标准并监督执行，提出工程造价专业技术人员执业资格标准。

（5）负责全国工程造价咨询单位资质工作，负责全国甲级工程造价咨询单位的资质审定。

省、自治区、直辖市和国务院其他主管部门的造价管理机构在其管理辖区范围内行使相应的管理职能；省辖市和地区的造价管理部门在所辖地区内行使相应的管理职能。

2）企、事业机构管理系统

企、事业机构对工程造价的管理属微观管理的范畴。设计单位、工程造价咨询企业按照业主或委托方的意图，在可行性研究和规划设计阶段合理确定和有效控制建设工程造价，如：通过限额设计等手段实现设定的造价管理目标；在招投标工作中编制招标文件、招标控制价或标底，参加评标、合同谈判等工作；在项目实施阶段，通过对设计变更、工期、索赔和结算等管理进行造价控制等。设计单位、工程造价咨询企业通过在全过程造价管理中的业绩，赢得自己的信誉，提高市场竞争力。

工程承包企业的造价管理是企业的重要内容。工程承包企业设有专门的职能机构参与企业的投标决策，并通过对市场的调查研究，利用过去积累的经验研究报价策略，提出报价，在施工过程中进行工程造价的动态管理，并注意各种调价因素的发生和工程价款的结算，避免收益的流失以促进企业盈利目标的实现。工程承包企业在加强工程造价管理的同时还要加强企业内部的各项管理，特别要加强成本控制，这样才能切实保证企业有较高的利润水平。

3）行业协会管理系统

在全国各省、自治区、直辖市及一些大中城市，先后成立了工程造价管理协会，对工程造价咨询工作和造价工程师实行行业管理。

成立于 1990 年 7 月的中国建设工程造价管理协会是我国建设工程造价管理的行业协会，其前身是 1985 年成立的中国工程建设概预算委员会。

协会的业务范围包括以下几方面。

（1）研究工程造价管理体制的改革，行业发展、行业政策、市场准入制度及行为规范等理论与实践问题。

（2）探讨提高政府和业主项目投资效益，科学预测和控制工程造价，促进现代化管理技术在工程造价咨询行业的运用，向国家行政部门提供建议。

（3）接受国家行政主管部门的委托，承担工程造价咨询行业和造价工程师执业资格及职业教育等具体工作，研究并提出与工程造价有关的规章制度及工程造价咨询行业的资质标准、合同范本、职业道德规范等行业标准，并推动实施。

(4) 对外代表我国造价工程师组织和工程造价咨询行业，与国际组织及各国同行组织建立联系与交往，签订有关协议，为会员开展国际交流与合作等对外业务服务。

(5) 建立工程造价信息服务系统，编辑、出版有关工程造价方面的刊物和参考资料，组织交流和推广先进工程造价咨询经验，举办有关职业培训和国际工程造价咨询业务研讨活动。

(6) 在国内外工程造价咨询活动中，维护和增进会员的合法权益，协调解决会员和行业间的有关问题；受理关于工程造价咨询执业违规的投诉，配合行政主管部门进行处理，并向政府部门和有关方面反映会员单位和工程造价咨询人员的建议和意见。

(7) 指导各专业委员会和地方造价协会的业务工作。

(8) 组织完成政府有关部门和社会各界委托的其他业务。

知识链接

我国工程造价管理体系是随着新中国的成立而建立的。在20世纪50年代，我国引进了苏联的概预算定额管理制度，设立了概预算管理部门，并通过颁布一系列文件，建立了概预算工作制度，同时对概预算的编制原则、内容、方法和审批、修正方法、程序等做出了明确的规定。

从20世纪50年代后期至70年代中期，概预算定额管理工作遭到严重的破坏，概预算和定额管理机构被撤销，大量基础资料被销毁。

从1977年起，国家恢复建设工程造价管理机构。经过30多年的不断深化改革，国务院建设行政主管部门及其他各有关部门和各地区对建立健全建设工程造价管理制度，改进建设工程造价计价依据做了大量的工作。

随着社会主义市场经济的逐步确立，我国工程建设中传统的概预算定额管理模式已无法适应优化资源配置的需求，将传统的概预算定额管理模式转变为工程造价管理模式已成为必然趋势。这种改革主要表现在以下几个方面。

(1) 重视和加强项目决策阶段的投资估算工作，努力提高可行性研究报告投资估算的准确度，切实发挥其控制建设项目总造价的作用。

(2) 明确概预算工作不仅要反映设计、计算工程造价，更要能动的影响设计、优化设计，并发挥控制工程造价、促进合理使用建设资金的作用。工程设计人员要进行多方案的技术经济比较，通过优化设计来保证涉及的技术经济合理性。

(3) 从建筑产品也是商品的认识出发，以价值为基础，确定建设工程的造价和建筑安装工程的造价，使工程造价的构成合理化，逐渐与国际惯例接轨。

(4) 引入竞争机制，通过招投标方式择优选择工程承包公司和设备材料供应单位，以使这些单位改善经营管理，提高应变能力和竞争能力，降低工程造价。

(5) 提出用“动态”方法研究和管理工程造价。研究如何体现项目投资额的时间价值，要求各地区、各部门工程管理机构定期公布各种设备、材料、工资、机械台班的价格指数及各类工程造价指数，要求尽快建立地区、部门乃至全国的工程造价管理信息系统。

(6) 提出要对工程造价的估算、概算、预算、承包合同价、结算价、竣工决算实行“一体化”管理，并研究如何建立一体化的管理制度，改变过去分段管理的状况。

(7) 发展壮大工程造价咨询机构，建立健全造价工程师执业资格制度。

我国工程造价管理体制改革的最终目标是：建立市场形成价格的机制，实现工程造价管理市场化，形成社会化的工程造价管理咨询服务业，与国际惯例接轨。

1.2 工程造价构成概述

1.2.1 我国现行建设项目投资构成

建设项目总投资是为完成工程项目建设并达到使用要求或生产条件，在建设期内预计或实际投入的全部费用总和。生产性建设项目总投资包括建设投资、建设期利息和流动资金三部分；非生产性建设项目总投资包括建设投资和建设期利息两部分。其中建设投资和建设期利息之和对应于固定资产投资，固定资产投资与建设项目的工程造价在量上相等。

工程造价基本构成包括用于购买工程项目所含各种设备的费用，用于建筑施工和安装施工所需支出的费用，用于委托工程勘察设计应支付的费用，用于购置土地所需的费用，也包括用于建设单位自身进行项目筹建和项目管理所花费的费用等。总之，工程造价是按照确定的建设内容、建设规模、建设标准、功能要求和使用要求等将工程项目全部建成，在建设期预计或实际支出的建设费用。

1.2.2 我国现行建设项目工程造价的构成

工程造价中的主要构成部分是建设投资，建设投资是为完成工程项目建设，在建设期内投入且形成现金流出的全部费用。根据国家发改委和建设部发布的《建设项目经济评价方法与参数(第三版)》(发改投资〔2006〕1325号)的规定，建设投资包括工程费用、工程建设其他费用和预备费三部分。工程费用是指建设期内直接用于工程建造、设备购置及其安装的建设投资，可以分为建筑安装工程费和设备及工、器具购置费；工程建设其他费用是指建设期发生的与土地使用权取得、整个工程项目建设以及未来生产经营有关的构成建设投资，但不包括在工程费用中的费用；预备费是在建设期内为各种不可预见因素的变化而预留的可能增加的费用，包括基本预备费和价差预备费。建设项目总投资的具体构成内容如图1.3所示。

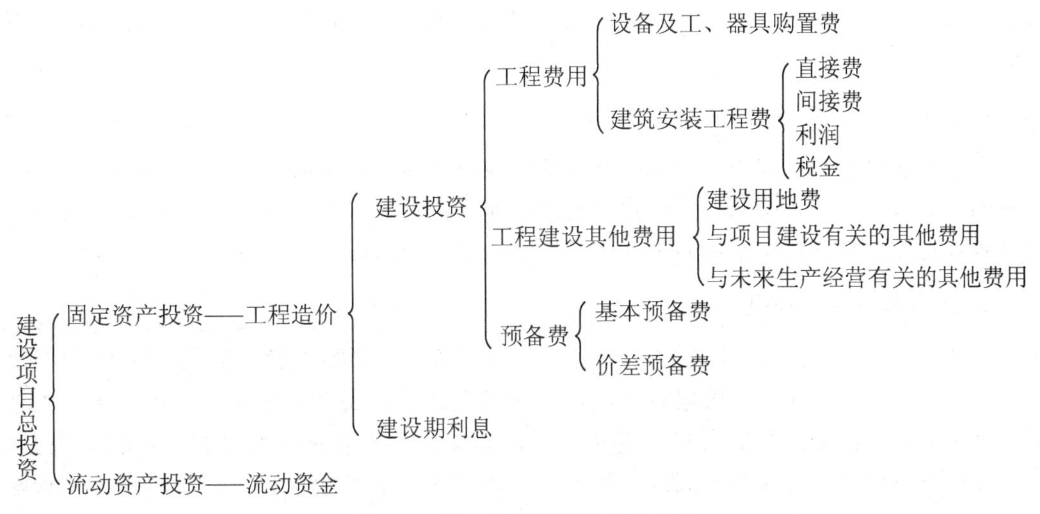

图1.3 我国现行工程造价的构成

应用案例 1-2

某建设项目投资构成中，设备购置费 1 000 万元，工具、器具及生产家具购置费 200 万元，建筑工程费 800 万元，安装工程费 500 万元，工程建设其他费用 400 万元，基本预备费 150 万元，涨价预备费 350 万元，建设期贷款 2 000 万，应计利息 120 万元，流动资金 500 万元，则该项目的工程造价为多少?

解：根据我国目前的规定，建设总投资由固定资产投资和流动资产投资组成，其中固定资产投资即通常所说的工程造价，流动资产投资即流动资金。因此工程造价中不含流动资金部分。

则工程造价为：1 000＋200＋800＋500＋400＋150＋350＋120＝3 520(万元)

1.3 设备及工、器具购置费用的构成

设备及工、器具购置费用是由设备购置费用和工具、器具及生产家具购置费用组成的。

1.3.1 设备购置费的构成及计算

设备购置费是指购置或自制的达到固定资产标准的设备，工、器具及生产家具等所需的费用。

设备购置费包括设备原价和设备运杂费，即

$$设备购置费＝设备原价或进口设备抵岸价＋设备运杂费 \tag{1.1}$$

式中：设备原价系指国产标准设备、非标准设备的原价；设备运杂费系指设备原价中未包括的包装和包装材料费、运输费、装卸费、采购费及仓库保管费、供销部门手续费等。

1. 国产标准设备原价的构成及计算

国产标准设备是指按照主管部门颁布的标准图纸和技术要求，由国内设备生产厂批量生产的符合国家质量检验标准的设备。国产标准设备一般有完善的设备交易市场，因此可通过查询相关交易市场价格或向设备生产厂家询价得到国产标准设备原价。

2. 国产非标准设备原价

国产非标准设备是指国家尚无定型标准，各设备生产厂不可能在工艺过程中采用批量生产，只能按订货要求，并根据具体的设备图纸制造的设备。非标准设备由于单件生产，无定型标准，所以无法获取市场交易价格，只能按其成本构成或相关技术参数估算其价格。非标准设备原价有多种不同的计算方法，如成本计算估价法，系列设备插入估价法，分部组合估价法，定额估价法等。但无论采用哪种方法都应该使非标准设备计价接近实际

出厂价，并且计算方法要简便。成本计算估价法是一种比较常用的估算非标准设备原价的方法。

3. 进口设备抵岸价原价的构成及其计算

进口设备的原价即进口设备抵岸价，是指抵达买方边境港口或边境车站，交纳完各种手续费、税费后形成的价格。进口设备抵岸价的构成与进口设备的交货类别有关。

1）进口设备的交货类别

进口设备的交货类别可分为内陆交货类、目的地交货类、装运港交货类。

(1) 内陆交货类，即卖方在出口国内陆的某个地点交货。在交货地点，卖方及时提交合同规定的货物和有关凭证，并承担交货前的一切费用和风险；买方按时接受货物，交付货款，承担接货后的一切费用和风险，并自行办理出口手续和装运出口。货物的所有权也在交货后，由卖方转移给买方。

(2) 目的地交货类，即卖方在进口国的港口或内地交货，包括目的港船上交货价、目的港船边交货价(FOS)、目的港码头交货价(关税已付)及完税后交货价(进口国目的地的指定地点)。它们的特点是：买卖双方承担的责任、费用和风险是以目的地约定交货点为分界线，只有当卖方在交货点将货物置于买方控制下方算交货，方能向买方收取货款。这类交货价对卖方来说承担的风险较大，在国际贸易中卖方一般不愿意采用这类交货方式。

(3) 装运港交货类，即卖方在出口国装运港完成交货任务。主要有：装运港船上交货价(FOB)，习惯称为离岸价；运费在内价(CFR)，运费、保险费在内价(CIF)，习惯称为到岸价。它们的特点主要是：卖方按照约定的时间在装运港交货，只要卖方把合同规定的货物装船后提供货运单据便完成交货任务，并可凭单据收回货款。

特别提示

装运港船上交货价(FOB)是我国进口设备采用最多的一种货价。

采用装运港船上交货价(FOB)时，卖方的责任是负责在合同规定的装运港口和规定的期限内，将货物装上买方指定的船只，并及时通知买方，负责货物装船前的一切费用和风险，负责办理出口手续，提供出口国政府或有关方面签发的证件，负责提供有关装运单据。

买方的责任是负责租船或订舱，支付运费，并将船期、船名通知卖方，承担货物装船后的一切费用和风险，负责办理保险及支付保险费，办理在目的港的进口和收货手续，接受卖方提供的有关装运单据，并按合同规定支付货款。

应用案例 1-3

在进口设备交货类别中，买方承担风险最大的交货方式是什么？

解：进口设备在不同交货地点交货，买卖双方承担的风险程度不一样。在出口国内陆的某个地点交货，卖方及时提交合同规定的货物和有关凭证，并负担提交货前的一切费用和风险；买方按时接受货物，交付货款，负担接货后的一切费用和风险，并自行办理出口手续和装运出口。因此，在出口国内陆的某个地点交货，买方承担的风险比其他交货方式的风险大。

2）进口设备抵岸价的构成

进口设备如果采用装运港船上交货价(FOB)，其抵岸价构成可概括为

进口设备抵岸价＝货价（FOB）＋国际运费＋运输保险费＋银行财务费＋外贸手续费＋进口关税＋增值税 ＋消费税＋车辆购置税 (1.2)

(1) 货价。货价一般指装运港船上交货价(FOB)。设备货价分为原币货价和人民币货价，原币货价一律折算为美元表示，人民币货价按原币货价乘以外汇市场美元兑换人民币中间价确定，进口设备货价按有关生产厂商询价、报价、订货合同价计算。

(2) 国际运费。国际运费即从装运港(站)到达我国抵达港(站)的运费。我国进口设备大部分采用海洋运输，小部分采用铁路运输，个别采用航空运输。进口设备国际运费计算公式为

国际运费(海、陆、空)＝原币货价(FOB)×运费率 (1.3)

国际运费(海、陆、空)＝运量×单位运价 (1.4)

式中：运费率或单位运价参照有关部门或进出口公司的规定执行。

(3) 运输保险费。对外贸易货物运输保险是由保险人(保险公司)与被保险人(出口人或进口人)订立保险契约，在被保险人交付议定的保险费后，保险人根据保险契约的规定对货物在运输过程中发生的承保责任范围内的损失给予经济上的补偿，这属于财产保险，计算公式为

运输保险费＝[原币货价(FOB)＋国际运费]÷(1－保险费率)×保险费率 (1.5)

式中：保险费率按保险公司规定的进口货物保险费率计算。

(4) 银行财务费。银行财务费一般是指中国银行手续费，计算公式为

银行财务费＝人民币货价(FOB)×银行财务费率(一般为0.4%～0.5%) (1.6)

(5) 外贸手续费。外贸手续费指按对外经济贸易部规定的外贸手续费率计取的费用，外贸手续费率一般取1.5%，计算公式为

外贸手续费＝[装运港沿上交货价(FOB) ＋国际运费＋运输保险费] ×外贸手续费率 (1.7)

(6) 进口关税。进口关税是由海关对进出国境或关境的货物和物品征收的一种税，计算公式为

进口关税＝到岸价格(CIF) ×进口关税率 (1.8)

式中：到岸价格(CIF)包括离岸价格(FOB)、国际运费、运输保险费等费用，它作为进口关税完税价格；进口关税税率分为优惠和普通两种，普通税率适用于与我国未订有关税互惠条款的贸易条约或协定的国家与地区的进口设备，当进口货物来自与我国签订有关税互惠条款的贸易条约或协定的国家与地区时，按优惠税率征税。进口关税税率按中华人民共和国海关总署发布的进口关税税率计算。

(7) 增值税。增值税是我国政府对从事进口贸易的单位和个人，在进口商品报关进口后征收的税种。我国增值税条例规定，进口应纳税产品均按组成计税价格和增值税税率直接计算应纳税额，计算公式为

进口产品增值税额＝组成计税价格×增值税税率 (1.9)

组成计税价格＝关税完税价格＋进口关税＋消费税 (1.10)

式中：增值税税率根据规定的税率计算。

(8) 消费税。消费税是对部分进口设备(如轿车、摩托车等)征收的税种，一般计算公式为

$$应纳消费税额=(到岸价+进口关税)\div(1-消费税税率)\times消费税税率 \quad (1.11)$$

式中：消费税税率根据规定的税率计算。

(9) 车辆购置税。进口车辆需缴进口车辆购置税，计算公式为

$$进口车辆购置税=(关税完税价格+进口关税+消费税)\times进口车辆购置税率 \quad (1.12)$$

应用案例1-4

某项目进口一批工艺设备，其银行财务费为4.25万元，外贸手续费为18.9万元，进口关税税率为22%，增值税税率为13%，抵岸价为1 792.19万元，该批设备无消费税、车辆购置税，则该批设备的到岸价格(CIF)为多少?

解：进口设备抵岸价=到岸价格+银行财务费+外贸手续费+进口关税+增值税+消费税+车辆购置税 (1.13)

则 1 792.19=到岸价格+4.25+18.9+到岸价格×22%+到岸价格×(1+22%)×13%

所以，到岸价格为

$$\frac{1\ 792.19-4.25-18.9}{(1+13\%)(1+22\%)}=1\ 283.21(万元)$$

4. 设备运杂费

1) 设备运杂费的构成

设备运杂费通常由下列各项构成。

(1) 运费和装卸费。对于国产标准设备，是指由设备制造厂交货地点起至工地仓库止(或施工组织设计指定的需要安装设备的堆放地点)所发生的运费和装卸费。对于进口设备，则是指由我国到岸港口或边境车站起至工地仓库止(或施工组织设计指定的需要安装设备的堆放地点)所发生的运费和装卸费。

(2) 包装费。包装费是指在设备原价中没有包含的，为运输而进行的包装支出的各种费用。

(3) 供销部门的手续费。供销部门的手续费按有关部门规定的统一费率计算。

(4) 采购与仓库保管费。采购与仓库保管费是指采购、验收、保管和收发设备所发生的各种费用，包括设备采购、保管和管理人员的工资、工资附加费、办公费、差旅交通费，设备供应部门办公和仓库所占固定资产使用费、工具用具使用费、劳动保护费、检验试验费等。这些费用可按主管部门规定的采购与保管费率计算。

2) 设备运杂费的计算

设备运杂费按设备原价乘以设备运杂费率计算，其计算公式为

$$设备运杂费=设备原价\times设备运杂费率 \quad (1.14)$$

1.3.2 工、器具及生产家具购置费的构成及计算

工、器具及生产家具购置费是指新建项目或扩建项目初步设计规定所必须购置的不够固定资产标准的设备、仪器、工具、器具、生产家具和备品备件的费用，其一般计算公式为

$$工、器具及生产家具购置费=设备购置费\times定额费率 \quad (1.15)$$

1.4 建筑安装工程费用的构成

1.4.1 建筑安装费用介绍

建筑安装费用包括建筑工程费用和安装工程费用。

1. 建筑工程费用的内容

建筑工程费用的内容包括以下几方面。

(1) 各类房屋建筑工程和列入房屋建筑工程预算的供水、供暖、卫生、通风、煤气等设备费用及其装饰和油饰工程的费用，列入建筑工程预算的各种管道、电力、电信和电缆导线敷设工程的费用。

(2) 设备基础、支柱、工作台、烟囱、水塔、水池、灰塔等建筑工程，以及各种炉窑的砌筑工程和金属结构工程的费用。

(3) 为施工而进行的场地平整工程和水文地质勘查，原有建筑物和障碍物的拆除，以及施工临时用水、电、气、路和完工后的场地清理，环境绿化、美化等工作的费用。

(4) 矿井开凿、井巷延伸、露天矿剥离，石油、天然气钻井，修建铁路、公路、桥梁、水库、堤坝、灌渠及防洪等工程的费用。

2. 安装工程费用的内容

安装工程费用的内容包括以下两方面。

(1) 生产、动力、起重、运输、传动和医疗、实验等各种需要安装的机械设备的装配费用，与设备相连的工作台、梯子、栏杆等设施的工程费用，附属于被安装设备的管线敷设工程费用，以及被安装设备的绝缘、防腐、保温、油漆等工作的材料费和安装费。

(2) 为测定安装工程质量，对单台设备进行单机试运转、对系统设备进行系统联动无负荷试运转工作的调试费。

1.4.2 建筑安装工程费用内容及构成概述

根据《建筑安装工程费用项目组成》(建标〔2013〕44 号)文件的规定，建筑安装工程费用项目按费用构成要素组成划分为人工费、材料费(包含工程设备，下同)、施工机具使用费、企业管理费、利润、规费和税金，其中人工费、材料费、施工机具使用费、企业管理费和利润，包含在分部分项工程费、措施项目费、其他项目费中。其具体构成如图 1.4 所示。建筑安装工程费用项目按造价形成顺序划分为分部分项工程费、措施项目费、其他项目费、规费、税金，其中分部分项工程费、措施项目费、其他项目费包含人工费、材料费、施工机具使用费、企业管理费和利润。其具体构成如图 1.5 所示。

1.4.3 建筑安装工程费用项目组成(按费用构成要素划分)

1. 人工费

人工费是指按工资总额构成规定，支付给从事建筑安装工程施工的生产工人和附属生

- 建筑安装工程费
  - 人工费
    - 1.计时工资或计件工资
    - 2.奖金
    - 3.津贴、补贴
    - 4.加班加点工资
    - 5.特殊情况下支付的工资
  - 材料费
    - 1.材料原价
    - 2.运杂费
    - 3.运输损耗费
    - 4.采购及保管费
  - 施工机具使用费
    - 1.施工机械使用费
      - ①折旧费
      - ②大修理费
      - ③经常修理费
      - ④安拆费及场外运费
      - ⑤人工费
      - ⑥燃料动力费
      - ⑦车船税费
    - 2.仪器仪表使用费
  - 企业管理费
    - 1.管理人员工资
    - 2.办公费
    - 3.差旅交通费
    - 4.固定资产使用费
    - 5.工具用具使用费
    - 6.劳动保险和职工福利费
    - 7.劳动保护费
    - 8.检验试验费
    - 9.工会经费
    - 10.职工教育经费
    - 11.财产保险费
    - 12.财务费
    - 13.税金
    - 14.其他
  - 利润
  - 规费
    - 1.社会保险费
      - ①养老保险费
      - ②失业保险费
      - ③医疗保险费
      - ④生育保险费
      - ⑤工伤保险费
    - 2.住房公积金
    - 3.环境保护税
  - 税金——增值税(销项税额)

- 1.分部分项工程费
- 2.措施项目费
- 3.其他项目费

图 1.4 建筑安装工程费用项目组成(按费用构成要素划分)

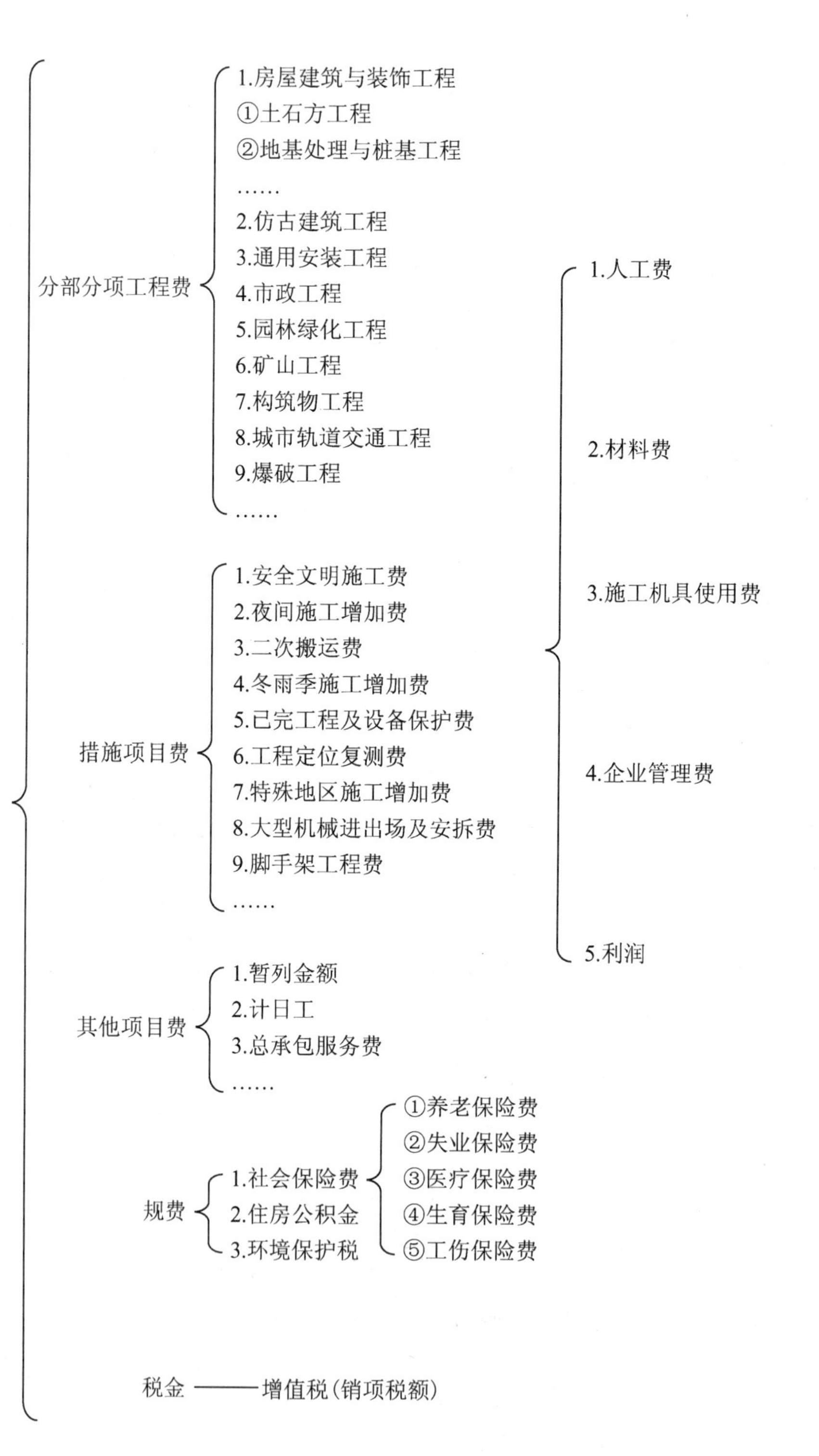

图 1.5 建筑安装工程费用项目组成(按造价形成划分)

产单位工人的各项费用。内容包括以下几点。

(1) 计时工资或计件工资。按计时工资标准和工作时间或对已做工作按计件单价支付给个人的劳动报酬。

(2) 奖金。对超额劳动和增收节支支付给个人的劳动报酬，如节约奖、劳动竞赛奖等。

(3) 津贴、补贴。为了补偿职工特殊或额外的劳动消耗和因其他特殊原因支付给个人的津贴，以及为了保证职工工资水平不受物价影响支付给个人的物价补贴。如流动施工津贴、特殊地区施工津贴、高温(寒)作业临时津贴、高空津贴等。

(4) 加班加点工资。按规定支付的在法定节假日工作的加班工资和在法定日工作时间外延时工作的加点工资。

(5) 特殊情况下支付的工资。根据国家法律、法规和政策规定，因病、工伤、产假、计划生育假、婚丧假、事假、探亲假、定期休假、停工学习、执行国家或社会义务等原因，按计时工资标准或计时工资标准的一定比例支付的工资。

人工费的计算公式为

$$\text{人工费} = \sum(\text{工日消耗量} \times \text{日工资单价}) \tag{1.16}$$

2. 材料费

材料费是指施工过程中耗费的原材料、辅助材料、构配件、零件、半成品或成品、工程设备的费用。

材料费与材料单价的计算公式为

$$\text{材料费} = \sum(\text{材料消耗量} \times \text{材料单价}) \tag{1.17}$$

$$\text{材料单价} = \{(\text{材料原价} + \text{运杂费}) \times [1 + \text{运输损耗率}(\%)]\} \times [1 + \text{采购保管费率}(\%)] \tag{1.18}$$

工程设备费与工程设备单价的计算公式为

$$\text{工程设备费} = \sum(\text{工程设备量} \times \text{工程设备单价}) \tag{1.19}$$

$$\text{工程设备单价} = (\text{设备原价} + \text{运杂费}) \times [1 + \text{采购保管费率}(\%)] \tag{1.20}$$

式中：工程设备是指构成或计划构成永久工程一部分的机电设备、金属结构设备、仪器装置及其他类似的设备和装置。

材料费包括以下几项。

(1) 材料原价。材料、工程设备的出厂价格或商家供应价格。

(2) 运杂费。材料、工程设备自来源地运至工地仓库或指定堆放地点所发生的全部费用。

(3) 运输损耗费。材料在运输装卸过程中不可避免的损耗。

(4) 采购及保管费。为组织采购、供应和保管材料、工程设备的过程中所需要的各项费用。包括采购费、仓储费、工地保管费、仓储损耗。

3. 施工机具使用费

施工机具使用费是指施工作业所发生的施工机械、仪器仪表使用费或其租赁费。

1) 施工机械使用费

施工机械使用费以施工机械台班耗用量乘以施工机械台班单价表示，施工机械台班单价应由下列七项费用组成。

施工机械使用费及机械台班单价的计算公式为

$$施工机械使用费=\sum(施工机械台班消耗量\times施工机械台班单价) \quad (1.21)$$

$$施工机械台班单价=台班折旧费+台班大修理费+台班经常修理费+台班安拆费及场外运费+台班人工费+台班燃料动力费+台班车船税费 \quad (1.22)$$

(1) 折旧费。施工机械在规定的使用年限内，陆续收回其原值的费用。

(2) 大修理费。施工机械按规定的大修理间隔台班进行必要的大修理，以恢复其正常功能所需的费用。

(3) 经常修理费。施工机械除大修理以外的各级保养和临时故障排除所需的费用。包括为保障机械正常运转所需替换设备与随机配备工具附具的摊销和维护费用，机械运转中日常保养所需润滑与擦拭的材料费用及机械停滞期间的维护和保养费用等。

(4) 安拆费及场外运费。安拆费指施工机械(大型机械除外)在现场进行安装与拆卸所需的人工、材料、机械和试运转费用，以及机械辅助设施的折旧、搭设、拆除等费用；场外运费指施工机械整体或分体自停放地点运至施工现场或由一施工地点运至另一施工地点的运输、装卸、辅助材料及架线等费用。

(5) 人工费。机上司机(司炉)和其他操作人员的人工费。

(6) 燃料动力费。施工机械在运转作业中所消耗的各种燃料及水、电费等。

(7) 车船税费。施工机械按照国家规定应缴纳的车船使用税、保险费及年检费等。

2) 仪器仪表使用费

仪器仪表使用费是指工程施工所需使用的仪器仪表的摊销及维修费用。仪器仪表使用费的计算公式为

$$仪器仪表使用费=工程使用的仪器仪表摊销费+维修费 \quad (1.23)$$

4. 企业管理费

企业管理费是指建筑安装企业组织施工生产和经营管理所需的费用。内容包括以下几点。

(1) 管理人员工资。按规定支付给管理人员的计时工资、奖金、津贴补贴、加班加点工资及特殊情况下支付的工资等。

(2) 办公费。企业管理办公用的文具、纸张、账表、印刷、邮电、书报、办公软件、现场监控、会议、水电、烧水和集体取暖降温(包括现场临时宿舍取暖降温)等费用。

(3) 差旅交通费。职工因公出差、调动工作的差旅费、住勤补助费，市内交通费和误餐补助费，职工探亲路费，劳动力招募费，职工退休、退职一次性路费，工伤人员就医路费，工地转移费以及管理部门使用的交通工具的油料、燃料等费用。

(4) 固定资产使用费。管理和试验部门及附属生产单位使用的属于固定资产的房屋，设备，仪器等的折旧、大修、维修或租赁费。

(5) 工具用具使用费。企业施工生产和管理使用的不属于固定资产的工具、器具、家具、交通工具，以及检验、试验、测绘、消防用具等的购置，维修和摊销费。

(6) 劳动保险和职工福利费。由企业支付的职工退职金、按规定支付给离休干部的经费，以及集体福利费、夏季防暑降温补贴、冬季取暖补贴、上下班交通补贴等。

(7) 劳动保护费。企业按规定发放的劳动保护用品的支出，如工作服、手套、防暑降温饮料以及在有碍身体健康的环境中施工的保健费用等。

(8) 检验试验费。施工企业按照有关标准规定，对建筑以及材料、构件和建筑安装物进行一般鉴定和检查所发生的费用，包括自设试验室进行试验所耗用的材料等费用，不包括新结构、新材料的试验费。对构件做破坏性试验及其他特殊要求检验试验的费用和建设单位委托检测机构进行检测的费用，对此类检测发生的费用，由建设单位在工程建设其他费用中列支。但对施工企业提供的具有合格证明的材料进行检测不合格的，该检测费用由施工企业支付。

(9) 工会经费。企业按《中华人民共和国工会法》规定的全部职工工资总额比例计提的工会经费。

(10) 职工教育经费。企业为职工进行专业技术和职业技能培训，专业技术人员继续教育、职工职业技能鉴定、职业资格认定以及根据需要对职工进行各类文化教育所发生的费用，按职工工资总额的规定比例计提。

(11) 财产保险费。施工管理用财产、车辆等的保险费用。

(12) 财务费。企业为施工生产筹集资金或提供预付款担保、履约担保、职工工资支付担保等所发生的各种费用。

(13) 税金。企业按规定缴纳的房产税、车船使用税、土地使用税、印花税等。

(14) 其他。其中包括技术转让费、技术开发费、投标费、业务招待费、绿化费、广告费、公证费、法律顾问费、审计费、咨询费、保险费等。

① 以分部分项工程费为计算，企业管理费费率的计算公式为

$$\text{企业管理费费率}(\%)=\frac{\text{生产工人年平均管理费}}{\text{年有效施工天数}\times\text{人工单价}}\times\text{人工费占分部分项工程费比例}(\%) \tag{1.24}$$

② 以人工费和机械费合计为计算基础，企业管理费费率的计算公式为

$$\text{企业管理费费率}(\%)=\frac{\text{生产工人年平均管理费}}{\text{年有效施工天数}\times(\text{人工单价}+\text{每一工日机械使用费})}\times 100\% \tag{1.25}$$

③ 以人工费为计算基础，企业管理费费率的计算公式为

$$\text{企业管理费费率}(\%)=\frac{\text{生产工人年平均管理费}}{\text{年有效施工天数}\times\text{人工单价}}\times 100\% \tag{1.26}$$

5. 利润

利润是指施工企业完成所承包工程获得的盈利。

6. 规费

规费是指按国家法律、法规规定，由省级政府和省级有关权力部门规定必须缴纳或计取的费用，包括以下内容。

1) 社会保险费

(1) 养老保险费。企业按照规定标准为职工缴纳的基本养老保险费。

(2) 失业保险费。企业按照规定标准为职工缴纳的失业保险费。

(3) 医疗保险费。企业按照规定标准为职工缴纳的基本医疗保险费。

(4) 生育保险费。企业按照规定标准为职工缴纳的生育保险费。

(5) 工伤保险费。企业按照规定标准为职工缴纳的工伤保险费。

2) 住房公积金

住房公积金是指企业按规定标准为职工缴纳的住房公积金。社会保险费和住房公积金应以定额人工费为计算基础，根据工程所在地省、自治区、直辖市或行业建设主管部门规定费率计算。社会保险费和住房公积金计算公式为

$$\text{社会保险费和住房公积金} = \sum(\text{工程定额人工费} \times \text{社会保险费和住房公积金费率}) \tag{1.27}$$

3) 环境保护税

环境保护税等其他应列而未列入的规费，应按工程所在地环境保护等部门规定的标准缴纳，按实计取列入。

7. 税金

建筑安装工程费用中的税金是指按照国家税法规定的应计入建筑安装工程造价内的增值税，按税前造价乘以增值税税率确定。计算公式为

$$\text{增值税} = \text{税前造价} \times \text{税率}(\%) \tag{1.28}$$

1) 采用一般计税方法时增值税的计算

当采用一般计税方法时，建筑业增值税税率为 9%。计算公式为

$$\text{增值税} = \text{税前造价} \times 9\% \tag{1.29}$$

税前造价为人工费、材料费、施工机具使用费、企业管理费、利润和规费之和，各费用项目均以不包含增值税可抵扣进项税额的价格计算。

2) 采用简易计税方法时增值税的计算

(1) 简易计税的适用范围。根据《营业税改征增值税试点实施办法》以及《营业税改征增值税试点有关事项的规定》的规定，简易计税方法主要适用于以下几种情况：

① 小规模纳税人发生应税行为适用简易计税方法计税。小规模纳税人通常是指纳税人提供建筑服务的年应征增值税销售额未超过 500 万元，并且会计核算不健全，不能按规定报送有关税务资料的增值税纳税人。年应税销售额超过 500 万元，但不经常发生应税行为的单位也可选择按照小规模纳税人计税。

② 一般纳税人以清包工方式提供的建筑服务，可以选择适用简易计税方法计税。以清包工方式提供建筑服务，是指施工方不采购建筑工程所需的材料或只采购辅助材料，并收取人工费、管理费或者其他费用的建筑服务。

③ 一般纳税人为甲供工程提供的建筑服务，可以选择适用简易计税方法计税。甲供工程，是指全部或部分设备、材料、动力由工程发包方自行采购的建筑工程。

④ 一般纳税人为建筑工程老项目提供的建筑服务，可以选择适用简易计税方法计税。

建筑工程老项目有以下两种情况：第一种情况为已取得《建筑工程施工许可证》，其中注明开工日期在 2016 年 4 月 30 日前的建筑工程项目；第二种情况为未取得《建筑工程施工许可证》的，建筑工程承包合同注明的开工日期在 2016 年 4 月 30 日前的建筑工程项目。

(2) 简易计税的计算方法。当采用简易计税方法时，建筑业增值税税率为 3%。计算

公式为

$$增值税=税前造价\times 3\%\tag{1.30}$$

税前造价为人工费、材料费、施工机具使用费、企业管理费、利润和规费之和，各费用项目均以包含增值税进项税额的含税价格计算。

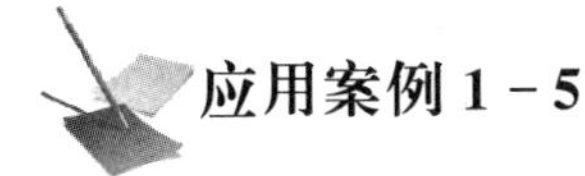

应用案例 1－5

根据《建筑安装工程费用项目组成》（建标〔2013〕44号）文件的规定，下列各项中属于施工机械使用费的是（　　）。

A. 机械夜间施工增加费　　B. 大型机械设备进出场费　　C. 机械燃料动力费

D. 机械经常修理费　　E. 司机的人工费

解： 建筑安装工程费中的施工机械使用费，是指施工机械作业所发生的机械使用费以及机械安拆费和场外运费。其内容包括折旧费、大修理费、经常修理费、安拆费及场外运费、人工费、燃料动力费、车船税费。

本题答案：C、D、E

1.4.4 建筑安装工程费用项目组成（按造价形成划分）

1. 分部分项工程费

分部分项工程费是指各专业工程的分部分项工程应予列支的各项费用。

(1) 专业工程。按现行国家计量规范划分的房屋建筑与装饰工程、仿古建筑工程、通用安装工程、市政工程、园林绿化工程、矿山工程、构筑物工程、城市轨道交通工程、爆破工程等各类工程。

(2) 分部分项工程。按现行国家计量规范对各专业工程划分的项目，如房屋建筑与装饰工程划分的土石方工程、地基处理与桩基工程、砌筑工程、钢筋及钢筋混凝土工程等。

分部分项工程费的计算公式为

$$分部分项工程费=\sum(分部分项工程量\times 综合单价)\tag{1.31}$$

式中：综合单价包括人工费、材料费、施工机具使用费、企业管理费和利润，以及一定范围的风险费用。

2. 措施项目费

措施项目费是指为完成建设工程施工，发生于该工程施工前和施工过程中的技术、生活、安全、环境保护等方面的费用，内容包括以下几项。

(1) 安全文明施工费。

① 环境保护费。施工现场为达到环保部门要求所需要的各项费用。

② 文明施工费。施工现场文明施工所需要的各项费用。

③ 安全施工费。施工现场安全施工所需要的各项费用。

④ 临时设施费。施工企业为进行建设工程施工所必须搭设的生活和生产用的临时建筑物、构筑物和其他临时设施费用，包括临时设施的搭设、维修、拆除、清理费或摊销费

等。安全文明施工费的计算公式为

安全文明施工费=计算基数×安全文明施工费费率(%)　　(1.32)

式中：计算基数应为定额基价(定额分部分项工程费+定额中可以计量的措施项目费)、定额人工费或(定额人工费+定额机械费)；其费率由工程造价管理机构根据各专业工程的特点综合确定。

(2) 夜间施工增加费。因夜间施工所发生的夜班补助费、夜间施工降效、夜间施工照明设备摊销及照明用电等费用。夜间施工增加费的计算公式为

夜间施工增加费=计算基数×夜间施工增加费费率(%)　　(1.33)

(3) 二次搬运费。因施工场地条件限制而发生的材料、构配件、半成品等一次运输不能到达堆放地点，必须进行二次或多次搬运所发生的费用。二次搬运费的计算公式为

二次搬运费=计算基数×二次搬运费费率(%)　　(1.34)

(4) 冬雨季施工增加费。在冬季或雨季施工需增加的临时设施、防滑、排除雨雪、人工及施工机械效率降低等费用。冬雨季施工增加费的计算公式为

冬雨季施工增加费=计算基数×冬雨季施工增加费费率(%)　　(1.35)

(5) 已完工程及设备保护费。竣工验收前，对已完工程及设备采取的必要保护措施所发生的费用。已完工程及设备保护费的计算公式为

已完工程及设备保护费=计算基数×已完工程及设备保护费费率(%)　　(1.36)

上述(2)～(5)项措施项目的计费基数应为定额人工费或(定额人工费+定额机械费)，其费率由工程造价管理机构根据各专业工程特点和调查资料综合分析后确定。

(6) 工程定位复测费。工程施工过程中进行全部施工测量放线和复测工作的费用。

(7) 特殊地区施工增加费。工程在沙漠或其边缘地区、高海拔、高寒、原始森林等特殊地区施工增加的费用。

(8) 大型机械设备进出场及安拆费。机械整体或分体自停放场地运至施工现场或由一个施工地点运至另一个施工地点，所发生的机械进出场运输及转移费用及机械在施工现场进行安装或拆卸所需的人工费、材料费、机械费、试运转费和安装所需的辅助设施的费用。

(9) 脚手架工程费。施工需要的各种脚手架搭、拆、运输费用以及脚手架购置费的摊销(或租赁)费用。

$$措施项目费=\sum(措施项目工程量\times综合单价)\tag{1.37}$$

3. 其他项目费

(1) 暂列金额。建设单位在工程量清单中暂定并包括在工程合同价款中的一笔款项。用于施工合同签订时尚未确定或者不可预见的所需材料、工程设备、服务的采购，施工中可能发生的工程变更、合同约定调整因素出现时的工程价款调整以及发生的索赔、现场签证确认等的费用。

(2) 计日工。在施工过程中，施工企业完成建设单位提出的除了施工图纸以外的零星项目或工作所需的费用。

(3) 总承包服务费。总承包人为配合、协调建设单位进行的专业工程发包，对建设单位自行采购的材料、工程设备等进行保管，以及施工现场管理、竣工资料汇总整理等服务所需的费用。

4. 规费

规费是指按国家法律、法规规定，由省级政府和省级有关权力部门规定必须缴纳或计取的费用，包括以下几项内容。

1）社会保险费

（1）养老保险费。企业按照规定标准为职工缴纳的基本养老保险费。

（2）失业保险费。企业按照规定标准为职工缴纳的失业保险费。

（3）医疗保险费。企业按照规定标准为职工缴纳的基本医疗保险费。

（4）生育保险费。企业按照规定标准为职工缴纳的生育保险费。

（5）工伤保险费。企业按照规定标准为职工缴纳的工伤保险费。

2）住房公积金

住房公积金是指企业按规定标准为职工缴纳的住房公积金。

3）环境保护税

环境保护税等其他应列而未列入的规费应按工程所在地环境保护等部门规定的标准缴纳，按实计取列入。

5. 税金

建筑安装工程费用中的税金是指按照国家税法规定的应计入建筑安装工程造价内的增值税，按税前造价乘以增值税税率确定。

1.4.5 建筑安装工程计价程序

建筑安装工程计价程序示例如表1-1～表1-3所示。

表1-1 建设单位工程招标控制价计价程序

工程名称：　　　　　　　　　　　　　　标段：

序号	内　　容	计算方法	金额/元
1	分部分项工程费	按计价规定计算	
1.1			
1.2			
1.3			
1.4			
1.5			

续表

序号	内　　容	计 算 方 法	金额/元
2	措施项目费	按计价规定计算	
2.1	其中：安全文明施工费	按规定标准计算	
3	其他项目费		
3.1	其中：暂列金额	按计价规定估算	
3.2	其中：专业工程暂估价	按计价规定估算	
3.3	其中：计日工	按计价规定估算	
3.4	其中：总承包服务费	按计价规定估算	
4	规费	按规定标准计算	
5	税金(扣除不列入计税范围的工程设备金额)	(1+2+3+4)×规定税率	
招标控制价合计=1+2+3+4+5			

表 1-2　施工企业工程投标报价计价程序

工程名称：　　　　　　　　　　　　标段：

序号	内　　容	计 算 方 法	金额/元
1	分部分项工程费	自主报价	
1.1			
1.2			
1.3			
1.4			
1.5			
2	措施项目费	自主报价	
2.1	其中：安全文明施工费	按规定标准计算	
3	其他项目费		
3.1	其中：暂列金额	按招标文件提供金额计列	
3.2	其中：专业工程暂估价	按招标文件提供金额计列	
3.3	其中：计日工	自主报价	
3.4	其中：总承包服务费	自主报价	
4	规费	按规定标准计算	
5	税金(扣除不列入计税范围的工程设备金额)	(1+2+3+4)×规定税率	
投标报价合计=1+2+3+4+5			

表1-3 竣工结算计价程序

工程名称：　　　　　　　　　　　　标段：

序号	内　　容	计 算 方 法	金额/元
1	分部分项工程费	按合同约定计算	
1.1			
1.2			
1.3			
1.4			
1.5			
2	措施项目	按合同约定计算	
2.1	其中：安全文明施工费	按规定标准计算	
3	其他项目		
3.1	其中：专业工程结算价	按合同约定计算	
3.2	其中：计日工	按计日工签证计算	
3.3	其中：总承包服务费	按合同约定计算	
3.4	索赔与现场签证	按发承包双方确认数额计算	
4	规费	按规定标准计算	
5	税金(扣除不列入计税范围的工程设备金额)	(1+2+3+4)×规定税率	
竣工结算总价合计=1+2+3+4+5			

知识链接

住房和城乡建设部、财政部《关于印发〈建筑安装工程费用项目组成〉的通知》(建标〔2013〕44号)文件规定：为适应深化工程计价改革的需要，根据国家有关法律、法规及相关政策，在总结原建设部、财政部《关于印发〈建筑安装工程费用项目组成〉的通知》(建标〔2003〕206号)执行情况的基础上，修订完成了《建筑安装工程费用项目组成》(以下简称《费用组成》)，《费用组成》调整的主要内容包括以下几个方面。

(1) 建筑安装工程费用项目按费用构成要素组成划分为人工费、材料费、施工机具使用费、企业管理费、利润、规费和税金。

(2) 为指导工程造价专业人员计算建筑安装工程造价，将建筑安装工程费用按工程造价形成顺序划分为分部分项工程费、措施项目费、其他项目费、规费和税金。

(3) 按照国家统计局《关于工资总额组成的规定》，合理调整了人工费构成及内容。

(4) 依据国家发展改革委、财政部等9部委发布的《标准施工招标文件》的有关规定，将工程设备费列入材料费；原材料费中的检验试验费列入企业管理费。

(5) 将仪器仪表使用费列入施工机具使用费，大型机械进出场及安拆费列入措施项目费。

(6) 按照《中华人民共和国社会保险法》(简称《社会保险法》)的规定，将原企业管理费中劳动保险费中的职工死亡丧葬补助费、抚恤费列入规费中的养老保险费；在企业管理费中的财务费和其他中增加担保费用、投标费、保险费。

(7) 按照《社会保险法》《中华人民共和国建筑法》(简称《建筑法》)的规定，取消原规费中危险作业意外伤害保险费，增加工伤保险费、生育保险费。

(8) 按照财政部的有关规定，在税金中增加地方教育附加。

《费用组成》自2013年7月1日起施行，原建设部、财政部《关于印发〈建筑安装工程费用项目组成〉的通知》(建标〔2003〕206号)同时废止。

1.5 工程建设其他费用的构成和计算

工程建设其他费用，是指从工程筹建起到工程竣工验收交付使用止的整个建设期间，除建筑安装工程费用和设备及工、器具购置费用以外的，为保证工程建设顺利完成和交付使用后能够正常发挥效用而发生的各项费用。

工程建设其他费用，按其内容大体可分为三类。第一类指建设用地费；第二类指与项目建设有关的其他费用；第三类指与未来生产经营有关的其他费用。

1.5.1 建设用地费

建设用地费是指为获得工程项目建设土地的使用权而在建设期内发生的各项费用，包括通过划拨方式取得土地使用权而支付的土地征用及迁移补偿费，或者通过土地使用权出让方式取得土地使用权而支付的土地使用权出让金。

1. 建设用地取得的基本方式

建设用地的取得，实质是依法获取国有土地的使用权。根据《中华人民共和国城市房地产管理法》规定，获取国有土地使用权的基本方式有两种：一是出让方式，二是划拨方式。建设土地取得的其他方式还包括租赁和转让方式。

1) 通过出让方式获取国有土地使用权

国有土地使用权出让，是指国家将国有土地使用权在一定年限内出让给土地使用者，由土地使用者向国家支付土地使用权出让金的行为。土地使用权出让最高年限按下列用途确定。

(1) 居住用地70年。

(2) 工业用地50年。

(3) 教育、科技、文化、卫生、体育用地50年。

（4）商业、旅游、娱乐用地40年。

（5）综合或者其他用地50年。

通过出让方式获取国有土地使用权又可以分成两种具体方式：一是通过竞争出让方式获取国有土地使用权，二是通过协议出让方式获取国有土地使用权。

① 通过竞争出让方式获取国有土地使用权。具体的竞争方式又包括三种：投标、竞拍和挂牌。按照国家相关规定，工业(包括仓储用地，但不包括采矿用地)、商业、旅游、娱乐和商品住宅等各类经营性用地，必须以招标、拍卖或者挂牌方式出让；上述规定以外用途的土地的供地计划公布后，同一宗土地有两个以上意向用地者的，也应当采用招标、拍卖或者挂牌方式出让。

② 通过协议出让方式获取国有土地使用权。按照国家相关规定，出让国有土地使用权，除依照法律、法规和规章的规定应当采用招标、拍卖或者挂牌方式外，还可采取协议方式。以协议方式出让国有土地使用权的出让金不得低于按国家规定所确定的最低价。协议出让底价不得低于拟出让地块所在区域的协议出让最低价。

2）通过划拨方式获取国有土地使用权

国有土地使用权划拨，是指县级以上人民政府依法批准，在土地使用者缴纳补偿、安置等费用后将该幅土地交付其使用，或者将土地使用权无偿交付给土地使用者使用的行为。

国家对划拨用地有着严格的规定，下列建设用地，经县级以上人民政府依法批准，可以通过划拨方式取得。

（1）国家机关用地和军事用地。

（2）城市基础设施用地和公益事业用地。

（3）国家重点扶持的能源、交通、水利等基础设施用地。

（4）法律、行政法规规定的其他用地。

依法以划拨方式取得土地使用权的，除法律、行政法规另有规定外，没有使用期限的限制。因企业改制、土地使用权转让或者改变土地用途等不再符合上述内容的，应当实行有偿使用。

2. 建设用地取得的费用

建设用地如通过行政划拨方式取得，则须承担征地补偿费用或对原用地单位或个人的拆迁补偿费用；若通过市场机制取得，则不但承担以上费用，还须向土地所有者支付有偿使用费，即土地出让金。

1）征地补偿费用

建设征用土地费用由以下几个部分构成。

（1）土地补偿费。土地补偿费是对农村集体经济组织因土地被征用而造成的经济损失的一种补偿。征用耕地的补偿费，为该耕地被征前三年平均年产值的6～10倍。征用其他土地的补偿费标准，由省、自治区、直辖市参照征用耕地的补偿费标准规定。土地补偿费归农村集体经济组织所有。

（2）青苗补偿费和地上附着物补偿费。青苗补偿费是因征地时对其正在生长的农作物受到损害而做出的一种赔偿。在农村实行承包责任制后，农民自行承包土地的青苗补偿费应付给本人，属于集体种植的青苗补偿费可纳入当年集体收益。凡在协商征地方案后抢种的农作物、树木等，一律不予补偿。地上附着物是指房屋、水井、树木、涵洞、桥梁、公路、水利设施、林木等地面建筑物，构筑物等。视协商征地方案前地上附着物价值与折旧情况确定，应根据“拆什么，补什么；拆多少，补多少，不低于原来水平”的原则确定。如附着物产权属个人，则该项补偿费付给个人。地上附着物的补偿标准由省、自治区、直辖市规定。

(3) 安置补助费。安置补助费应支付给被征地单位和安置劳动力的单位，作为劳动力安置与培训的支出，以及作为不能就业人员的生活补助。征收耕地的安置补助费，按照需要安置的农业人口数计算。需要安置的农业人口数，按照被征收的耕地数量除以征地前被征收单位平均每人占有耕地的数量计算。每一个需要安置的农业人口的安置补助费标准，为该耕地被征收前三年平均年产值的4～6倍。但是，每公顷被征收耕地的安置补助费，最高不得超过被征收前三年平均年产值的15倍。土地补偿费和安置补助费，尚不能使需要安置的农民保持原有生活水平的，经省、自治区、直辖市人民政府批准，可以增加安置补助费。但是，土地补偿费和安置补助费的总和不得超过土地被征收前三年平均年产值的30倍。

(4) 新菜地开发建设基金。新菜地开发建设基金指征用城市郊区商品菜地时支付的费用。这项费用交给地方财政，作为开发建设新菜地的投资。菜地是指城市郊区为供应城市居民蔬菜，连续3年以上常年种菜的商品菜地或者养殖鱼、虾等的精养鱼塘。一年只种一茬或因调整茬口安排种植蔬菜的，均不作为需要收取开发基金的菜地。征用尚未开发的规划菜地，不缴纳新菜地开发建设基金。在蔬菜产销放开后，能够满足供应，不再需要开发新菜地的城市，不收取新菜地开发基金。

(5) 耕地占用税。耕地占用税是对占用耕地建房或者从事其他非农业建设的单位和个人征收的一种税收，目的是合理利用土地资源、节约用地，保护农用耕地。耕地占用税征收范围，不仅包括占用耕地，还包括占用鱼塘、园地、菜地及其农业用地建房或者从事其他非农业建设，均按实际占用的面积和规定的税额一次性征收。其中，耕地是指用于种植农作物的土地。占用前三年曾用于种植农作物的土地也视为耕地。

(6) 土地管理费。土地管理费主要作为征地工作中所发生的办公、会议、培训、宣传、差旅、借用人员工资等必要的费用。土地管理费的收取标准，一般是在土地补偿费、青苗补偿费、地面附着物补偿费、安置补助费四项费用之和的基础上提取2%～4%。如果是征地包干，还应在四项费用之和后再加上粮食价差、副食补贴、不可预见费等费用，在此基础上提取2%～4%作为土地管理费。

2) 拆迁补偿费用

在城市规划区内国有土地上实施房屋拆迁，拆迁人应当对被拆迁人给予补偿、安置。

(1) 拆迁补偿。拆迁补偿的方式可以实行货币补偿，也可以实行房屋产权调换。

货币补偿的金额，根据被拆迁房屋的区位、用途、建筑面积等因素，以房地产市场评估价格确定。具体办法由省、自治区、直辖市人民政府制定。

实行房屋产权调换的，拆迁人与被拆迁人按照计算得到的被拆迁房屋的补偿金额和所调换房屋的价格，结清产权调换的差价。

(2) 搬迁、安置补助费。拆迁人应当对被拆迁人或者房屋承租人支付搬迁补助费，对于在规定的搬迁期限届满前搬迁的，拆迁人可以付给提前搬家奖励费；在过渡期限内，被拆迁人或者房屋承租人自行安排住处的，拆迁人应当支付临时安置补助费；被拆迁人或者房屋承租人使用拆迁人提供的周转房的，拆迁人不支付临时安置补助费。

搬迁补助费和临时安置补助费的标准，由省、自治区、直辖市人民政府规定。有些地区规定，拆除非住宅房屋，造成停产、停业引起经济损失的，拆迁人可以根据被拆除房屋的区位和使用性质，按照一定标准给予一次性停产停业综合补助费。

3）出让金、土地转让金

出让金为用地单位向国家支付的土地所有权收益，出让金标准一般参考城市基准地价并结合其他因素制定。基准地价由市土地管理局会同市物价局、市国有资产管理局、市房地产管理局等部门综合平衡后报市级人民政府审定通过，它以城市土地综合定级为基础，用某一地价或地价幅度表示某一类别用地在某一土地级别范围的地价，以此作为土地使用权出让价格的基础。

在有偿出让和转让土地时，政府对地价不做统一规定，但坚持以下原则：地价对目前的投资环境不产生大的影响；地价与当地的社会经济承受能力相适应；地价要考虑已投入的土地开发费用、土地市场供求关系、土地用途、所在区类、容积率和使用年限等。有偿出让和转让使用权，要向土地受让者征收契税；转让土地如有增值，要向转让者征收土地增值税；土地使用者每年应按规定的标准缴纳土地使用费。土地使用权出让或转让，应先由地价评估机构进行价格评估后，再签订土地使用权出让和转让合同。

1.5.2 与项目建设有关的其他费用

1. 建设管理费

建设管理费是指建设单位为组织完成工程项目建设，在建设期内发生的各类管理性费用。

1）建设管理费的内容

(1) 建设单位管理费。建设单位发生的管理性质的开支，包括工作人员工资、工资性补贴、施工现场津贴、职工福利费、住房基金、基本养老保险费、基本医疗保险费、失业保险费、工伤保险费，办公费、差旅交通费、劳动保护费、工具用具使用费、固定资产使用费、必要的办公及生活用品购置费、必要的通信设备及交通工具购置费、零星固定资产购置费、招募生产工人费、技术图书资料费、业务招待费、设计审查费、工程招标费、合同契约公证费、法律顾问费、咨询费、完工清理费、竣工验收费、印花税和其他管理性质开支。

(2) 工程监理费。建设单位委托工程监理单位实施工程监理的费用。此项费用应按国家发展和改革委员会关于《进一步放开建设项目专业服务价格的通知》(发改价格〔2015〕299号)规定，此项费用实行市场调节价。

2）建设单位管理费的计算

建设单位管理费按照工程费用之和(包括设备工器具购置费和建筑安装工程费用)乘以建设单位管理费费率计算。建筑单位管理费计算公式为

$$建设单位管理费=工程费用\times 建设单位管理费费率 \tag{1.38}$$

建设单位管理费率按照建设项目的不同性质、不同规模确定。有的建设项目按照建设工期和规定的金额计算建设单位管理费。如采用监理，建设单位部分管理工作量转移至监

理单位。监理费应根据委托的监理工作范围和监理深度在监理合同中商定或按当地或所属行业部门有关规定计算，如建设单位采用工程总承包方式，其总包管理费由建设单位与总包单位根据总包工作范围在合同中商定，从建设管理费中支出。

2. 可行性研究费

可行性研究费是指在工程项目投资决策阶段，依据调研报告对有关建设方案、技术方案或生产经营方案进行的技术经济论证，以及编制、评审可行性研究报告所需的费用。此项费用应依据前期研究委托合同计列，或参照《国家计委关于印发〈建设项目前期工作咨询收费暂行规定〉的通知》(计价格〔1999〕1283 号)规定计算。

3. 研究试验费

研究试验费是指为建设项目提供或验证设计数据、资料等进行必要的研究试验及按照相关规定在建设过程中必须进行试验、验证所需的费用。其中包括自行或委托其他部门研究试验所需人工费、材料费、试验设备及仪器使用费等。这项费用按照设计单位根据本工程项目的需要提出的研究试验内容和要求计算。在计算时要注意不应包括以下项目。

(1) 应由科技三项费用(即新产品试制费、中间试验费和重要科学研究补助费)开支的项目。

(2) 应在建筑安装费用中列支的施工企业对建筑材料、构件和建筑物，进行一般鉴定、检查所发生的费用及技术革新的研究试验费。

(3) 应由勘察设计费或工程费用中开支的项目。

4. 勘察设计费

勘察设计费是指对工程项目进行工程水文地质勘查、工程设计所发生的费用。其中包括工程勘察费、初步设计费(基础设计费)、施工图设计费(详细设计费)、设计模型制作费。此项费用应按照国家发展和改革委员会关于《进一步放开建设项目专业服务价格的通知》(发改价格〔2015〕299 号)规定，此项费用实行市场调节价。

5. 专项评价及验收费

专项评价及验收费包括环境影响评价费、安全预评价及验收费、职业病危害预评价及控制效果评价费、地震安全性评价费、地质灾害危险性评级费、水土保持评价及验收费、压覆矿产资源评价费、节能评估及评审费、危险与可操作性分析及安全完整性评价费以及其他专项评价及验收费。按照国家发展和改革委员会关于《进一步放开建设项目专业服务价格的通知》(发改价格〔2015〕299 号)规定，这些专项评价及验收费用均实行市场调节价。

1) 环境影响评价费

环境影响评价费是指在工程项目投资决策过程中，对其进行环境污染或影响评价所需的费用。其中包括编制环境影响报告书（含大纲)、环境影响报告表和评估等所需的费用，以及建设项目竣工验收阶段环境保护验收调查和环境监测、编制环境保护验收报告的费用。

2) 安全预评价及验收费

安全预评价及验收费指为预测和分析建设项目存在的危害因素种类和危险危害程度，提出先进、科学、合理、可行的安全技术和管理对策，而编制评价大纲、编写安全评价报告书和评估等所需的费用，以及在竣工阶段验收时所发生的费用。

3）职业病危害预评价及控制效果评价费

职业病危害预评价及控制效果评价费指建设项目因可能产生职业病危害，而编制职业病危害预评价书、职业病危害控制效果评价书和评估所需的费用。

4）地震安全性评价费

地震安全性评价费是指通过对建设场地和场地周围的地震活动与地震、地质环境的分析，而进行的地震活动环境评价、地震地质构造评价、地震地质灾害评价，编制地震安全评价报告书和评估所需的费用。

5）地质灾害危险性评价费

地质灾害危险性评价费是指在灾害易发区对建设项目可能诱发的地质灾害和建设项目本身可能遭受的地质灾害危险程度的预测评价，编制评价报告书和评估所需的费用。

6）水土保持评价及验收费

水土保持评价及验收费是指对建设项目在生产建设过程中可能造成水土流失进行预测，编制水土保持方案和评估所需的费用，以及在施工期间的监测、竣工阶段验收时所发生的费用。

7）压覆矿产资源评价费

压覆矿产资源评价费是指对需要压覆重要矿产资源的建设项目，编制压覆重要矿床评价和评估所需的费用。

8）节能评估及评审费

节能评估及评审费是指对建设项目的能源利用是否科学合理进行分析评估，并编制节能评估报告以及评估所发生的费用。

9）危险与可操作性分析及安全完整性评价费

危险与可操作性分析及安全完整性评价费是指对应用于生产具有流程性工艺特征的新建、改建、扩建项目进行工艺危害分析和对安全仪表系统的设置水平及可靠性进行定量评估所发生的费用。

10）其他专项评价及验收费

其他专项评价及验收费是指根据国家法律法规，建设项目所在省、直辖市、自治区人民政府有关规定，以及行业规定需进行的其他专项评价、评估、咨询和验收所需的费用。如重大投资项目社会稳定风险评估、防洪评价等。

6. 场地准备及临时设施费

1）场地准备及临时设施费的内容

（1）建设项目场地准备费是指为使工程项目的建设场地达到开工条件，由建设单位组织进行的场地平整等准备工作而发生的费用。

（2）建设单位临时设施费是指建设单位为满足工程项目建设、生活、办公的需要，用于临时设施建设、维修、租赁、使用所发生或摊销的费用。

2）场地准备及临时设施费的计算

（1）场地准备及临时设施应尽量与永久性工程统一考虑。建设场地的大型土石方工程应进入工程费用中的总图运输费用中。

（2）新建项目的场地准备和临时设施费应根据实际工程量估算，或按工程费用的比例计算。改扩建项目一般只计拆除清理费。

(3) 发生拆除清理费时可按新建同类工程造价或主材费、设备费的比例计算。凡可回收材料的拆除工程采用以料抵工方式冲抵拆除清理费。

(4) 此项费用不包括已列入建筑安装工程费用中的施工单位临时设施费用。

场地准备和临时设施费的计算公式为

$$场地准备和临时设施费=工程费用\times费率+拆除清理费 \tag{1.39}$$

7. 引进技术和引进设备其他费用

引进技术和引进设备其他费用是指引进技术和设备发生的但未计入设备购置费中的费用。

(1) 引进项目图纸资料翻译复制费、备品备件测绘费。引进项目可根据具体情况计列或按引进货价(FOB)的比例估列，引进项目发生备品备件测绘费时按具体情况估列。

(2) 出国人员费用。其中包括买方人员出国设计联络、出国考察、联合设计、监造、培训等所发生的差旅费和生活费等。依据合同或协议规定的出国人次、期限以及相应的费用标准计算。生活费按照财政部、外交部规定的现行标准计算，差旅费按中国民航公布的票价计算。

(3) 来华人员费用。其中包括卖方来华工程技术人员的现场办公费用、往返现场交通费用、接待费用等。依据引进合同或协议有关条款及来华技术人员派遣计划进行计算。来华人员接待费用可按每人次费用指标计算。引进合同价款中已包括的费用内容不得重复计算。

(4) 银行担保及承诺费。引进项目由国内外金融机构出面承担风险和责任担保所发生的费用，以及支付贷款机构的承诺费用。该费用应按担保或承诺协议计取，投资估算和概算编制时可以担保金额或承诺金额为基数乘以费率计算。

8. 工程保险费

工程保险费是指为转移工程项目建设的意外风险，在建设期内对建筑工程、安装工程、机械设备和人身安全进行投保而发生的费用。其中包括建筑安装工程一切险、引进设备财产保险和人身意外伤害险等。

根据不同的工程类别，分别以其建筑、安装工程费乘以建筑、安装工程保险费率计算。民用建筑(住宅楼、综合性大楼、商场、旅馆、医院、学校)占建筑工程费的0.2%～0.4%；其他建筑(工业厂房、仓库、道路、码头、水坝、隧道、桥梁、管道等)占建筑工程费的0.3%～0.6%；安装工程(农业、工业、机械、电子、电器、纺织、矿山、石油、化学及钢铁工业、钢结构桥梁)占建筑工程费的0.3%～0.6%。

9. 特殊设备安全监督检验费

特殊设备安全监督检验费是指安全监察部门对在施工现场组装的锅炉及压力容器、压力管道、消防设备、燃气设备、电梯等特殊设备和设施实施安全检验收取的费用。此项费用按照建设项目所在省(自治区、直辖市)安全监察部门的规定标准计算。无具体规定的，在编制投资估算和概算时可按受检设备现场安装费的比例估算。

10. 市政公用设施费

市政公用设施费是指使用市政公用设施的工程项目，按照项目所在地省级人民政府有关规定建设或缴纳的市政公用设施建设配套费用以及绿化工程补偿费用。此项费用按工程所在地人民政府规定标准计列。

1.5.3 与未来生产经营有关的其他费用

1. 联合试运转费

联合试运转费是指新建或新增加生产能力的工程项目，在交付生产前按照设计文件规定的工程质量标准和技术要求，对整个生产线或装置进行负荷联合试运转所发生的费用净支出(试运转支出大于收入的差额部分费用)。试运转支出包括试运转所需原材料、燃料及动力消耗、低值易耗品、其他物料消耗、工具用具使用费、机械使用费、保险金、施工单位参加试运转人员工资以及专家指导费等；试运转收入包括试运转期间的产品销售收入和其他收入。联合试运转费不包括应由设备安装工程费用开支的调试及试车费用，以及在试运转中暴露出来的因施工原因或设备缺陷等发生的处理费用。

2. 专利及专有技术使用费

1）专利及专有技术使用费的主要内容

(1) 国外设计及技术资料费，引进有效专利、专有技术使用费，以及技术保密费。

(2) 国内有效专利、专有技术使用费。

(3) 商标权、商誉和特许经营权费等。

2）专利及专有技术使用费的计算

在专利及专有技术使用费计算时应注意以下问题。

(1) 按专利使用许可协议和专有技术使用合同的规定计列。

(2) 专有技术的界定应以省、部级鉴定批准为依据。

(3) 项目投资中只计算需在建设期支付的专利及专有技术使用费。协议或合同规定在生产期支付的使用费应在生产成本中核算。

(4) 一次性支付的商标权、商誉及特许经营权费按协议或合同规定计列。协议或合同规定在生产期支付的商标权或特许经营权费应在生产成本中核算。

(5) 为项目配套的专用设施投资，包括专用铁路线、专用公路、专用通信设施、送变电站、地下管道、专用码头等，如由项目建设单位负责投资但产权不归属本单位的，应作无形资产处理。

3. 生产准备费

1）生产准备费的内容

在建设期内，建设单位为保证项目正常生产而发生的人员培训费、提前进厂费，以及投产使用必备的办公、生活家具用具及工器具等的购置费用，包括以下内容。

(1) 人员培训费及提前进厂费。其中包括自行组织培训或委托其他单位培训的人员工资、工资性补贴、职工福利费、差旅交通费、劳动保护费、学习资料费等。

(2) 为保证初期正常生产(或营业、使用)所必需的生产办公、生活家具用具购置费。

(3) 为保证初期正常生产(或营业、使用)必需的第一套不够固定资产标准的生产工具、器具、用具购置费，但不包括备品备件费。

2) 生产准备费的计算

(1) 新建项目按设计定员为基数计算，改扩建项目按新增设计定员为基数计算

$$生产准备费=设计定员\times生产准备费指标(元/人) \tag{1.40}$$

(2) 可采用综合的生产准备费指标进行计算，也可以按费用内容的分类指标计算。

特别提示

应该指出，生产准备费在实际执行中是一笔在时间上、人数上、培训深度上，很难划分的、活口很大的支出，尤其要严格掌握。

应用案例 1-6

下列选项中，属于工程建设其他费用中与未来企业生产经营有关的其他费用是(　　)。

A. 联合试运转费　　B. 生产人员培训费　　C. 合同契约公证费

D. 生产单位提前进场费用　　E. 特许经营权费

解： 工程建设其他费用的内容比较多，学习中不但要掌握费用的名称，还应了解该项费用的内容性质。

本题答案：A、B、D、E

1.6 预备费和建设期利息

1.6.1 预备费

按我国现行规定，预备费包括基本预备费和价差预备费。

1. 基本预备费

1) 基本预备费的内容

基本预备费是指投资估算或工程概算阶段预留的，由于工程实施中不可预见的工程变更及洽商、一般自然灾害处理、地下障碍物处理、超规超限设备运输等而可能增加的费用，亦可称为工程建设不可预见费。基本预备费一般由以下四部分构成。

(1) 工程变更及洽商在批准的初步设计范围内，技术设计、施工图设计及施工过程中所增加的工程费用；设计变更、工程变更、材料代用、局部地基处理等增加的费用。

(2) 一般自然灾害处理指因一般自然灾害造成的损失和预防自然灾害所采取的措施费用。实行工程保险的工程项目，该费用应适当降低。

(3) 不可预见的地下障碍物处理的费用。

(4) 超规超限设备运输增加的费用。

2) 基本预备费的计算

基本预备费是按工程费用和工程建设其他费用二者之和为计取基础，乘以基本预备费费率进行计算。

$$基本预备费=(工程费用+工程建设其他费用)\times基本预备费费率 \tag{1.41}$$

式中：基本预备费费率的取值应执行国家及部门的有关规定。

2. 价差预备费

1) 价差预备费的内容

价差预备费是指为在建设期内利率、汇率或价格等因素的变化而预留的可能增加的费用，也称为价格变动不可预见费。价差预备费的内容包括：人工、设备、材料、施工机具的价差费，建筑安装工程费及工程建设其他费用调整，利率、汇率调整等增加的费用。

2) 价差预备费的测算方法

价差预备费一般根据国家规定的投资综合价格指数，按估算年份价格水平的投资额为基数，采用复利方法计算。价差预备费的计算公式为

$$\mathrm{PF}=\sum_{t=1}^{n} I_t[(1+f)^m(1+f)^{0.5}(1+f)^{t-1}-1] \tag{1.42}$$

式中：PF——价差预备费；

n——建设期年份数；

I_t——建设期中第 t 年的投资计划额，包括工程费用、工程建设其他费用及基本预备费，即第 t 年的静态投资计划额；

f——年涨价率；

m——建设前期年限(从编制估算到开工建设，单位：年)。

年涨价率，政府部门有规定的按规定执行，没有规定的由可行性研究人员预测。

1.6.2 建设期利息

建设期利息主要是指在建设期内发生的为工程项目筹措资金的融资费用及债务资金利息。

当贷款在年初一次性贷出且利率固定时，建设期贷款利息按下式计算

$$I=P(1+i)^n-P \tag{1.43}$$

式中：P——一次性贷款数额；

i——年利率；

n——计息期；

I——贷款利息。

当总贷款是分年均衡发放时，建设期利息的计算可按当年借款在年中支用考虑，即当年贷款按半年计息，上年贷款按全年计息。建设期利息的计算公式为

$$q_j=(P_{j-1}+\frac{1}{2}A_j)\cdot i \tag{1.44}$$

式中：q_j——建设期第 j 年应计利息；

P_{j-1}——建设期第$(j-1)$年年末贷款累计金额与利息累计金额之和；

A_j——建设期第 j 年贷款金额；

i——年利率。

特别提示

国外贷款利息的计算中，还应包括国外贷款银行根据贷款协议向贷款方以年利率的方式收取的手续费、管理费、承诺费，以及国内代理机构经国家主管部门批准的以年利率的方式向贷款单位收取的转贷费、担保费、管理费等。

应用案例 1－7

某新建项目，建设期为 3 年，分年均衡进行贷款，第一年贷款为 300 万元，第二年 600 万元，第三年 400 万元，年利率为 12%，则建设期贷款利息为多少？

解：在建设期，各年利息计算如下

$$q_1 = \frac{1}{2}A_1 \cdot i = \frac{1}{2} \times 300 \times 12\% = 18\text{(万元)}$$

$$q_2 = (p_1 + \frac{1}{2}A_2) \cdot i = (318 + \frac{1}{2} \times 600) \times 12\% = 74.16\text{(万元)}$$

$$q_3 = (p_2 + \frac{1}{2}A_3) \cdot i = (318 + 600 + 74.16 + \frac{1}{2} \times 400) \times 12\% = 143.06\text{(万元)}$$

则建设期贷款利息＝18＋74.16＋143.06＝235.22(万元)

应用案例 1－8

某建设项目建安工程费 5 000 万元，设备购置费 3 000 万元，工程建设其他费用 2 000 元，已知基本预备费率 5%，项目建设前期年限为 1 年，建设期为 3 年，各年投资计划额为：第一年完成投资 20%，第二年 60%，第三年 20%。年均投资价格上涨率为 6%，试求建设项目建设期间价差预备费。

解：基本预备费＝(5 000＋3 000＋2 000)×5%＝500(万元)

静态投资＝5 000＋3 000＋2 000＋500＝10 500(万元)

建设期第一年完成投资＝10 500×20%＝2 100(万元)

第一年价差预备费为：$PF_1 = I_1 [(1+f)(1+f)^{0.5} - 1] = 191.8$(万元)

第二年完成投资＝10 500×60% ＝6 300(万元)

第二年价差预备费为：$PF_2 = I_2 [(1+f)(1+f)^{0.5}(1+f) - 1] = 987.9$(万元)

第三年完成投资＝10 500×20% ＝2 100(万元)

第三年价差预备费为：$PF_3 = I_3 [(1+f)(1+f)^{0.5}(1+f)^2 - 1] = 475.1$(万元)

建设期的价差预备费为：

$$PF = 191.8 + 987.9 + 475.1 = 1\ 654.8\text{(万元)}$$

本章小结

本章参考了全国造价工程师职业资格考试培训教材《建设工程造价管理》《建设工程计价》，结合住房和城乡建设部、财政部《关于印发〈建筑安装工程费用项目组成〉的通知》(建标〔2013〕44号)文件的具体内容，全面叙述了建设工程造价构成的主要内容。

本章主要内容有：工程造价的含义及特点，工程计价的特征，工程造价管理的相关概念，我国现行的工程造价管理组织，我国现行建设项目投资构成，我国现行建设项目工程造价的构成，设备购置费的构成及计算，工具、器具及生产家具购置费的构成及计算，我国现行的建筑安装工程费用的构成，工程建设其他费用的构成，预备费、建设期利息的含义及计算方法。

本章的教学目标是使学生通过本章的学习，初步认识建筑工程造价管理，了解我国现行建筑安装工程费用的构成、我国现行的工程造价构成。

习　题

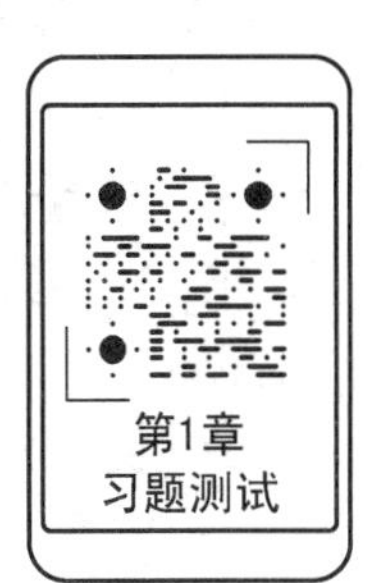

一、单选题

1. 工程造价两种含义的主要区别是(　　)。

A. 第一种含义属于价格管理范畴，第二种含义属于投资管理范畴

B. 第一种含义对于投资者追求投资决策的正确性，第二种含义对于承包商追求较高的工程造价

C. 第一种含义是作为市场供给主体，出售商品和劳务的价格总和，第二种含义是“购买”项目付出的价格

D. 第一种含义通常认定为是工程投资费用，第二种含义是工程承发包价格

2. 我国进口设备采用最多的一种货价是(　　)。

A. 运费在内价　　B. 保险费在内价

C. 装运港船上交货价　　D. 目的港船上交货价

3. 根据《费用组成》的规定，下列属于分部分项工程费中材料费的是(　　)。

A. 塔式起重机基础的混凝土费用

B. 现场预制构件地胎模的混凝土费用

C. 保护已完石材地面而铺设的大芯板费用

D. 独立柱基础混凝土垫层费用

4. 根据《费用组成》的规定，现场项目经理的工资列入(　　)。

A. 其他直接费　　B. 现场经费　　C. 企业管理费　　D. 直接费

5. 根据《费用组成》的规定，大型机械设备进出场及安拆费中的辅助设施费用应计入(　　)。

A. 直接费　B. 间接费　C. 施工机械使用费　D. 措施费

6. 根据《费用组成》的规定，下列属于分部分项工程费中人工费的是(　　)。

A. 6个月以上的病假人员的工资

B. 装载机司机工资

C. 公司安全监督人员工资

D. 电焊工产、婚假期的工资

7. 根据《费用组成》的规定，工程排污费属于(　　)。

A. 措施费　B. 规费　C. 企业管理费　D. 直接费

8. 某新建项目建设期为4年，分年均衡进行贷款，第一年贷款1 000万元，以后各年贷款均为500万元，年贷款利率为6%，建设期内利息只计息不支付，该项目建设期贷款利息为(　　)万元。

A. 76.80　B. 106.80　C. 366.30　D. 389.35

9. 某市建筑公司承建某县政府办公楼，工程不含税造价为1 000万元，该施工企业应缴纳的营业税为(　　)万元。

A. 32.81　B. 31.60　C. 31.00　D. 34.121 5

二、多选题

1. 根据《费用组成》的规定，规费包括(　　)。

A. 环境保护税　B. 工程定额测定费　C. 文明施工费　D. 住房公积金

E. 社会保障费

2.(　　)属于建筑工程费。

A. 场地平整费　B. 室外管道铺设费　C. 仪器仪表安装费　D. 构筑物费

E. 供电外线安装工程费

3. 根据《费用组成》的规定，劳动保险费包括 (　　)。

A. 养老保险费

B. 离退休职工的异地安家补助费

C. 职工退休金

D. 医疗保险费

E. 女职工哺乳期间的工资

4. 有效地控制工程造价应体现(　　)原则。

A. 以设计阶段为重点的建设全过程造价控制

B. 主动控制，以取得令人满意的结果

C. 技术与经济相结合是控制造价的最有效手段

D. 造价和确定之间存在相互制约的关系

E. 技术与经济相分离是控制造价最有效的手段

5. 设备购置费包括(　　)。

A. 设备原价　B. 设备运输费　C. 设备装卸费

D. 设备保管费　E. 设备运杂费

三、简答题

1. 什么是工程造价?

2. 工程造价有哪些特点?
3. 工程计价有哪些特点?
4. 工程造价管理的含义是什么?
5. 什么是全面造价管理?
6. 我国工程造价管理的目标、任务和基本内容是什么?
7. 我国现行的工程造价管理组织有哪些?
8. 我国现行建设项目投资构成包括哪些内容?
9. 我国现行建设项目工程造价的构成包括哪些内容?
10. 简述工程建设其他费用的构成。
11. 简要叙述建筑安装工程费中的分部分项工程费、规费和税金的含义，包括的内容和计算方法。

综合实训

一、实训内容

根据某基础工程工程量和《全国统一建筑工程基础定额》消耗指标，进行工料分析计算得出各项资源消耗量及预算价格，见表1-4。按照《费用组成》关于建安工程费用的组成和规定取费，各项费用的费率为：企业管理费费率20%、利润率16%(企业管理费和利润的计算基数为定额人工费)。

表1-4 资源消耗量及预算价格表

资源名称	单位	消耗量	单价/元	资源名称	单位	消耗量	单价/元
P.O. 32.5水泥	kg	1 740.84	0.32	钢筋Φ10以内	t	2.307	3 100.00
P.O. 42.5水泥	kg	18 101.65	0.34	钢筋Φ10以上	t	5.526	3 200.00
P.O. 52.5水泥	kg	20 349.76	0.36	砂浆搅拌机	台班	16.24	42.84
净砂	m^3	70.76	30.00	5t载重汽车	台班	14.00	310.59
碎石	m^3	40.23	41.20	木工圆锯	台班	0.36	171.28
钢模	m^3	152.96	9.95	翻斗车	台班	16.26	101.59
工程用木材	m^3	5.00	2 480.00	挖土机	台班	1.00	1 060.00
模板用木材	m^3	1.232	2 200.00	混凝土搅拌机	台班	4.35	152.15
镀锌铁丝	kg	146.58	10.48	卷扬机	台班	20.59	72.57
灰土	m^3	54.74	50.48	钢筋切断机	台班	2.79	161.47
水	m^3	42.90	2.00	钢筋弯曲机	台班	6.67	152.22
电焊条	kg	12.98	6.67	插入式震动器	台班	32.37	11.82
草袋子	m^3	24.30	0.94	平板式震动器	台班	4.18	13.57
黏土砖	千块	109.07	150.00	电动打夯机	台班	85.03	23.12
隔离剂	kg	20.22	2.00	综合工日	工日	1 207.00	20.31
铁钉	kg	61.57	5.70				

二、实训要求

1. 根据表 1-4 中的各种资源的消耗量和市场价格，列表计算该基础工程的人工费、材料费和机械费。

2. 根据背景材料给定的费率，按照《费用组成》关于建安工程费用的组成，计算该基础工程的分部分项工程费。

第2章 建设工程造价确定的依据

学习目标

熟悉建设工程定额的内容及在现代经济生活中和工程建设领域中的作用；掌握工程量清单的概念和工程量清单的编制，了解建设工程造价的其他确定依据。

学习要求

能力目标	知识要点	权重
熟悉建设工程定额的内容	定额的概念、产生发展的过程、在管理中的地位及作用以及定额的不同分类	30%
掌握工程量清单编制	工程量清单的概念、在招投标中所起的作用、工程量清单包括的主要内容以及具体编制方法	50%
了解建设工程造价的其他确定依据	工程技术文件、要素市场价格信息、建设工程环境条件等	20%

引　例

某市政府准备投资兴建一项隧道工程，此工程为该市建设规划的重要项目之一，经过投资估算，已经将该工程列入了地方年度固定资产投资计划。概算已经主管部门批准，征地工作基本完成，施工图及有关技术资料齐全，现决定对该项目进行施工招标。招标以前，业主委托工程造价咨询人编制工程量清单和招标控制价，并且将其提供给了各投标单位，对参加投标的施工企业进行投标价的评定，择“优”选择合适的施工单位并签署工程合同。

在招投标的过程中，从项目投资决策到确定施工单位开始施工，不同阶段要进行多次计价，如投资估算、概算造价、修正概算造价、预算造价(招标控制价)、合同价等。那么确定工程造价的依据是什么呢?

知识链接

一般来说，建设工程从最初的项目建议书、可行性研究到准备开始施工以前，应预先对建设工程造价进行计算和确定。建设工程造价在不同阶段的具体表现形式为投资估算、概算造价、修正概算造价、预算造价(招标控制价)、合同价等。建设工程造价表现形式多种多样，所需的确定依据也不同，但确定的基本原理是相同的。建设工程造价确定的依据是指进行建设工程造价确定所必需的基础数据和资料，主要包括工程定额、工程量清单、要素市场价格信息、工程技术文件、环境条件与工程建设实施组织和技术方案等。

2.1 建设工程定额

我国的定额是在几代人积累了大量翔实的基础资料和信息、总结实践经验的基础上经过辛勤劳动得到的成果。经过几十年的发展，定额体系已经初步建立起来，为确定建设工程的造价提供了重要的依据。

2.1.1 定额的概念

从广义上讲，定额是一种规定的额度，也是处理特定事物的数量界限。在现代社会经济生活中，定额几乎无处不在。就生产领域来说，工时定额、原材料消耗定额、原材料和成品半成品储备定额、流动资金定额等都是企业管理的重要基础。

在工程建设领域也存在多种定额。建设工程定额是指按照国家有关的产品标准、设计规范和施工验收规范、质量评定标准，并参考行业、地方标准，以及有代表性的工程设计和施工资料确定的工程建设过程中完成规定计量单位产品所消耗的人工、材料、机械等消耗量的标准。这种规定的额度所反映的是在一定的社会生产力发展水平下，完成某项工程建设产品与各种生产消耗之间特定的数量关系，考虑的是正常的施工条件，目前大多数施工企业的技术装备程度，合理的施工工期、施工工艺和劳动组织，反映的是一种社会平均消耗水平。例如：某自治区《房屋建筑与装饰预算定额》中规定，采用M10混合砂浆、机制红砖砌筑10m³一砖厚混水砖墙，需消耗综合人工工日12.135工日，机制红砖5.337千块，强度等级为32.5级的普通硅酸盐水泥0.601t，中粗砂2.359m³，石灰膏0.125m³，水1.708m³。以上消耗的计价为人工费1 363.37元，材料费1 903.05元，机械费74.21元，合计基价为3 340.63元。这里砌10m³产品（一砖厚混水砖墙）和所消耗的各种资源之间的关系是客观的，也是特定的，它们之间的数量关系是不可替代的。

2.1.2 定额的产生

定额的产生是与资本主义企业管理科学化紧密联系在一起的。19世纪末20世纪初，当时美国资本主义发展正处于上升时期，但受制于传统的、凭经验管理的方法，工人劳动生产率很低，生产能力得不到充分发挥。在这种时代背景下，美国的工程师泰勒开始了对企业管理的研究。他突破了当时传统管理方法的羁绊，为了解决如何提高工人劳动效率的问题，泰罗进行了大量的科学试验，努力把当时科学技术的最新成果应用于企业管理的研究，1911年出版了著名的《科学管理原理》一书，开创了科学管理的先河，被后人尊为“科学管理之父”，其所提出的一整套系统的、标准的科学管理方法形成了有名的“泰罗制”。“泰罗制”的核心是制定科学的工时定额，实行标准的操作方法，强化和协调职能管理，实行有差别的计件工资制。

我国定额的产生和发展，有着非常悠久的历史。公元1100年，北宋著名的土木建筑家李诫修编的《营造法式》一书，不仅是土木建筑工程技术的巨著，也是我国有记载的关于工料计算方面的第一部文献。《营造法式》共36卷，其中有13卷是关于工料计算的规定，这些规定可以看作是古代建设工程的工料定额和定额计算规则。在清朝，经营建筑的国家机关分设了“样房”和“算房”，“样房”负责图样设计，“算房”则专门负责施工预算，这样，定额的使用范围有所扩大，定额的功能也有所增加。新中国成立以后，我国吸取了苏联定额工作的经验，参考了欧美国家有关定额方面的管理科学内容，并结合我国在各个时期工程施工的实际情况，编制了适合我国工程建设的切实可行的建设工程定额。1995年，中华人民共和国建设部编制发布了《全国统一建筑工程基础定额》（土建）(GJD—101—1995)；2002年，中华人民共和国建设部编制发布了《全国统一建筑装饰装修工程消耗量定额》(GYD—901—2002)；2003年2月17日，中华人民共和国建设部和国家质量监督检验检疫总局发布了《建设工程工程量清单计价规范》(GB 50500—2003)；2008年7月9日，中华人民共和国建设部和国家质量监督检验检疫总局发布了《建设工程工程量清单计价规范》(GB 50500—2008)；2012年12月25日，中华人民共和国住房和城乡建设部、国家质量监督检验检疫总局发布了《建设工程工程量清单计价规范》(GB 50500—2013)。

随着管理科学的发展，一些新技术、新工艺的不断出现，定额的内容也在不断地扩充、完善。定额伴随着管理科学的产生而产生，伴随着管理科学的发展而发展。它虽然是管理科学发展初期的产物，但它在企业管理中占有重要的地位，因为定额不但可以给企业提供可靠的基本管理数据，同时它也是科学管理企业的基础和必备条件。无论是在研究工作中还是在实际工作中，都必须重视工作时间和操作方法的研究，都必须重视定额的确定。

2.1.3 定额的地位和作用

1. 定额在现代管理中的地位

(1) 定额是节约社会劳动、提高劳动生产率的重要手段。定额为生产者和经营管理人员提供了评价劳动成果和经济效益的标准尺度,同时也使劳动者自觉节约消耗,努力提高劳动生产率和经济效益。

特别提示

定额采用定额基价,基价中规定人工、材料、机械资源消耗的多少反映了定额水平,定额水平是一定时期社会生产力的综合反映。

(2) 定额是组织和协调社会化大生产的工具。随着生产力的发展,分工越来越细,生产社会化程度不断提高,任何一件产品都可以说是许多企业、许多劳动者共同完成的社会产品。因此,必须借助定额实现生产要素的合理配置,以定额作为组织、指挥和协调社会生产的科学依据和有效手段,从而保证社会生产持续、顺利地发展。

(3) 定额是宏观调控的依据。我国社会主义经济是以公有制为主体的,它既要充分发展市场经济,又要有计划地进行指导和调节。这就需要利用一系列定额为预测、计划、调节和控制经济发展提供有技术根据的参数和可靠的计量标准。

特别提示

我国建筑安装工程价格市场化经历了国家定价、国家指导价、国家调控价 3 个阶段,在 3 个阶段中,定额在计价过程中发挥的作用也发生变化。

(4) 定额在实现分配、兼顾效率与社会公平方面有巨大的作用。定额作为评价劳动成果和经济效益的尺度也成为资源分配和个人消费品分配的依据。

2. 工程建设定额的作用

在工程建设中,项目的投资必须要依靠定额来进行计算,定额的作用包括以下几方面。

(1) 定额是完成规定计量单位分项工程计价所需的人工、材料、施工机械台班的消耗量标准。由于经济实体受各自的生产条件,包括企业的工人素质、技术装备、管理水平、经济实力等的影响,因此完成某项特定工程所消耗的人力、物力和财力资源存在着差别,而定额就为个别劳动之间存在的这种差异制定了一个一般消耗量的标准,即人工、材料、施工机械台班的消耗量标准,这个标准有利于鞭策落后,鼓励先进。

(2) 定额是编制工程量计算规则、项目划分、计量单位的依据。要计算建筑安装工程的工程量,必须要依据一定的工程量计算规则。工程量计算规则的确定、项目划分、计量单位,以及计算方法都必须依据定额。

(3) 定额是编制建筑安装工程地区单位估价表的依据。建安工程地区单位估价表的编制过程就是根据定额规定消耗的各类资源(人、材、机)的消耗量乘以该地区基期资源价格,然后进行分类汇总的过程。

(4) 定额是编制施工图预算、招标工程标底(招标控制价)以及投标报价的依据。定额的制定，其主要目的就是计价。我国现阶段还处在定额模式向清单模式过渡的阶段，施工图预算、招标工程标底(招标控制价)以及投标报价书的编制，主要是依据工程所在地的单位估价表(定额的另一种形式)和行业定额来制定。

(5) 定额是编制投资估算指标的基础。在对一个拟建工程进行可行性研究时，一个重要的内容就是要用估算指标来估算工程的总投资。估算指标通常是根据历史的预、结算资料和价格变动等资料，依据预算定额、概算定额所编制的反映一定计量单位的建(构)筑物或工程项目所需费用的指标。

应用案例 2-1

试看懂2017年《内蒙古自治区房屋建筑与装饰工程预算定额》混水多孔砖墙单位估价表，如表2-1所示。

表2-1 《内蒙古自治区房屋建筑与装饰工程预算定额》混水多孔砖墙单位估价表

定额编号				4-14	4-15	4-16
项目				混水多孔砖墙		
				1/2砖	1砖	1砖半
基价(元)				3 471.95	3 417.97	3 340.44
人工费(元)				1 155.74	1 078.11	1 008.45
材料费(元)				1 865.24	1 907.47	1 921.63
机械费(元)				34.90	44.27	47.32
管理费、利润(元)				416.07	388.12	363.04
名称		单位	单价(元)	数量		
人工	综合工日	工日	112.35	10.287	9.596	8.976
材料	烧结多孔砖 240×115×90	千块	411.84	3.548	3.397	3.354
	砌筑用混合砂浆 M10	m^3	264.07	1.496	1.892	2.013
	水	m^3	5.27	1.210	1.170	1.150
	其他材料费	元		2.608	2.667	2.687
机械	干混砂浆罐式搅拌机 20 000L	台班	234.25	0.149	0.189	0.202
其他	管理费	%		20.000	20.000	20.000
	利润	%		16.000	16.000	16.000

解： 单位估价表实质上是将“量”和“价”结合的一种定额，用货币形式来表示完成单位合格产品所需的人工费、材料费、施工机具费、管理费和利润，表2-1中的消耗量依据的就是现行的预算定额(消耗量定额)。

2.1.4 工程定额体系

工程定额是指在正常施工条件下完成规定计量单位的合格建筑安装工程所消耗的人

工、材料、施工机具台班、工期天数及相关费率等的数量标准。工程定额是一个综合概念，是建设工程造价计价和管理中各类定额的总称，包括许多种类的定额，可以按照不同的原则和方法对它进行分类。

1. 按定额反映的生产要素消耗内容分类

可以把工程定额划分为劳动消耗定额、材料消耗定额和机具消耗定额三种。

(1) 劳动消耗定额，简称劳动定额(也称为人工定额)。劳动定额是在正常的施工技术和组织条件下，完成规定计量单位合格的建筑安装产品所消耗的人工工日的数量标准。劳动定额的主要表现形式是时间定额，但同时也表现为产量定额。时间定额与产量定额互为倒数。

(2) 材料消耗定额，简称材料定额。材料定额是指在正常的施工技术和组织条件下，完成规定计量单位合格的建筑安装产品所消耗的原材料、成品、半成品、构配件、燃料，以及水、电等动力资源的数量标准。

(3) 机具消耗定额。机具消耗定额由机械消耗定额与仪器、仪表消耗定额组成，所以又称为机具台班定额。机械消耗定额是指在正常的施工技术和组织条件下，完成规定计量单位合格的建筑安装产品所消耗的施工机械台班的数量标准。机械消耗定额的主要表现形式是机械时间定额，同时也以产量定额表现。施工仪器、仪表消耗定额的表现形式与机械消耗定额类似。

特别提示

劳动消耗定额、材料消耗定额和机具消耗定额的制定应从有利于提高企业的施工水平出发，以能反映平均先进的消耗量水平为原则，这三种定额是其他定额的基本组成部分。

2. 按定额的编制程序和用途分类

可以把工程定额分为施工定额、预算定额、概算定额、概算指标、投资估算指标五种。

(1) 施工定额。施工定额是完成一定计量单位的某一施工过程或基本工序所需消耗的人工、材料和机具台班数量标准。施工定额是施工企业(建筑安装企业)组织生产和加强管理在企业内部使用的一种定额，属于企业定额的性质。施工定额是以某一施工过程或基本工序作为研究对象，表示生产产品数量与生产要素消耗综合关系编制的定额。为了适应组织生产和管理的需要，施工定额的项目划分很细，是工程定额中分项最细、定额子目最多的一种定额，也是工程定额中的基础性定额。

(2) 预算定额。预算定额是在正常的施工条件下，完成一定计量单位合格分项工程和结构构件所需消耗的人工、材料、施工机具台班数量及其费用标准。预算定额是一种计价性定额。从编制程序上看，预算定额是以施工定额为基础综合扩大编制的，同时它也是编制概算定额的基础。

(3) 概算定额。概算定额是完成单位合格扩大分项工程或扩大结构构件所需消耗的人工、材料和施工机具台班的数量及其费用标准，是一种计价性定额。概算定额是编制扩大初步设计概算、确定建设项目投资额的依据。概算定额的项目划分粗细，与扩大初步设计的深度相适应，一般是在预算定额的基础上综合扩大而成的，每一综合分项概算定额都包含了数项预算定额。

(4) 概算指标。概算指标是以单位工程为对象，反映完成一个规定计量单位建筑安装产品的经济指标。概算指标是概算定额的扩大与合并，以更为扩大的计量单位来编制的。概算指标的内容包括人工、材料、机具台班定额三个基本部分，同时还列出了各结构分部的工程量及单位建筑工程(以体积计或面积计)的造价，是一种计价定额。

(5) 投资估算指标。投资估算指标是以建设项目、单项工程、单位工程为对象，反映建设总投资及其各项费用构成的经济指标。它是在项目建议书和可行性研究阶段编制投资估算、计算投资需要量时使用的一种定额。它的概略程度与可行性研究阶段相适应。投资估算指标往往根据历史的预、决算资料和价格变动等资料编制，但其编制基础仍然离不开预算定额、概算定额。

上述各种定额的相互联系可参见表2-2。

表2-2 各种计价定额间关系的比较

名　称	施工定额	预算定额	概算定额	概算指标	投资估算指标
对象	施工过程或基本工序	分项工程和结构构件	扩大的分项工程或扩大的结构构件	单位工程	建设项目 单项工程 单位工程
用途	编制施工预算	编制施工图预算	编制扩大初步设计概算	编制初步设计概算	编制投资估算
项目划分	最细	细	较粗	粗	很粗
定额水平	平均先进	平均			
定额性质	生产性定额	计价性定额			

3. 按照专业划分

由于工程建设涉及众多专业，不同的专业所含的内容也不同，因此就确定人工、材料和机具台班消耗数量标准的工程定额来说，也需按不同的专业分别进行编制和执行。

(1) 建筑工程定额按专业对象分为建筑及装饰工程定额、房屋修缮工程定额、市政工程定额、铁路工程定额、公路工程定额、矿山井巷工程定额等。

(2) 安装工程定额按专业对象分为电气设备安装工程定额、机械设备安装工程定额、热力设备安装工程定额、通信设备安装工程定额、化学工业设备安装工程定额、工业管道安装工程定额、工艺金属结构安装工程定额等。

4. 按主编单位和管理权限分类

工程定额可以分为全国统一定额、行业统一定额、地区统一定额、企业定额、补充定额五种。

(1) 全国统一定额是由国家建设行政主管部门综合全国工程建设中技术和施工组织管理的情况编制，并在全国范围内适用的定额。

(2) 行业统一定额是考虑到各行业部门专业工程技术特点，以及施工生产和管理水平编制的。一般是只在本行业和相同专业性质的范围内使用。

(3) 地区统一定额包括省、自治区、直辖市定额。地区统一定额主要是考虑地区性特点和全国统一定额水平做适当调整和补充编制的。

(4) 企业定额是施工单位根据本企业的施工技术、机械装备和管理水平编制的人工、

材料和机具台班等的消耗标准。企业定额在企业内部使用，是企业综合素质的一个标志。企业定额水平一般应高于国家现行定额，才能满足生产技术发展、企业管理和市场竞争的需要。在工程量清单计价方式下，企业定额作为施工企业进行建设工程投标报价的计价依据，正发挥着越来越大的作用。

(5) 补充定额是指随着设计、施工技术的发展，现行定额不能满足需要的情况下，为了补充缺陷所编制的定额。补充定额只能在指定的范围内使用，可以作为以后修订定额的基础。

上述各种定额虽然适用于不同的情况和用途，但是它们是一个互相联系的、有机的整体，在实际工作中配合使用。

特别提示

在清单计价模式下，企业需要建立自己的企业定额，企业定额水平一般应高于国家现行定额，这样才能满足市场竞争的需要。

2.2 工程量清单计价

"定额计价"模式是我国传统的计价模式，在整个计价过程中，计价依据是固定的，法定的"定额"指令性过强，不利于竞争机制的发挥；而工程量清单计价是我国改革现行的工程造价计价方法和招标投标中报价方法与国际通行惯例接轨所采取的计价模式，与定额计价模式截然不同。

特别提示

我国现阶段是由定额计价模式向清单计价模式转变的一个过渡时期，两种计价模式并存。

为了及时总结我国实施工程量清单计价以来的实践经验和最新理论研究成果，满足市场要求，结合建设工程行业特点，在新时期统一建设工程工程量清单的编制和计价行为，实现"政府宏观调控、部门动态监管、企业自主报价、市场形成价格"的宏伟目标，住房和城乡建设部及时对《建设工程工程量清单计价规范》(GB 50500—2008)进行全方位修改、补充和完善。修订后的《建设工程工程量清单计价规范》(GB 50500—2013)于 2013 年 7 月 1 日起实施。

工程量清单计价与计量规范由《建设工程工程量清单计价规范》(GB 50500—2013)、《房屋建筑与装饰工程工程量计算规范》(GB 50854—2013)、《仿古建筑工程工程量计算规范》(GB 50855—2013)、《通用安装工程工程量计算规范》(GB 50856—2013)、《市政工程工程量计算规范》(GB 50857—2013)、《园林绿化工程工程量计算规范》(GB 50858—2013)、《矿山工程工程量计算规范》(GB 50859—2013)、《构筑物工程工程量计算规范》(GB 50860—2013)、《城市轨道交通工程工程量计算规范》(GB 50861—2013)、《爆破工程工程量计算规范》(GB 50862—2013)组成。

2.2.1 工程量清单的概念

工程量清单是载明建设工程分部分项工程项目、措施项目、其他项目的名称和相应数量,以及规费、税金项目等内容的明细清单。其中由招标人依据国家标准、招标文件、设计文件以及施工现场实际情况编制的,随招标文件发布供投标人投标报价的工程量清单,包括其说明和表格称为招标工程量清单。而构成合同文件组成部分的投标文件中已标明价格,经算术性错误修正(如有)且承包人已确认的工程量清单,包括其说明和表格称为已标价工程量清单。

采用工程量清单方式招标,招标工程量清单必须作为招标文件的组成部分,其准确性和完整性应由招标人负责。招标工程量清单是工程量清单计价的基础,应作为编制招标控制价、投标报价、计算或调整工程量、索赔等的依据之一。招标工程量清单应以单位(项)工程为单位编制,应由分部分项工程项目清单、措施项目清单、其他项目清单、规费和税金项目清单组成。

工程量清单计价是指建设工程招标投标中,招标人按照国家统一的《建设工程工程量清单计价规范》(GB 50500—2013)(简称《清单计价规范》),提供工程数量清单,由投标人依据工程量清单计算所需的全部费用,包括分部分项工程费、措施项目费、其他项目费、规费和税金,自主报价,并按照经评审合理低价中标的工程造价计价模式。简言之,工程量清单计价法是建设工程在招标投标中,招标人(或委托具有相应资质的工程造价咨询人)编制反映工程实体消耗和措施消耗的工程量清单,作为招标文件的一部分提供给投标人,由投标人依据工程量清单自主报价的计价方式。

特别提示

招标工程量清单应由具有编制能力的招标人或受其委托,具有相应资质的工程造价咨询人编制。

2.2.2 工程量清单计价的作用

1. 满足与国际通行惯例接轨的需要

实行工程量清单计价,是适应我国加入世界贸易组织(WTO),融入世界大市场的需要。随着我国改革开放的进一步加快,我国经济日益融入全球市场,特别是我国加入世界贸易组织后,建设市场进一步对外开放。国外的企业以及投资的项目越来越多地进入国内市场,我国企业走出国门在国外投资和经营的项目也在增加。为了适应这种对外开放建设市场的形势,就必须与国际通行的计价方法相适应,为建设市场主体创造一个与国际惯例接轨的市场竞争环境。

特别提示

工程量清单计价是国际社会通行的计价做法。

2. 提供一个平等的竞争条件

采用施工图预算来投标报价，由于设计图纸的缺陷，不同施工企业的人员理解不一，计算出的工程量也不同，报价就更相去甚远，也容易产生纠纷。而工程量清单报价就为投标者提供了一个平等竞争的条件，相同的工程量，由企业根据自身的实力来填不同的单价。投标人的这种自主报价，使得企业的优势体现到投标报价中，可在一定程度上规范建筑市场秩序，确保工程质量。

特别提示

在招投标过程中，工程量清单是公开的，避免了工程招标中弄虚作假、暗箱操作等不规范行为的发生。

3. 满足市场经济条件下竞争的需要

招投标过程就是竞争的过程，招标人提供工程量清单，投标人根据自身情况确定综合单价，利用单价与工程量逐项计算每个项目的合价，再分别填入工程量清单表内，计算出投标总价。单价成了决定性的因素，定高了不能中标，定低了又要承担过大的风险。单价的高低直接取决于企业管理水平和技术水平的高低，这种局面促成了企业整体实力的竞争，有利于我国建设市场的快速发展。

4. 有利于提高工程计价效率，能真正实现快速报价

采用工程量清单计价方式，避免了传统计价方式下招标人与投标人在工程量计算上的重复工作，各投标人以招标人提供的工程量清单为统一平台，结合自身的管理水平和施工方案进行报价，促进了各投标人企业定额的完善和工程造价信息的积累和整理，体现了现代工程建设中快速报价的要求。

5. 有利于工程款的拨付和工程造价的最终结算

中标后，业主要与中标单位签订施工合同，中标价就是确定合同价的基础，投标清单上的单价就成了拨付工程款的依据。业主根据施工企业完成的工程量，可以很容易地确定进度款的拨付额。工程竣工后，根据设计变更、工程量增减等，业主也很容易确定工程的最终造价，可在某种程度上减少业主与施工单位之间的纠纷。

6. 有利于业主对投资的控制

采用现在的施工图预算形式，业主对因设计变更、工程量的增减所引起的工程造价变化不敏感，往往等到竣工结算时才知道这些变更对项目投资的影响有多大，但此时常常为时已晚。而采用工程量清单报价的方式则可对投资变化一目了然，在要进行设计变更时，能立即知道它对工程造价的影响，业主就能根据投资情况来决定是否变更或进行方案比较，以决定最恰当的处理方法。

2.2.3 工程量清单的内容

工程量清单最基本的功能是作为信息的载体，以便投标人能对工程有全面充分的了解。从这个意义上讲，工程量清单的内容应全面、准确。工程量清单主要包括工程量清单说明和工程量清单表两部分。

(1) 工程量清单说明。工程量清单说明主要是介绍拟招标工程的工程量清单的编制依据以及重要作用，明确清单中的工程量是招标人估算得出的，仅仅作为投标报价的基础，结算时的工程量应以招标人或由其授权委托的造价工程师核准的实际完成量为依据，提示投标申请人重视清单，以及如何使用清单。

(2) 工程量清单表。工程量清单表作为清单项目和工程数量的载体，是工程量清单的重要组成部分。它为投标报价提供一个合适的计价平台，对于招标人来讲，工程量清单表是进行投资控制的前提和基础。工程量清单表编制的质量直接关系和影响到工程建设的最终结果，而投标人可以根据表格之间的逻辑关系和从属关系，在其指导下完成分部组合计价的过程。工程量清单表由分部分项工程量清单、措施项目清单、其他项目清单，以及规费和税金项目清单组成。

知识链接

工程量清单格式应由封面、扉页、总说明、分部分项工程量清单、措施项目清单、其他项目清单以及规费和税金项目清单组成。

1. 招标工程量清单封面

招标人自行编制招标工程量清单和招标人委托工程造价咨询人编制招标工程量清单封面如图 2.1 所示。

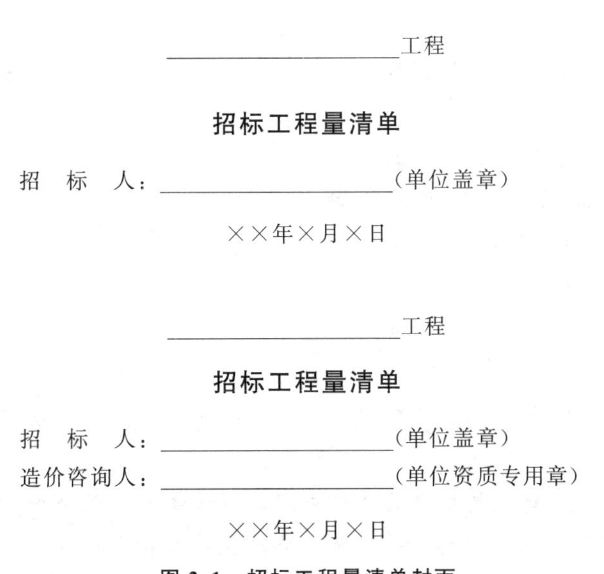

______________工程

招标工程量清单

招　标　人：______________(单位盖章)

××年×月×日

______________工程

招标工程量清单

招　标　人：______________(单位盖章)

造价咨询人：______________(单位资质专用章)

××年×月×日

图 2.1　招标工程量清单封面

2. 招标工程量清单扉页

招标人自行编制招标工程量清单和招标人委托工程造价咨询人编制招标工程量清单扉页如图 2.2 所示。

________________工程

招标工程量清单

招　标　人：________________（单位盖章）
法定代表人
或其授权人：________________（签字或盖章）
编制人：________（造价人员签字盖专用章）　复核人：________（造价工程师签字盖专用章）
编制时间：××年×月×日　复核时间：××年×月×日

________________工程

招标工程量清单

招 标 人：________（单位盖章）　造价咨询人________（单位资质专用章）
法定代表人　法定代表人
或其授权人：________（签字或盖章）　或其授权人：________（签字或盖章）
编制人：________（造价人员签字盖专用章）　复核人：________（造价工程师签字盖专用章）
编制时间：××年×月×日　复核时间：××年×月×日

图 2.2　招标工程量清单扉页

3. 总说明

总说明填写内容如下。

（1）工程概况：建设地址、建设规模、工程特征、交通状况、环保要求等。

（2）工程发包、分包范围。

（3）工程量清单编制依据：采用的标准、施工图纸、标准图集等。

（4）使用材料设备、施工的特殊要求等。

（5）其他需要说明的问题。

特别提示

填表须知如下。

（1）工程量清单及其计价格式中所有要求签字、盖章的地方，必须由规定的单位和人员签字、盖章。

（2）工程量清单及其计价格式中的任何内容不得随意删除或涂改。

（3）工程量清单计价格式中列明的所有需要填报的单价和合价，投标人均应填报，未填报的单价和合价视为此项费用已包括在工程量清单的其他单价和合价中。

（4）明确金额的表示币种。

4. 分部分项工程量清单和单价措施项目清单

分部分项工程和单价措施项目清单与计价表如表 2－3 所示。

表 2-3 分部分项工程和单价措施项目清单与计价表

工程名称： 标段： 第 页 共 页

序号	项目编码	项目名称	项目特征描述	计量单位	工程量	金额/元		
						综合单价	合价	其中
								暂估价
本页小计								
合计								

5. 总价措施项目清单

总价措施项目清单与计价表如表 2-4 所示。

表 2-4 总价措施项目清单与计价表

工程名称： 标段： 第 页 共 页

序号	项目编码	项目名称	计算基础	费率/(%)	金额/元	调整费率/(%)	调整后金额/元	备注
1	011707001001	安全文明施工费						
2	011707002001	夜间施工增加费						
3	011707004001	二次搬运费						
4	011707005001	冬雨季施工增加费						
5	011707007001	已完工程及设备保护费						
合计								

6. 其他项目清单

其他项目清单与计价汇总表如表 2-5 所示。

表 2-5 其他项目清单与计价汇总表

工程名称： 标段： 第 页 共 页

序号	项 目 名 称	金额/元	结算金额/元	备注
1	暂列金额			
2	暂估价			
2.1	材料(工程设备)暂估价			
2.2	专业工程暂估价			
3	计日工			
4	总承包服务费			
合计				

7. 规费和税金项目清单

规费和税金项目清单如表 2－6 所示。

表 2－6　规费和税金项目清单

工程名称：　　　　　　　　　　　　　　标段：　　　　　　　　　　　　第　页　共　页

序号	项目名称	计算基础	计算基数	计算费率/(%)	金额/元
1	规费	定额人工费			
1.1	社会保险费	定额人工费			
(1)	养老保险费	定额人工费			
(2)	失业保险费	定额人工费			
(3)	医疗保险费	定额人工费			
(4)	工伤保险费	定额人工费			
(5)	生育保险费	定额人工费			
1.2	住房公积金	定额人工费			
1.3	环境保护税	按实计取			
2	税金（增值税）	分部分项工程费＋措施项目费＋其他项目费＋规费			
合计					

2.2.4 工程量清单的编制

招标工程量清单作为招标文件的组成部分，应以单位(项)工程为单位编制，应由分部分项工程量清单、措施项目清单、其他项目清单、规费项目清单和税金项目清单组成。

1. 分部分项工程量清单

分部分项工程量清单为不可调整的闭口清单，投标人对招标文件提供的分部分项工程量清单不可随便做任何更改，分部分项工程量清单应包括项目编码、项目名称、项目特征、计量单位和工程量五个要件。

1）项目编码

分部分项工程量清单项目编码以 5 级编码设置，用 12 位阿拉伯数字表示。一、二、三、四级编码为全国统一码，第五级编码由工程量清单编制人区分工程的清单项目特征而分别编制。各级编码代表的含义如下。

(1) 第一级表示专业工程代码(分两位)。01——房屋建筑与装饰工程；02——仿古建筑工程；03——通用安装工程；04——市政工程；05——园林绿化工程；06——矿山工程；07——构筑物工程；08——城市轨道交通工程；09——爆破工程。

(2) 第二级表示专业工程附录分类顺序码(分两位)。

(3) 第三级表示分部工程顺序码(分两位)。

(4) 第四级表示分项工程项目名称顺序码(分三位)。

(5) 第五级表示清单项目名称顺序码(分三位)。

当同一标段(或合同段)的一份工程量清单中含有多个单位(项)工程且工程量清单是以单位(项)工程为编制对象时，在编制工程量清单时应特别注意对项目编码十至十二位的设置不得有重码的规定。

例如，一个标段(或合同段)的工程量清单中含有三个单位工程，每一单位工程中都有项目特征相同的实心砖墙砌体，在工程量清单中又需反映三个不同单位工程的实心砖墙砌体工程量时，则第一个单位工程的实心砖墙的项目编码应为010401003001，第二个单位工程的实心砖墙的项目编码应为010401003002，第三个单位工程的实心砖墙的项目编码应为010401003003，并分别列出各单位工程实心砖墙的工程量。

2）项目名称

项目名称应按相关工程国家计量规范规定，根据拟建工程实际确定。

在“项目名称”填写中存在两种情况，一是完全按照规范的项目名称不变，二是根据工程实际在计价规范项目名称下另定详细名称。这两种方式均可，主要应针对具体项目而定。

例如，规范中有的项目名称包含范围很小，直接使用并无不妥，此时可直接使用，如010102002挖沟槽土方；有的项目名称包含范围较大，这时采用具体的名称则较为恰当，如011407001墙面喷刷涂料，可采用011407001001外墙乳胶漆、011407001002内墙乳胶漆较为直观。

3）项目特征

项目特征是对项目的准确描述，是影响价格的因素和设置具体清单项目的依据。项目特征按不同的工程部位，施工工艺或材料品种、规格等分别列项，凡项目特征中未描述到的独有特征，由清单编制人视项目具体情况确定，以准确描述清单项目为准。

(1）必须描述的内容包括以下几项。

① 涉及正确计量的内容。如门窗洞口尺寸或框外围尺寸，新规范虽然增加了按“m^2”计量，如采用“樘”计量，上述描述仍是必需的。

② 涉及结构要求的内容。如混凝土构件的混凝土强度等级，是使用C20还是C30或C40等，因混凝土强度等级不同，其价值也不同，必须描述。

③ 涉及材质要求的内容。如油漆的品种，是调和漆、还是硝基清漆等；管材的材质，是碳钢管、还是塑料管、不锈钢管等；还需要对管材的规格、型号进行描述。

④ 涉及安装方式的内容。如管道工程中的钢管的连接方式是螺纹连接还是焊接，塑料管是粘接连接还是热熔连接等，就必须描述。

(2）可不详细描述的内容包括以下几项。

① 无法准确描述的。如土壤类别，由于我国幅员辽阔，地域差异较大，特别是对于南方来说，在同一地点，由于表层土与表层土以下的土壤，其类别是不相同的，要求清单编制人准确判定某类土壤在石方中所占比例是困难的。在这种情况下，可考虑将土壤类别描述为综合，但应注明由投标人根据地勘资料自行确定土壤类别，决定报价。

② 施工图纸、标准图集标注明确的。对这些项目可描述为见××图集××页号及节点大样等。由于施工图纸和标准图集是发、承包双方都应遵守的技术文件，这样描述可以有效减少在施工过程中对项目理解的不一致。同时，对不少工程项目，真要将项目特征一一描述清楚，也是一件费力的事情，如果能采用这一方法描述，就可以起到事半功倍的效果。因此，建议这一方法在项目特征描述中尽可能采用。

③ 有一些项目虽然可不详细描述，但清单编制人在项目特征描述中应注明由投标人自定，如土方工程中的“取土运距”“弃土运距”等。首先要清单编制人决定在多远取土或取、弃土运往多远是困难的；其次，由投标人根据在建工程施工情况统筹安排，自主决定取、弃土方的运距可以充分体现竞争的要求。

④ 一些地方以项目特征见××定额的表述也是值得考虑的。“08规范”实施以来，对项目特征的描述已引起了广泛的注意，各地区、各专业也总结了一些好的做法。由于现行定额经过几十年的贯彻实施，每个定额项目实质上都是一定项目特征下的消耗量标准及其价值表示，因此，如清单项目的项目特征与现行定额某些项目的规定是一致的，也可采用见××定额项目的方式予以表述。

(3) 特征描述的方式包括以下两种。

特征描述的方式大致可划分为“问答式”与“简化式”两种。

① 问答式主要是工程量清单编写者直接采用工程计价软件上提供的规范，在要求描述的项目特征上采用答题的方式进行描述。这种方式的优点是全面、详细，缺点是显得啰唆，打印用纸较多。

② 简化式则与问答式相反，对需要描述的项目特征内容根据当地的用语习惯，采用口语化的方式直接表述，省略了规范上的描述要求，简洁明了，打印用纸较少。

4) 计量单位

采用相应规范的附录中规定的计量单位，《清单计价规范》中计量单位均为基本计量单位，不得使用扩大单位(如10m、100m^2、1 000m^3)。

计量单位应按相关工程国家计量规范的规定填写。

有的项目规范中有两个或两个以上计量单位的，应按照最适宜计量的方式选择其中一个填写。

例如，门窗工程，规范以m^2和樘两个计量单位表示，此时就应根据工程项目特点，选择其中一个即可。

工程计量时每一项目汇总的有效位数应遵守下列规定。

(1) 以“t”为单位，应保留小数点后三位数字，第四位小数四舍五入。

(2) 以“m、m^2、m^3、kg”为单位，应保留小数点后两位数字，第三位小数四舍五入。

(3) 以“个、件、根、组、系统”为单位，应取整数。

5) 工程量

工程量应按国家相关工程计量规范规定的工程量计算规则计算。

6) 分部分项工程量清单的编制程序

在进行分部分项工程量清单编制时，其编制程序如图2.3所示。

2. 措施项目清单

措施项目为完成工程项目施工，发生于该工程施工准备和施工过程中的技术、生活、安全、环境保护等方面的项目。

措施项目清单是表明为完成分项实体工程而必须采取的一些措施性工作的清单表。措施项目清单为可调整清单，投标人对招标文件中所列项目可根据企业自身特点做适当的变更增减。

(1) 措施项目清单必须根据现行国家相关工程计量规范的规定编制。

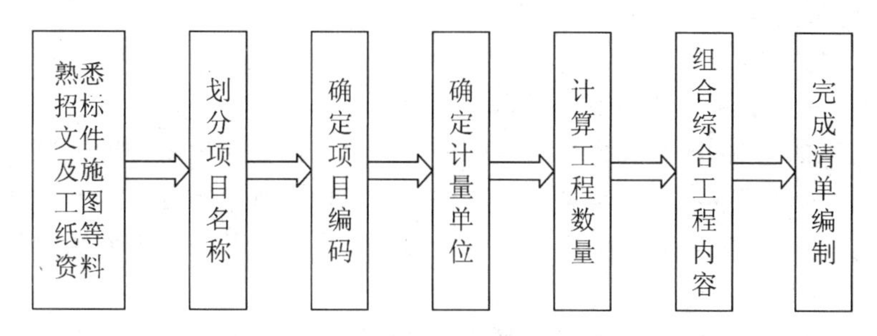

图 2.3 分部分项工程量清单的编制程序

(2) 措施项目清单应根据拟建工程的实际情况列项。

(3) 措施项目中列出了项目编码、项目名称、项目特征、计量单位、工程量计算规则的项目，编制工程量清单时，应按照《房屋建筑与装饰工程工程量计算规范》(GB 50854—2013)4.2 分部分项工程的规定执行。

(4) 措施项目仅列出项目编码、项目名称，未列出项目特征、计量单位和工程量计算规则的项目，编制工程量清单时，应按《房屋建筑与装饰工程工程量计算规范》(GB 50854—2013)附录S措施项目规定的项目编码、项目名称确定。

(5) 措施项目应根据拟建工程的实际情况列项，若出现《房屋建筑与装饰工程工程量计量规范》(GB 50854—2013) 未列的项目，可根据工程实际情况补充。

措施项目一览表如表 2-7 所示。

表 2-7 措施项目一览表

序号	项目名称	发生情况说明
1.1	环境保护	一般情况均可发生
1.2	文明施工	一般情况均可发生
1.3	安全施工	一般情况均可发生
1.4	临时设施	一般情况均可发生
1.5	夜间施工	夜间施工时发生
1.6	二次搬运	场地狭小时发生
1.7	大型机械进出场及安拆	机械挖土、吊装、打桩、碾压及其他需要大型机械施工的工程发生
1.8	混凝土、钢筋混凝土模板及支架	混凝土及钢筋混凝土(含现浇、现场预制)及其他需要支模板的工程发生
1.9	脚手架	除个别工程外，一般均可发生
1.10	已完工程及设备保护	需要进行成品保护的项目发生
1.11	施工排水	在地下水位较高的场地上施工的深基础发生

3. 其他项目清单

其他项目清单应按照下列内容列项。

(1) 暂列金额。招标人在工程量清单中暂定并包括在合同价款中的一笔款项，用于工程合同签订时尚未确定或者不可预见的所需材料、工程设备、服务的采购，施工中可能发生的工程变更、合同约定调整因素出现时的合同价款调整以及发生的索赔、现场签证等确认的费用。

暂列金额包括在签约合同价之内，但并不直接属承包人所有，而是由发包人暂定并掌握使用的一笔款项。

(2) 暂估价。招标人在工程量清单中提供的用于支付必然发生但暂时不能确定价格的材料、工程设备的单价以及专业工程的金额。

暂估价中的材料、工程设备暂估单价应根据工程造价信息或参照市场价格估算，列出明细表；专业工程暂估价应分不同专业，按有关计价规定估算，列出明细表。

暂估价是在招标阶段预见肯定要发生，只是因为标准不明确或者需要由专业承包人完成，暂时又无法确定具体价格时采用的一种价格形式。

(3) 计日工。在施工过程中，承包人完成发包人提出的工程合同范围以外的零星项目或工作，按合同中约定的单价计价的一种方式，包括完成该项作业的人工、材料、施工机械台班。计日工的单价由投标人通过投标报价确定，计日工的数量按完成发包人发出的计日工指令的数量确定。

(4) 总承包服务费。总承包人为配合协调发包人进行的专业工程发包，对发包人自行采购的材料、工程设备等进行保管以及施工现场管理、竣工资料汇总整理等服务所需的费用。

总承包服务费的性质是在工程建设的施工阶段实行施工总承包时，由发包人支付给总承包人的一笔费用。承包人进行的专业分包或劳务分包不在此列。

工程建设标准的高低、工程的复杂程度、工程的工期长短、工程的组成内容、发包人对工程管理要求等都直接影响其他项目清单的具体内容，《清单计价规范》仅提供4项作为列项参考。其不足部分，可根据工程的具体情况进行补充。

4. 规费项目清单

规费项目清单应按照下列内容列项。

(1) 社会保险费。社会保险费包括养老保险费、失业保险费、医疗保险费、工伤保险费、生育保险费。

(2) 住房公积金。

(3) 环境保护税。

5. 税金项目清单

税金项目清单应包括下列内容。

(1) 增值税。

(2) 城市维护建设税。

(3) 教育费附加。

(4) 地方教育附加。

特别提示

《清单计价规范》中最能体现“竞争性”的内容是措施项目，该规范将措施项目报价权交给了企业，是为了留给企业竞争的空间。投标人要想提升自己的竞争能力，发挥出自身的优势，应该精心编制施工组织设计，优化施工方案。

6. 工程量清单计价的基本方法

工程量清单计价规定了从招标控制价编制、投标报价编制、工程合同价款的约定、工程施工过程中工程计量与合同价款的支付、索赔与现场签证、合同价款的调整、竣工结算的办理和合同价款争议的解决以及工程造价鉴定等的全部内容，是工程建设发承包以及施工阶段的全过程造价确定与控制的方法。

采用工程量清单计价，建设工程发承包及实施阶段的工程造价由分部分项工程费、措施项目费、其他项目费、规费和税金组成。

工程量清单应采用综合单价计价。

招标文件中的工程量清单标明的工程量是投标人投标报价的共同基础，竣工结算的工程量按发、承包双方在合同中约定应予计量且实际完成的工程量确定。

工程量清单计价的基本过程可以描述为：在统一的工程量清单项目设置的基础上，制定统一的工程量计算规则，根据具体工程的施工图设计资料计算出各个清单项目的工程量，再根据各种渠道获得的工程造价信息和经验数据计算得到工程造价。其编制过程可以分为工程量清单的编制、招标控制价的编制和利用工程量清单投标报价两个阶段，投标报价是在业主提供的清单项目工程量和清单项目所含施工过程的基础上，根据企业自身所掌握的各种信息、资料，结合企业定额编制的。

(1) 分部分项工程费$=\sum$分部分项工程量清单项目工程量×清单项目综合单价，其中清单项目综合单价是由完成一个规定清单项目所需的人工费、材料和工程设备费、施工机具使用费和企业管理费、利润以及一定范围内的风险费用组成的。

(2) 措施项目费$=\sum$措施项目工程量×措施项目综合单价，措施项目综合单价与分部分项工程量清单项目综合单价的组成相同。

措施项目清单计价应根据拟建工程的施工组织设计，可以计算工程量的措施项目，应按分部分项工程量清单的方式采用综合单价计价；其余的措施项目可以“项”为单位的方式计价，应包括除规费、税金外的全部费用。措施项目中的安全文明施工费必须按照国家或省级、行业建设主管部门的规定计算，不得作为竞争性费用。

(3) 其他项目费＝暂列金额＋暂估价＋计日工＋总承包服务费。

知识链接

工程量清单计价应采用统一格式，格式中的各种表格应由投标人填写，主要由下列内容组成。

(1) 投标总价封面。

(2) 投标总价。

(3) 工程计价总说明。

(4) 建设项目投标报价汇总表。

(5) 单项工程投标报价汇总表。

(6) 单位工程投标报价汇总表。

(7) 分部分项工程和单价措施项目清单与计价表。

(8) 综合单价分析表。

(9) 总价措施项目清单与计价表。

(10) 其他项目清单与计价汇总表。

(11) 暂列金额明细表。

(12) 材料(工程设备)暂估单价表。

(13) 专业工程暂估价表。

(14) 计日工表。

(15) 总承包服务费计价表。

(16) 规费、税金项目计价表。

(17) 主要材料、工程设备一览表。

应用案例 2-2

编制某分部分项工程量清单，实际工程情况如下。

如图 2.4 所示某 C30 钢筋混凝土带形基础，C15 素混凝土垫层，长 20m，混凝土采用泵送商品混凝土，其剖面图如图 2.4 所示。

解： 1. 分部分项工程量清单设置

(1) 垫层。

① 项目名称：混凝土垫层。

② 项目编码：010501001001。

③ 计量单位：m^3。

④ 工程量：$1.4\times0.1\times20=2.8(m^3)$。

(2) 带形基础。

① 项目名称：带形基础。

② 项目编码：010501002001。

③ 计量单位：m^3。

④ 工程量：$[1.2\times0.21+(1.2+0.46)\times0.09\times0.5]\times20=6.54(m^3)$。

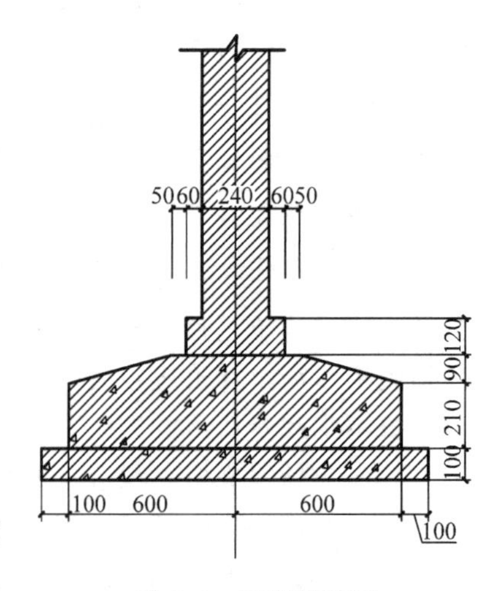

图 2.4 工程剖面图

2. 表格填写

分部分项工程量填写示例见表 2-8。

表2-8 分部分项工程和单价措施项目清单与计价表

工程名称：某工程　　　　第1页　共1页

序号	项目编码	项目名称	项目特征描述	计量单位	工程量	金额/元		
						综合单价	合价	其中 暂估价
混凝土及钢筋混凝土工程								
1	010501001001	垫层	1. 混凝土种类：商品混凝土 2. 混凝土强度等级：C15	m^3	2.80			
2	010501002001	带形基础	1. 混凝土种类：商品混凝土 2. 混凝土强度等级：C30	m^3	6.54			
本页小计								
合计								

应用案例2-3

已知某综合楼的建筑及装修装饰工程招标文件(略)，结构类型为框架结构，梁、板、柱采用现浇混凝土，施工中要考虑夜间施工和垂直运输，装修时地面铺花岗石，墙面刷有白涂料，试对该综合楼在施工过程中可能发生的措施项目进行列项。

解：根据工程的特点，考虑现场施工的实际情况并结合招标文件的要求，在通常情况下措施项目清单所列的项目有：文明施工、安全施工、临时设施、二次搬运、脚手架等费用；因为柱、梁、板全是现浇混凝土，应列混凝土、钢筋混凝土模板及支架项目；为了保证施工质量，浇筑混凝土时会有夜间施工现象，故应列夜间施工项目；本施工图设计文件中，施工时需要搭设脚手架，为解决垂直运输问题需要垂直运输机械，故脚手架、垂直运输机械应列项；从文件中知基础要求采用大开挖，需用机械大开挖，要选用履带式反铲挖掘机，因此应列大型机械设备进出场及安拆项目。措施项目列项见表2-9、表2-10。

表2-9 分部分项工程和单价措施项目清单与计价表

工程名称：某综合楼　　　　第1页　共1页

序号	项目编码	项目名称	项目特征描述	计量单位	工程量	金额/元		
						综合单价	合价	其中 暂估价
措施项目								
1	011701001001	综合脚手架	1. 建筑结构类型：现浇框架结构 2. 檐口高度：22.50m	m^2	6 181.27			

续表

序号	项目编码	项目名称	项目特征描述	计量单位	工程量	金额/元		
						综合单价	合价	其中 暂估价
措施项目								
2	011702002001	矩形柱		m^2	2 113.90			
3.	011702006001	矩形梁		m^2	1 067.90			
4	011702016001	板		m^2	4 776.60			
5	011703001001	垂直运输	1. 建筑物建筑类型及结构形式：现浇框架结构 2. 建筑物檐口高度、层数：22.50m、5层	m^2	6 181.27			
6	011705001001	大型机械设备进出场及安拆	1. 机械设备名称：履带式反铲挖掘机 2. 机械设备规格型号：PC450－7	台次	1			
本页小计								
合计								

表 2－10　总价措施项目清单与计价表

工程名称：某综合楼　　　　第1页　共1页

序号	项目编码	项目名称	计算基础	费率/(%)	金额/元	调整费率/(%)	调整后金额/元	备注
1	011707001001	安全文明施工费	定额人工费					
2	011707002001	夜间施工增加费	定额人工费					
3	011707004001	二次搬运费	定额人工费					
4	011707007001	已完工程及设备保护费	定额人工费					
合计								

2.3 其他确定依据

2.3.1 工程技术文件

工程技术文件是反映建设工程项目的规模、内容、标准、功能等的文件。只有依据工程技术文件，才能对工程的分部分项即工程结构做出分解，得到计算的基本子项；只有依据工程技术文件及其反映的工程内容和尺寸，才能测算或计算出工程实物量，得到分部分项工程的实物数量。因此，工程技术文件是建设工程投资确定的重要依据。

在工程建设的不同阶段所产生的工程技术文件是不同的。

(1) 在项目决策阶段(包括项目意向、项目建议书、可行性研究等阶段)，工程技术文件表现为项目策划文件、功能描述书、项目建议书或可行性研究报告等。在此阶段的投资估算主要就是依据上述的工程技术文件进行编制。

(2) 在初步设计阶段，工程技术文件主要表现为初步设计所产生的初步设计图纸及有关设计资料。设计概算的编制，主要是以初步设计图纸等有关设计资料作为依据。

(3) 在施工图设计阶段，随着工程设计的深入，进入详细设计，工程技术文件又表现为施工图设计资料，包括建筑施工图纸、结构施工图纸、设备施工图纸、其他施工图纸和设计资料。施工图预算的编制必须以施工图纸等有关工程技术文件为依据。

(4) 在工程招标阶段，工程技术文件主要是以招标文件、工程量清单、招标控制价、建设单位的特殊要求、相应的工程设计文件等来体现。

工程建设各个阶段对应的建设工程投资的差异是由于人们的认识不能超越客观条件而造成的。在建设前期工作中，特别是项目决策阶段，人们对拟建项目的策划难以详尽、具体，因而对建设工程投资的确定也不可能很精确；随着工程建设各个阶段工作的深化且愈接近后期，掌握的资料愈多，人们对工程建设的认识就愈接近实际，建设工程投资的确定也就愈接近实际投资。由此可见，建设工程投资确定的准确性，影响因素之一就是人们掌握工程技术文件的深度、完整性和可靠性。

2.3.2 要素市场价格信息

构成建设工程投资的要素包括人工、材料、施工机具等，要素价格是影响建设工程投资的关键因素，要素价格是由市场形成的。建设工程投资采用的基本子项所需资源的价格采自市场，随着市场的变化，要素价格也随之发生变化。因此，建设工程投资必须随时掌握市场价格信息，了解市场价格行情，熟悉市场建筑各类资源的供求变化及价格动态，这样得到的建设工程投资情况才能反映市场，反映工程建造所需的真实费用。

2.3.3 建设工程环境条件

环境条件的差异或变化会导致建设工程投资大小的变化。工程的环境条件包括工程地质条件、气象条件、现场环境与周边条件，也包括工程建设的实施方案、组织方案、技术方案等。例如国际工程承包，承包商在进行投标报价时，需通过充分的现场环境、条件调查，来了解和掌握对工程价格产生影响的内容与方面。如工程所在国的政治情况、经济情况、法律情况、交通、运输、通信情况，生产要素市场情况，历史、文化、宗教情况，气象资料、水文资料、地质资料等自然条件，工程现场地形地貌、周围道路、邻近建筑物、市政设施等施工条件及其他条件，工程业主情况、设计单位情况、咨询单位情况、竞争对手情况等。只有在掌握了工程的环境和条件以后，才能做出准确的报价。

2.3.4 其他

按国家对建设工程费用计算的有关规定和国家税法规定须计取的相关税费等构成了建

设工程造价确定的依据。

综合应用案例

【案例概况】

已知某建筑A轴外墙砖基础(截面尺寸如图2.5所示),中心线长度为39.30m,高1.00m,具体做法为:100mm厚C15素混凝土垫层,防水砂浆防潮层一道,砖基础,M5水泥砂浆砌筑。试根据《清单计价规范》《房屋建筑与装饰工程工程量计算规范》(GB 50854—2013)计算砖基础工程的综合单价(不含措施费、规费和税金,其中管理费取人工费的20%,利润取人工费的16%),并编制工程量清单和投标报价。

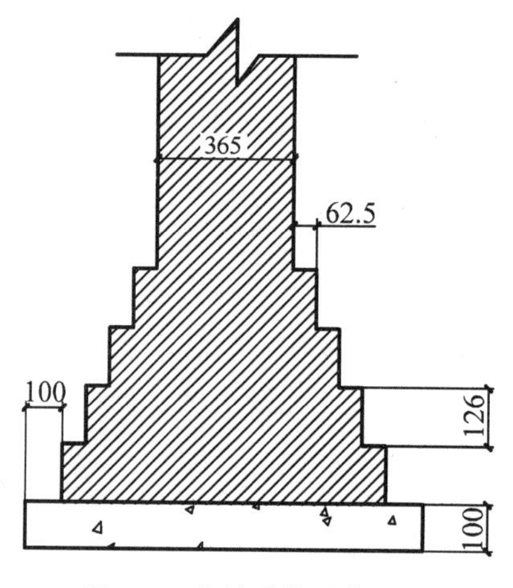

图2.5　外墙砖基础截面图

【案例解析】

1. 业主根据施工图计算砖基础清单项目工程量为

$$(0.432+1.00)\times0.365\times39.30=20.54(m^3)$$

2. 投标人对砖基础这个清单项目所包括的施工过程用消耗量定额及其价目汇总表、费用定额计价。

(1) 每立方米砖基础的防潮层一道(A7-147)

投标人计算防潮层量:0.365×39.30=14.34(m^2)

人工费:2.31×(14.34÷20.54) =1.61(元)

材料费:4.16×(14.34÷20.54) ×1.002=2.91(元)

机械费:0.18×(14.34÷20.54) =0.13(元)

企业管理费:1.61×20%=0.32(元)

利润:1.61 ×16%=0.26(元)

(2) 每立方米砖基础,M5水泥砂浆(水泥32.5级)砌筑(A3-1换)。

人工费:29.33元

材料费:93.93×1.002=94.12(元)

机械费:2.12(元)

企业管理费:29.33×20%=5.87(元)

利润：29.33×16%=4.69(元)

综合单价=(1.61+2.91+0.13+0.32+0.26)+(29.33+94.12+2.12+5.87+4.69)=141.36(元/m^3)

表2-11为招标文件中该分部分项工程量清单表，表2-12为分部分项工程量清单计价表。

表2-11 分部分项工程和单价措施项目清单表

工程名称：某建筑　　　　第1页　共1页

序号	项目编码	项目名称	项目特征描述	计量单位	工程量	金额/元		
						综合单价	合价	其中 暂估价
砌筑工程								
1	010401001001	砖基础	1. 砖品种、规格、强度等级：MU15页岩标砖240mm×115mm×53mm 2. 基础类型：带形基础 3. 砂浆强度等级：M5-S-3 4. 防潮层材料种类：20mm厚1：2防水砂浆	m^3	20.54			
本页小计								
合计								

表2-12 分部分项工程和单价措施项目清单计价表

工程名称：某建筑　　　　第1页　共1页

序号	项目编码	项目名称	项目特征描述	计量单位	工程量	金额/元		
						综合单价	合价	其中 暂估价
砌筑工程								
1	010401001001	砖基础	1. 砖品种、规格、强度等级：MU15页岩标砖240mm×115mm×53mm 2. 基础类型：带形基础 3. 砂浆强度等级：M5-S-3 4. 防潮层材料种类：20mm厚1：2防水砂浆	m^3	20.54	141.36	2 904	
本页小计							2 904	
合计							2 904	

本章小结

本章介绍建设工程投资确定的依据，内容包括建设工程定额、工程量清单计价、要素市场价格信息、工程技术文件、建设工程环境条件等。重点是建设工程定额和工程量清单计价，这两种计价依据对应的是我国并存的两种不同的计价模式。要深刻理解工程定额和工程量清单计价的概念、作用和内容；此外，工程技术文件、市场价格信息等也应该加以了解，这些资料给工程建设不同阶段的投资确定提供了重要的依据。

习　题

第2章
习题测试

一、单选题

1. 建设工程投资表现形式多种多样，但确定的基本原理是(　　)。

A. 基本相同的　　B. 相同的　　C. 不相同的　　D. 一样的

2. 定额，即规定的额度，是人们根据不同的需要对某一事物规定的(　　)。

A. 数量　　B. 额度　　C. 标准数量　　D. 数量标准

3. 定额是现代科学管理的重要内容，它在现代化管理中的重要地位的叙述错误的是(　　)。

A. 定额是节约社会劳动，提高劳动生产率的重要手段

B. 定额是组织和协调社会化大生产的工具

C. 定额是宏观调控的依据

D. 定额是投资控制的基础

4. (　　)是发包人与承包人之间从工程招投标开始至竣工结算为止，双方进行经济核算、处理经济关系、进行工程管理等活动不可缺少的工程内容及数量依据。

A. 工程量清单规范　　B. 工程量计算规则

C. 工程量清单　　D. 工程量清单附录

5. 工程量清单是招标文件的组成部分，主要由分部分项工程量清单、措施项目清单和(　　)组成。

A. 分部工程量清单　　B. 分项工程量清单

C. 其他项目清单　　D. 部分工程量清单

6. 按照现行《建设工程工程量清单计价规范》的规定，工程建设风险因素所需费用在(　　)中考虑。

A. 分部分项工程费用所需费用　　B. 措施项目费用所需费用

C. 其他项目费用　　D. 规费

7. 在措施项目清单中，采用分部分项工程量清单的方式编制的是(　　)。

A. 大中型机械进出场及安拆　　B. 安全文明施工

C. 已完工程及设备保护费　　D. 二次搬运费

8. 投标人应填报工程量清单计价格式中列明的所有需要填报的单价和合价，如未填报则(　　)。

A. 招标人应要求投标人及时补充

B. 招标人可认为此项费用已包含在工程量的清单的其他单价和合价中

C. 投标人应该在开标之前补充

D. 投标人可以在中标后提出索赔

9. 编制分部分项工程量清单时，除了确定项目编码、项目名称、计量单位和工程量之外还应确定(　　)。

A. 项目特征描述　　B. 总说明

C. 综合工程内容　　D. 措施项目清单内容

10. 关于工程量清单的表述，下列说法中正确的是(　　)。

A. 工程量清单是指建设工程的分部分项项目、措施项目、其他项目、规费项目和税金项目的名称和相应数量等的明细清单

B. 工程量清单必须作为招标文件的组成部分，其准确性和完整性由投标人负责

C. 工程量清单应由分部分项工程量清单，措施项目清单，其他项目清单组成

D. 工程量清单是工程量清单计价的基础，应作为编制概预算、标底、投标报价、计算工程量、支付工程款、调整合同价款、办理竣工结算以及工程索赔等的依据之一

11. 分部分项工程量清单的项目编码由12位组成，其中的(　　)位由清单编制人设置。

A. 八到十　　B. 九到十一

C. 九到十二　　D. 十到十二

12. 分部分项工程量清单是指表示拟建工程分项实体工程项目名称和相应数量的明细清单，应包括的要件是(　　)。

A. 项目编码、项目名称、计量单位和工程量

B. 项目编码、项目名称、项目特征和工程量

C. 项目编码、项目名称、项目特征、计量单位和工程单价

D. 项目编码、项目名称、项目特征、计量单位和工程量

13. 工程技术文件是(　　)。

A. 反映建设工程项目的规模、内容、标准、功能的文件

B. 反映建设工程项目的内容、标准、功能的文件

C. 反映建设工程项目的规模、标准、功能的文件

D. 反映建设工程项目的功能的文件

二、多选题

1. 按照定额的适用范围分为(　　)。

A. 国家定额　　B. 省市定额　　C. 地区定额

D. 行业定额　　E. 企业定额

2. 下列哪些选项是其他项目清单的内容。(　　)

A. 计日工　　B. 材料购置费

C. 暂列金额　　D. 工程设备暂估单价

E. 材料暂估单价

3. 实行工程量清单计价招标投标的建设工程，其(　　)应按清单规范执行。

A. 招标控制价的编制　　B. 投标报价的编制

C. 合同价款约定　　D. 工程竣工决算办理

E. 索赔与现场签证

4. 下列对分部分项工程量清单项目编码的阐述正确的是(　　)。

A. 一、二、三、四级编码为全国统一码

B. 第五级编码清单项目名称顺序设置

C. 第三级表示专业工程顺序码(分二位)

D. 第一级表示工程分类顺序码(分二位)

E. 第五级表示工程量清单项目名称顺序码(分四位)

5. 下列单位中可能成为分部分项工程量清单计量单位的是(　　)。

A. t　　B. 10m　　C. 组

D. 1 000m^3　　E. 樘

三、简答题

1. 简述建设工程投资确定的依据。

2. 定额按编制程序和用途分类有哪些？它们之间有何关系？

3. 工程量清单应该包括哪些基本内容？

4. 简述工程量清单的概念以及编制程序。

四、案例题

某工程室内楼面具体做法如下。

(1) 紫红色瓷质耐磨地砖 600mm×600mm 面层，水泥嵌缝。

(2) 20mm 厚 1∶4 干硬性水泥砂浆结合层。

(3) 60mm 厚 C20 细石混凝土找平层。

(4) 聚氨酯二遍涂膜防水层，四周卷起 150mm 高。

(5) 20mm 厚 1∶3 水泥砂浆找平层。

(6) 现浇混凝土楼板。

问题：要求编制该楼面工程的工程量清单表(已知该室内两方向的轴线尺寸为 2 700mm×3 300mm，墙厚为 240mm)。

综合实训一

一、实训目标

通过建筑工程施工图预算编制实训，使学生能进一步熟悉和掌握施工图预算书编制的步骤和方法，进一步提高学生将理论知识转化为施工图预算编制的技能。

二、实训要求

1. 编写内容：教师根据教学实际需要指导学生每人自备一套图纸，其中建筑面积约为 1 500m²，结构的形式不限。要求学生能根据所给资料在教师的指导下独立地完成该工程施工图预算书的编制。

2. 编写要求：要求在教学计划规定的实训时间内，按时保质保量完成施工图预算编制实训内容的全部工作。

3. 参考资料：当地现行预算定额和单位估价表，当地工程造价计算取费程序及市场材料价格信息等，预算书编制所需的各种费用计算文件、资料。

综合实训二

一、实训目标

通过实训练习能正确地进行分部分项工程、措施项目综合单价的组价，能完成一般土建工程的工程量清单计价。

二、实训要求

1. 编写内容：要求学生每人自备一套图纸，其中建筑面积约为 1 000m²，结构的形式不限。要求学生能根据所给资料，在教师的指导下独立地完成该工程工程量清单计价工作。

2. 编写要求：要求采用计价规范中的统一表格完成计价工作。

3. 参考资料包括以下几种。

(1) 招标文件。

(2)《清单计价规范》。

(3)《房屋建筑与装饰工程工程量计算规范》(GB 50854—2013)。

(4) 当地基础定额。

(5) 当地的人工、材料、机械台班单价。

(6) 拟定本工程的施工组织设计或施工方案。

第3章 建设工程决策阶段工程造价控制

学习目标

掌握可行性研究的基本概念、阶段划分、工作步骤以及可行性研究报告的编写；项目评价的各项指标的计算和判断原理，投资估算的编制方法；熟悉建设项目投资，财务报表的编制，可行性研究的目的，资金时间价值；了解投资估算的依据、流动资金估算方法。

学习要求

能力目标	知识要点	权重
掌握可行性研究的概念、阶段划分； 熟悉可行性报告的编写步骤和内容	可行性研究	5%
掌握投资估算的构成、投资估算的编制方法； 能够根据相关资料编制投资估算	建设工程投资估算	25%
熟悉财务评价的内容和程序； 能够适度地编制基本财务报表	建设项目财务评价的概念及内容；基本财务报表的编制	35%
熟悉资金时间价值的概念； 能够进行资金时间价值的基本计算	资金时间价值	20%
掌握财务评价指标体系； 能够进行财务评价指标的计算和判断	财务评价指标	10%
理解不确定性分析的含义； 能够进行盈亏平衡分析及敏感性分析	不确定性分析	5%

引 例

某建设项目的宏观目标是推动我国建筑产业国际化，促进建筑信息产业发展，采用新材料、新能源、新设计以减少国家外汇支出。其具体目标有3个：效益目标是项目投资所得税后财务内部收益率达到15%，6年回收全部投资；功能目标是降低生产成本，提高企业的财务效益，减少企业的经营风险；市场目标是达到优质高效，使用国产设备、材料、能源，减少原材料进口。

建设项目在正式施工建设之前都必须经过决策阶段。决策是指人们为了实现特定的目标，在掌握大量有关信息的基础上，运用科学的理论和方法，系统地分析主客观条件，进行最终选择的过程。建设工程决策阶段的工程造价控制是造价管理的第一个环节，也是首要环节。

建设工程决策阶段的工程造价控制需进行哪些具体的工作?

3.1 可行性研究

3.1.1 可行性研究的概念和作用

1. 可行性研究的概念

建设项目的可行性研究是在投资决策前对拟建项目有关的社会、经济、技术等各方面进行深入细致的调查研究和全面的技术经济论证，对项目建成后的经济效益进行科学的预测和评价，为项目决策提供科学依据的一种科学分析方法。

2. 可行性研究的作用

可行性研究是保证项目建设以最小的投资耗费取得最佳的经济效益，是实现项目技术在技术上先进、经济上合理和建设上可行的科学方法。可行性研究的主要作用有以下几点。

(1) 可行性研究作为建设项目投资决策和编制可行性研究报告的依据，是项目投资建设的首要环节。一项投资活动能否成功、效率如何，受到社会多方面因素的影响，包括经济的、技术的、政治的、法律的、管理的以及自然的因素。如何对这些因素进行科学的调查与预测、分析与计算、比较与评价，是一项非常重要而又十分复杂的系统性工作，应该说是一种跨专业和资源的活动，其难度显然非常大。可行性研究对建设项目的各方面都进行了深入细致的调查研究，系统地论证了项目的可行性。项目投资与否，主要依据项目可行性研究所做出的定性和定量的技术经济分析。因此，可行性研究是投资决策的主要依据。

(2) 可行性研究是作为筹集资金，向银行等金融组织、风险投资机构申请贷款的依据。对于需要申请银行贷款的项目，可行性研究提供了可参考的经济效益水平以及偿还能力等评估结论。银行等金融机构在确认项目是否可以获得贷款前，要对可行性研究报告进行全面分析、评估，最终进行贷款决策。目前，我国的建设银行、国家开发银行和投资银行等，以及其他境内外的各类金融机构在接受项目建设贷款时，都会对贷款项目进行全面、细致的分析评估，银行等金融机构只有在确认项目具有偿还贷款的能力、不承担过大的风险情况下，才会同意贷款。

(3) 可行性研究是作为项目主管部门商谈合同、签订协议的依据。根据可行性研究报告，建设项目主管部门可同国内有关部门签订项目所需原材料、能源资源和基础设施等方面的协议和合同，以便与国外厂商就引进技术和设备签约。

(4) 可行性研究是作为项目进行工程设计、设备订货、施工准备等基本建设前期工作的依据。可行性研究报告是编制设计文件、进行建设准备工作的主要根据。

(5) 可行性研究是作为项目拟采用的新技术、新设备的研制，进行地形、地质及工业性工作的依据。项目拟采用的新技术、新设备必须是经过技术经济论证认为是可行的，方能拟订研制计划。

(6) 可行性研究是作为环保部门审查项目对环境影响的依据，也作为向项目建设所在地政府和规划部门申请施工许可证的依据。

特别提示

可行性研究一般包括投资机会研究、初步可行性研究、详细可行性研究及评价和决策4个阶段。每一个阶段的研究深度不同，但都是由浅入深对项目进行分析研究。

3.1.2 可行性研究的内容与报告的编制

1. 可行性研究的内容

建设项目的可行性研究的内容是论证项目可行性所包含的各个方面，具体有建设项目在技术、财务、经济、商业、管理、环境保护等方面的可行性。可行性研究的最后成果是编制成一份可行性研究报告作为正式文件，这份文件既是报审决策的依据，又是向银行贷款的依据，同时，也是向政府主管部门申请经营执照以及同有关部门或单位合作谈判、签订协议的依据。可行性研究的主要内容要以一定的格式反映在报告中，其主要内容包括以下几方面。

1) 总论

主要说明建设项目提出的背景，项目投资的必要性和可能性，项目投资后的经济效益，以及开展此项目研究工作的依据和研究范围。

2) 产品的市场需求预测和建设规模

项目产品的市场需求预测是建设项目可行性研究的重要环节，它关系到项目是否具备市场需求、是否能够实现产品的有效供给。通过市场调查和市场预测了解市场对项目的需求程度和市场前景，有效地做出决策。市场调查和市场预测需要了解的情况有以下几个方面。

(1) 项目产品在国内外市场的供需情况。

(2) 项目产品的竞争状况和价格变化趋势。

(3) 影响市场的因素变化情况。

(4) 产品的发展前景。

进行市场需求预测之后，根据预测的结果可以合理地安排建设规模，该建设规模一定是适应市场需求并能够实现较大的经济效益的规模。

3) 资源、原材料、燃料及公用设施情况

在报告中详尽说明资源储量、资源利用效率、资源有效水平和开采利用条件；原材料，辅助材料，燃料，电力等其他能源输入品的种类、数量、质量、价格、来源和供应条件；所需公共配套设施的数量、质量、取得方式以及现有的供应条件。

4) 建厂条件和厂址选择

对建厂的地理位置和交通运输、原材料、能源、动力等基础资料，以及工程地质、水文地质条件、废弃物处理、劳动力供应等社会经济自然条件的现状和发展趋势进行分析，同时深入细致地分析经济布局政策和财政法律等现状，进行多方案的比较，提出选择意见。

5) 项目设计方案

确定项目的构成范围包括：主要单项工程的组成、主要技术工艺和设备选型方案的比较、引进技术、设备的来源(国内或国外制造)、公共辅助设施和场内外交通运输方式的比较和初选、项目总平面图和交通运输的设计、项目土建部分工程量估算等。

6) 环境保护与建设过程安全生产

环境保护是采用行政的、法律的、经济的、科学技术的等多方面措施，合理利用自然资源，防止污染和破坏，以求保持生态平衡、扩大有用自然资源的再生产，保障人类社会的发展。因此在可行性研究中要全面分析项目对环境的影响，提出治理对策，分析评价环保工程的资金投入数量、有无保证、是否落实，在建设过程中有无特殊安全要求，如何保证安全生产，安全生产的措施和资金投入情况等。

7) 企业组织、劳动定员和人员培训

确定企业的生产组织形式和人员管理系统，根据产品生产工艺流程和质量要求来组织相适应的生产程序和生产管理职能机构，保证合理地完成产品的加工制造、储存、运输、销售等各项工作，并根据对生产技术和管理水平的需要来确定所需的各类人员和进行人员培训。

8) 项目施工计划和进度要求

建设项目实施中的每一个阶段都必须与时间表相关联。简单的项目实施可采用甘特图，复杂的项目实施则应采用网络进度图。

9) 投资估算和资金筹措

投资估算包括建设项目从施工建设起到项目报废为止所需的全部投资费用，即项目在整个建设期内投入的全部资金；资金筹措应说明资金来源渠道、筹措方式、资金清偿方式等。

10) 项目的经济评价

项目的经济评价包括财务效益评价和国民经济评价，对财务基础数据进行估算，采用静态分析和动态分析的方法，从而得出评价结论。

11）综合评价与结论、建议

综合分析以上全部内容，对各种数据、资料进行审核，得出结论性意见及合理化建议。

可以看出，建设项目可行性研究的内容可概括为三大部分。第一部分是市场研究，包括产品的市场调查和预测研究，这是项目可行性研究的前提和基础，其主要任务是要解决项目的“必要性”问题；第二部分是技术研究，即技术方案和建设条件研究，这是项目可行性研究的技术基础，它主要解决项目在技术上的“可行性”问题；第三部分是效益研究，即经济效益的分析和评价，这是项目可行性研究的核心部分，主要解决项目在经济上的“合理性”问题。市场研究、技术研究和效益研究共同构成项目可行性研究的三大支柱。

2. 可行性研究报告的编制

1）可行性研究报告的编制依据

对建设项目进行可行性研究、编制可行性研究报告的主要依据有以下几点。

(1) 项目建议书(初步可行性研究报告)及其批复文件。

(2) 国家和地方的经济和社会发展规划、行业部门发展规划、国家经济建设的方针等。

(3) 国家有关法律、法规和政策。

(4) 对于大中型骨干项目，必须具有国家批准的资源报告、国土开发整治规划、区域规划、江河流域规划、工业基地规划等有关文件。

(5) 有关机构发布的工程建设方面的标准、规范和定额。

(6) 合资、合作项目各方签订的协议书或意向书。

(7) 委托单位的委托合同。

(8) 经国家统一颁布的有关项目评价的基本参数和指标。

(9) 有关的基础数据，包括地理、气象、地质、环境等自然和社会经济等基础资料和数据。

2）可行性研究报告的编制要求

编制可行性研究报告的主要要求如下。

(1) 编制单位必须具备承担可行性研究的条件。建设项目可行性研究报告的编写是一项专门性工作，技术要求很高。因此，编制可行性研究报告时，需要由具备一定的技术实力、技术装备、技术手段和丰富实践经验的工程咨询公司，工程技术顾问公司，建筑设计院等专门从事可行性研究的单位来承担，这些单位同时还要具备一定的社会信誉。

(2) 确保可行性研究报告的真实性和科学性。可行性研究的技术难度大，编制单位必须保持独立性和公正性，遵循事物发展的客观经济规律和科学研究工作的客观规律，在充分调查研究的基础上，依照实事求是的原则进行技术经济论证，科学地遴选方案，保证可行性研究的严肃性、客观性、真实性、科学性和可靠性。

建设项目可行性研究报告案例

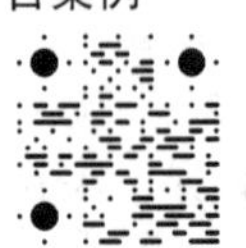

(3) 可行性研究的深度要规范化和标准化。不同行业、不同性质、不同特点的建设项目，其可行性研究的内容和深度要求标准是不同的，因此研究深度及计算指标必须满足作为项目投资决策和进行设计的要求，具备一定的

针对性和适用性。

(4) 可行性研究报告必须经签证。可行性研究报告编制完成之后，应由编制单位的行政、技术、经济方面的负责人签字，并对研究报告的质量负责。

3.1.3 可行性研究报告的审批

根据《国务院关于投资体制改革的决定》(国发〔2004〕20号)规定，建设项目可行性研究报告的审批与项目建议书的审批相同，即对于政府投资项目或使用政府性资金、国际金融组织和外国政府贷款投资建设的项目，继续实行审批制并需报批项目可行性研究报告。凡不使用政府性投资资金(国际金融组织和外国政府贷款属于国家主权外债，按照政府投资资金进行管理)的项目，一律不再实行审批制，并区别不同情况实行核准制和备案制，无须报批项目可行性研究报告。国家发展和改革委员会2014年发布的《政府核准投资项目管理办法》(中华人民共和国国家发展和改革委员会会11号)中规定，企业投资建设实行核准制的项目，应当按照国家有关要求编制项目申请报告，取得依法应当附具的有关文件后，按照规定报送项目核准机关。

项目申请报告与可行性研究报告的区别

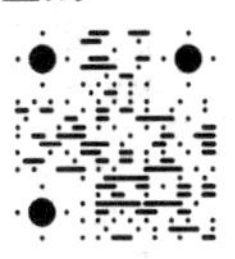

根据《国家发展改革委关于改进和完善报请国务院审批或核准的投资项目管理办法》(发改投资〔2005〕76号)的规定，要逐步建立和完善政府投资责任追究制度，建立健全协同配合的企业投资监管体系，与项目审批、核准、实施有关的单位要各司其职，各负其责。

3.2 建设工程投资估算

3.2.1 项目投资估算的含义和构成

1. 投资估算的含义

建设项目投资估算是在对项目的建设规模、产品方案、工艺技术及设备方案、工程方案及项目实施进度等进行研究并基本确定的基础上，估算项目所需资金总额(包括建设投资和流动资金)并测算建设期分年资金使用计划。投资估算是拟建项目编制项目建议书、可行性研究报告的重要组成部分，是项目决策的重要依据之一。

2. 投资估算的构成

根据《国家发展改革委、建设部关于印发建设项目经济评价方法与参数的通知》(发改投资〔2006〕1325号)精神，投资估算的内容从费用构成来讲应包括该项目从筹建、设计、施工直至竣工投产所需的全部费用，分为建设投资、建设期利息和流动资金三部分。建设投资估算内容按照费用的性质可划分为建筑安装工程费用(也称工程费用)，设备及工、器具购置费用，工程建设其他费用和预备费用。建设期利息是指筹措债务资金时在建设期内发生并按照规定允许在投产后计入固定资产原值的利息，即资本化利息。流动资金是指生产经营性项目投产后，用于购买原材料、燃料、支付工资及其他经营费用等所需的周转资金。流动资金是伴随着建设投资而发生的长期占用的流动资产投资，即财务中的营运资金。

特别提示

从体现资金时间价值的角度，可将投资估算分为静态投资部分和动态投资部分。静态投资部分一般包括建筑安装工程费用、设备及工器具购置费、工程建设其他费用中的静态部分(不涉及时间变化因素的部分)，以及预备费里的基本预备费。动态投资包括涨价预备费、建设期利息等。

3.2.2 投资估算的内容

根据中国建设工程造价管理协会标准《建设项目投资估算编审规程》(CECA/GCI—2015)规定，投资估算按照编制估算的工程对象划分，包括建设项目投资估算、单项工程投资估算和单位工程投资估算等。投资估算文件一般由封面、签署页、编制说明、投资估算分析、总投资估算表、单项工程估算表、主要技术经济指标等内容组成。

1. 投资估算编制说明

投资估算编制说明一般包括以下内容。

(1) 工程概况。

(2) 编制范围。说明建设项目总投资估算中所包括的和不包括的工程项目和费用；如由几个单位共同编制时，说明分工编制的情况。

(3) 编制方法。

(4) 编制依据。

(5) 主要技术经济指标。包括投资、用地和主要材料用量指标。当设计规模有远、近期不同的考虑时，或者土建与安装的规模不同时，应分别计算后再综合。

(6) 有关参数、率值选定的说明。如土地拆迁、供电供水、考察咨询等费用的费率标准选用情况。

(7) 特殊问题的说明，包括采用新技术、新材料、新设备、新工艺时必须说明的价格的确定，进口材料、设备、技术费用的构成与计算参数，采用矩形结构、异型结构的费用估算方法，环保(不限于)投资占总投资的比重，未包括项目或费用的必要说明等。

(8) 采用限额设计的工程还应对投资限额和投资分解做进一步说明。

(9) 采用方案比选的工程还应对方案比选的估算和经济指标做进一步说明。

(10) 资金筹措方式。

2. 投资估算分析

(1) 工程投资比例分析。一般民用项目要分析土建及装修、给排水、消防、采暖、通风、空调、电气等主体工程，以及道路、广场、围墙、大门、室外管线、绿化等室外附属/总体工程占建设项目总投资的比例；一般工业项目要分析主要生产系统(列出各生产装置)、辅助生产系统、公用工程(给排水、供电和通信、供气、总图运输等)、服务性工程、生活福利设施、厂外工程占建设项目总投资的比例。

(2) 各类费用构成占比分析。分析设备及工、器具购置费、建筑工程费、安装工程费、工程建设其他费用、预备费占建设总投资的比例，分析引进设备费用占全部设备费用的比例等。

（3）分析影响投资的主要因素。

（4）与国内类似工程项目的比较，对投资总额进行分析。

3. 总投资估算

总投资估算包括汇总单项工程估算、工程建设其他费用，估算基本预备费、价差预备费，计算建设期贷款利息等。

4. 单项工程投资估算

单项工程投资估算应按建设项目划分的各个单项工程分别计算组成工程费用的建筑工程费、设备及工器具购置费、安装工程费。

5. 工程建设其他费用估算

工程建设其他费用估算应按预期将要发生的工程建设其他费用种类逐项详细估算其费用金额。

6. 主要技术经济指标

工程造价人员应根据项目特点，计算并分析整个建设项目、各单项工程和主要单位工程的主要技术经济指标。

3.2.3 投资估算的依据、要求及步骤

1. 投资估算的编制依据

（1）国家、行业和地方政府的有关法律、法规或规定；政府有关部门、金融机构等发布的价格指数、利率、汇率、税率等有关参数。

（2）行业部门、项目所在地工程造价管理机构或行业协会等编制的投资估算指标、概算指标（定额）、工程建设其他费用定额（规定）、综合单价、价格指数和有关造价文件等。

（3）类似工程的各种技术经济指标和参数。

（4）工程所在地的同期的人工、材料、机具市场价格，建筑、工艺及附属设备的市场价格和有关费用。

（5）与建设项目有关的工程地质资料、设计文件、图纸或有关设计专业提供的主要工程量和主要设备清单等。

（6）委托单位提供的其他技术经济资料。

2. 我国建设工程项目投资估算的阶段划分与精度要求

投资估算是进行建设项目技术经济评价和投资决策的基础。在项目建议书、预可行性研究、可行性研究、方案设计阶段(包括概念方案设计和报批方案设计)以及项目申请报告中应编制投资估算。投资估算的准确性不仅影响可行性研究工作的质量和经济评价的结果，还直接关系到下一阶段设计概算和施工图预算的编制。

我国建设工程项目的投资估算分为以下几个阶段。

(1) 项目建议书阶段的投资估算。

在项目建议书阶段，按项目建议书中的产品方案、项目建设规模、产品主要生产工艺、企业车间组成、初选建厂地点等估算项目所需要的投资额。其对投资估算精度的要求为误差控制在±30%以内。此阶段项目投资估算是为了判断一个项目是否需要进行下一阶段的工作。

(2) 预可行性研究阶段的投资估算。

预可行性研究阶段，是在掌握了更详细、更深入的资料的条件下，估算项目所需的投资额，其对投资估算精度的要求为误差控制在±20%以内。此阶段项目投资估算是初步明确项目方案，为项目进行技术经济论证提供依据，同时是判断是否进行可行性研究的依据。

国外项目投资估算阶段划分与精度要求

(3) 可行性研究阶段的投资估算。

可行性研究阶段的投资估算至关重要，是对项目进行较详细的技术经济分析，以决定项目是否可行，并比选出最佳投资方案的依据。其对投资估算精度的要求为误差控制在±10%以内。

上述内容的总结见表3-1。

表3-1 投资估算阶段划分及其对比表

工作阶段		工作性质	投资估算方法	投资估算误差率	投资估算作用
项目决策阶段	项目建议书阶段	项目设想	生产能力指数法 资金周转率法	±30%	鉴别投资方向 寻找投资机会提出项目投资建议
	预可行性研究阶段	项目初选	比例系数法 指标估算法	±20%	广泛分析，筛选方案 确定项目初步可行 确定专题研究课题
	可行性研究阶段	项目拟定	模拟概算法	±10%	多方案比较，提出结论性建议，确定项目投资的可行性

3. 投资估算的编制步骤

根据投资估算的不同阶段，主要包括项目建议书阶段及可行性研究阶段的投资估算。可行性研究阶段的投资估算编制一般包含静态投资部分、动态投资部分与流动资金估算三部分，其编制步骤如图3.1所示。

(1) 分别估算各单项工程所需建筑工程费、设备及工器具购置费、安装工程费，在汇总各单项工程费用的基础上，估算工程建设其他费用和基本预备费，完成工程项目静态投资部分的估算。

(2) 在静态投资部分的基础上，估算价差预备费和建设期利息，完成工程项目动态投资部分的估算。

(3) 估算流动资金。

(4) 估算建设项目总投资。

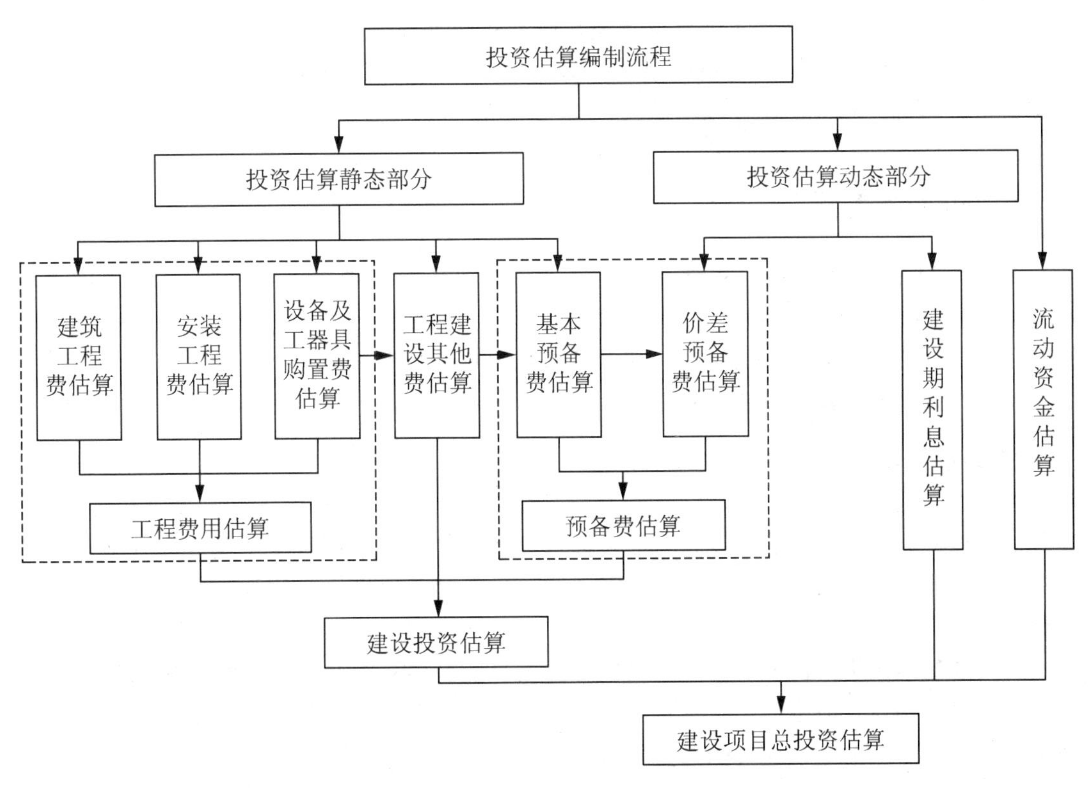

图 3.1 建设工程项目投资估算编制流程

3.2.4 静态投资部分的估算方法

1. 项目规划和建议书阶段投资估算方法

1）生产能力指数法

该方法是利用已知建成项目的投资额或其设备的投资额，估算同类型但生产能力不同的两个项目的投资额或其设备投资额的方法，其计算公式为

$$C_2 = C_1 \times \left(\frac{Q_2}{Q_1}\right)^x \times f \tag{3.1}$$

式中：C_1——已建成类似项目的静态投资额；

C_2——拟建项目静态投资额；

Q_1——已建类似项目的生产能力；

Q_2——拟建项目的生产能力；

x——生产能力指数；

f——不同时期、不同地点的定额、单价、费用和其他差异的综合调整系数。

式(3.1)表明，造价与规模(或容量)呈非线性关系，且单位造价随工程规模(或容量)的增大而减小。在通常情况下，$0<x\leqslant 1$，不同生产率水平的国家和不同性质的项目中，x的取值是不相同的。

若已建类似项目的生产规模与拟建项目生产规模相差不大，Q_1与Q_2的比值0.5～2，则指数x的取值近似为1。

当已建类似项目的生产规模与拟建项目生产规模相差不大于50倍，且拟建项目生产规模的扩大仅靠增大设备规模来达到时，则x的取值为0.6～0.7；当靠增加相同规格设备的数量达到时，x的取值为0.8～0.9。

应用案例3-1

某地2018年拟建一年产50万吨化工产品的项目。根据调查，该地区2016年建设的年产40万吨相同产品的已建项目的投资额为8 000万元。生产能力指数为0.6，2016年至2018年工程造价平均每年递增8%。估算该项目的建设投资。

解：拟建项目的建设投资$=8\ 000\times(50/40)^{0.6}\times(1+8\%)^2=10\ 668.01$(万元)

2）系数估算法

系数估算法也称为因子估算法，它是以拟建项目的主体工程费或主要设备费为基数，以其他工程费与主体工程费或设备费的百分比为系数估算拟建项目静态投资的方法。在我国常用的方法有设备系数法和主体专业系数法，世界银行项目投资估算常用的方法是朗格系数法。

(1) 设备系数法。设备系数法是指以拟建项目的设备费为基数，根据已建成的同类项目的建筑安装费和其他工程费等与设备价值的百分比，求出拟建项目建筑安装工程费和其他工程费，进而求出建设项目的静态投资，其计算公式为

$$C=E(1+f_1P_1+f_2P_2+\cdots)+I \tag{3.2}$$

式中：C——拟建项目的静态投资；

E——拟建项目根据当时当地价格计算的设备费；

P_1、$P_2\cdots$——已建项目中建筑安装工程费及其他工程费等与设备费的比例；

f_1、$f_2\cdots$——由于时间地点因素引起的定额、价格、费用标准等变化的综合调整系数；

I——拟建项目的其他费用。

应用案例3-2

A企业于2014年投资生产某产品，该产品设计生产能力为年产200万吨，现获得B企业2012年生产同类产品的相关资料，年产量为160万吨。B企业设备费为120 000万元，建筑工程费40 000万元，安装工程费20 000万元，工程建设其他费12 000万元。若拟建项目的其他费为15 000万元，考虑因2012年至2014年时间因素导致对设备费、建筑工程费、安装工程费、工程建设其他费的综合调整系数分别为1.1、1.2、1.2、1.1，生产能力指数为0.6，试估算拟建项目的静态投资。

解：(1) 求拟建项目建筑工程费、安装工程费、工程建设其他费占设备费的百分比。

建筑工程费：$40\ 000/120\ 000\times100\%=33\%$，安装工程费：$20\ 000/120\ 000\times100\%=17\%$

工程建设其他费：$12\ 000/120\ 000\times100\%=10\%$

(2) 估算拟建项目的静态投资为

$$C = E(1 + f_1P_1 + f_2P_2 + \cdots) + I$$
$$= 120\ 000 \times \left(\frac{200}{160}\right)^{0.6} \times (1.1 + 1.2 \times 0.33 + 1.2 \times 0.17 + 1.1 \times 0.1) + 15\ 000$$
$$= 263\ 316.64（万元）$$

(2) 主体专业系数法。主体专业系数法是指以拟建项目中投资比重较大，并与生产能力直接相关的工艺设备投资为基数，根据已建同类项目的有关统计资料，计算出拟建项目各专业工程(总图、土建、采暖、给排水、管道、电气、自控等)与工艺设备投资的百分比，据此求出拟建项目各专业投资，然后加总即为拟建项目的静态投资，其计算公式为

$$C = E(1 + f_1P_1' + f_2P_2' + \cdots) + I \tag{3.3}$$

式中：P_1'、P_2'……——已建项目中各专业工程费用与工艺设备投资的比重。

(3) 朗格系数法。这种方法以设备费为基数，乘以适当系数来推算项目的静态投资。这种方法在国内不常见，是世界银行项目投资估算常采用的方法。该方法的基本原理是将项目总成本费用中的直接成本和间接成本分别计算，再合为项目的静态投资，其计算公式为

$$C = E(1 + \sum K_i)K_c \tag{3.4}$$

式中：K_i——管线、仪表、建筑物等项费用的估算系数；

K_c——管理费、合同费、应急费等间接费项目费用的总估算系数。

静态投资与设备费之比为朗格系数 K_L，即

$$K_L = (1 + \sum K_i)K_c \tag{3.5}$$

朗格系数包含的内容见表3-2。

表3-2 朗格系数包含的内容

<table>
<tr><th colspan="2">项 目</th><th>固体流程</th><th>固流流程</th><th>流体流程</th></tr>
<tr><td colspan="2">朗格系数 K_L</td><td>3.1</td><td>3.63</td><td>4.74</td></tr>
<tr><td rowspan="4">内容</td><td>(a)包括基础、设备、绝热、油漆及设备安装费</td><td colspan="3">E×1.43</td></tr>
<tr><td>(b)包括上述在内和配管工程费</td><td>(a)×1.1</td><td>(a)×1.25</td><td>(a)×1.6</td></tr>
<tr><td>(c)装置直接费</td><td colspan="3">(b)×1.5</td></tr>
<tr><td>(d)包括上述在内和间接费</td><td>(c)×1.31</td><td>(c)×1.35</td><td>(c)×1.38</td></tr>
</table>

应用案例3-3

某投资者在某地投资兴建电子计算机生产企业，已知该企业设备到达工地的费用为230 000万元，试估算该企业的静态投资。

解：电子计算机企业生产流程为固体流程。

(1) 基础、绝热、油漆及设备安装费：230 000×1.43－230 000＝98 900(万元)

(2) 配管工程费：230 000×1.43×1.1－230 000－98 900＝32 890(万元)

(3) 装置直接费：230 000×1.43×1.1×1.5＝542 685(万元)

(4) 间接费：230 000×1.43×1.1×1.5×1.31－542 685＝168 232.35(万元)

(5) 静态投资：230 000×1.43×1.1×1.5×1.31=710 917.35(万元)

3) 比例估算法

比例估算法是根据已知的同类建设项目主要生产工艺设备占整个建设项目的投资比例，先逐项估算出拟建项目主要生产工艺设备投资，再按比例估算拟建项目的静态投资的方法，其计算公式为

$$I=\frac{1}{K}\sum_{i=1}^{n}Q_iP_i \tag{3.6}$$

式中：I——拟建项目的静态投资；

K——已建项目主要设备投资占已建项目投资的比例；

n——设备种类数；

Q_i——第 i 种主要设备的数量；

P_i——第 i 种主要设备的购置单价(到厂价格)。

比例估算法主要应用于设计深度不足，拟建建设项目与类似建设项目的主要生产工艺设备投资比重较大，行业内相关系数等基础资料完备的情况。

4) 混合法

混合法是根据主体专业设计的阶段和深度，投资估算编制者所掌握的国家及地区、行业或部门相关投资估算基础资料和数据，以及其他统计和积累的、可靠的相关造价基础资料，对一个拟建建设项目采用生产能力指数法与比例估算法或系数估算法与比例估算法混合估算其相关投资额的方法。

2. 可行性研究阶段投资估算方法

可行性研究阶段建设项目投资估算原则上应采用指标估算法。指标估算法是指依据投资估算指标。对各单位工程或单项工程费用进行估算，进而估算建设项目总投资的方法。首先把拟建建设项目以单项工程或单位工程，按建设内容纵向划分为各个主要生产设施、辅助及公用设施、行政及福利设施以及各项其他基本建设费用，按费用性质横向划分为建筑工程、设备及工、器具购置、安装工程等费用；然后，根据各种具体的投资估算指标，进行各单位工程或单项工程投资的估算；在此基础上汇集编制成拟建建设项目的各个单项工程费用和拟建项目的工程费用投资估算；再按相关规定估算工程建设其他费、基本预备费等，形成拟建建设项目静态投资。

1) 建筑工程费的估算

建筑工程费投资估算一般采用以下方法。

(1) 单位建筑工程投资估算法。单位建筑工程投资估算法是指以单位建筑工程量的投资乘以建筑工程总量计算。一般工业与民用建筑以单位建筑面积(m^2)的投资，工业窑炉砌筑以单位面积(m^2)的投资，水库以水坝单位长度(m)的投资，铁路路基以单位长度(km)的投资，矿山掘进以单位长度(m)的投资，乘以相应的建筑工程总量计算建筑工程费。

(2) 单位实物工程量投资估算法。单位实物工程量投资估算法以单位实物工程量的投资乘以实物工程总量计算。土石方工程按每立方米投资，矿井巷道衬砌工程按每延长米数投资，路面铺设工程按每平方米投资，乘以相应的实物工程总量计算建筑工程费。

(3) 概算指标投资估算法。对于没有上述估算指标且建筑工程费占总投资比例较大的项目，可采用概算指标估算法。采用这种估算法，应占有较为详细的工程资料、建筑材料

价格和工程费用指标，投入的时间和工作量较大。具体估算方法见有关专业机构发布的概算编制办法。

2）设备及工器具购置费估算

分别估算各单项工程的设备和工器具购置费，需要主要设备的数量、出厂价格和相关运杂费资料。一般运杂费可按设备价格的百分比估算，进口设备要注意按照有关规定和项目实际情况估算进口环节的有关税费，并注明需要的外汇额。主要设备以外的零星设备费可按占主要设备费的比例估算，工器具购置费一般也按占主要设备费的比例估算。

3）安装工程费估算

需要安装的设备应估算安装工程费，包括各种机电设备装配和安装工程费用，与设备相连的工作台、梯子及其装设工程费用，附属于被安装设备的管线敷设工程费用，安装设备的绝缘、保温、防腐等工程费用，单体试运转和联动无负荷试运转费用等。

安装工程费通常按行业或专门机构发布的安装工程定额、取费标准和指标估算投资。具体计算可按安装费率、每吨设备安装费或者每单位安装工程实物量的费用估算，即

$$安装工程费=设备原价\times设备安装费率 \tag{3.7}$$

$$安装工程费=设备吨重\times单位重量(吨)安装费指标 \tag{3.8}$$

$$安装工程费=重量总量\times单位重量(吨)安装费指标 \tag{3.9}$$

$$安装工程费=设备工程量\times单位工程量安装费指标 \tag{3.10}$$

4）工程建设其他费用估算

其他费用种类较多，无论采取何种投资估算分类，一般其他费用都需要按照国家、地方或部门的有关规定逐项估算。要注意随着地区和项目性质的不同，费用科目可能会有所不同。在项目的初期阶段，也可按照工程费用的百分数综合估算。

5）基本预备费估算

基本预备费以工程费用、工程建设其他费用之和为基数乘以适当的基本预备费率(百分数)估算。预备费率的取值一般按行业规定，并结合估算深度确定，通常对外汇和人民币分别取不同的预备费率。

使用指标估算法应根据不同地区、年代、条件等进行调整。因为地区、年代不同，设备与材料的价格均有差异，调整方法可以以主要材料消耗量或“工程量”为计算依据，也可以按不同的工程项目的“万元工料消耗定额”而确定不同的系数。如果有关部门已颁布了有关定额或材料价差系数(物价指数)，也可以据其调整。

使用估算指标法进行投资估算决不能生搬硬套，必须对工艺流程、定额、主要材料价格及费用标准进行分析，经过实际的调整与换算后才能提高其精确度。

3.2.5 动态投资部分的估算方法

动态投资部分包括价差预备费和建设期利息两部分。动态部分的估算应以基准年静态投资的资金使用计划为基础来计算，而不是以编制的年静态投资为基础计算。

1. 价差预备费

价差预备费计算详见第1章相关内容。除此之外，如果是涉外项目，还应该计算汇率的影响。汇率是两种不同货币之间的兑换比率，汇率的变化意味着一种货币相对于另一种货币的升值或贬值。在我国，人民币与外币之间的汇率采取以人民币表示外币价格的形式

给出，如1美元=6.9元人民币。由于涉外项目的投资中包含人民币以外的币种，需要按照相应的汇率把外币投资额换算为人民币投资额，所以汇率变化就会对涉外项目的投资额产生影响。

(1) 外币对人民币升值。项目从国外市场购买设备材料所支付的外币金额不变，但换算成人民币的金额增加；从国外借款，本息所支付的外币金额不变，但换算成人民币的金额增加。

(2) 外币对人民币贬值。项目从国外市场购买设备材料所支付的外币金额不变，但换算成人民币的金额减少；从国外借款，本息所支付的外币金额不变，但换算成人民币的金额减少。

估计汇率变化对建设项目投资的影响，是通过预测汇率在项目建设期内的变动程度，以估算年份的投资额为基数，相乘计算求得。

2. 建设期利息

建设期利息包括银行借款和其他债务资金的利息以及其他融资费用。其他融资费用是指某些债务融资中发生的手续费、承诺费、管理费、信贷保险费等融资费用，一般情况下应将其单独计算并计入建设期利息；在项目前期研究的初期阶段，也可作粗略估算并计入建设投资；对于不涉及国外贷款的项目，在可行性研究阶段，也可作粗略估算并计入建设投资。

建设期利息的计算详见第1章相关内容。

3.2.6 流动资金投资估算

流动资金是项目投产之后，为进行正常生产运营而用于支付工资、购买原材料等的周转性资金。流动资金估算一般是参照现有同类企业的状况采用分项详细估算法，个别情况或者小型项目可采用扩大指标估算法。

1. 分项详细估算法

流动资金的显著特点是在生产过程中不断周转，其周转额的大小与生产规模及周转速度直接相关。分项详细估算法是根据项目的流动资产和流动负债，估算项目所占用流动资金的方法。其中，流动资产的构成要素一般包括存货、库存现金、应收账款和预付账款；流动负债的构成要素一般包括应付账款和预收账款。流动资金等于流动资产和流动负债的差额，计算公式为

$$流动资金=流动资产-流动负债 \tag{3.11}$$

$$流动资产=应收账款+预付账款+存货+库存现金 \tag{3.12}$$

$$流动负债=应付账款+预收账款 \tag{3.13}$$

$$流动资金本年增加额=本年流动资金-上年流动资金 \tag{3.14}$$

进行流动资金估算时，首先计算各类流动资产和流动负债的年周转次数，然后再分项估算占用资金额。

(1) 周转次数。周转次数是指流动资金的各个构成项目在一年内完成多少个生产过程，可用1年的天数(通常按360天计算)除以流动资金的最低周转天数计算，则各项流动资金年平均占用额度为流动资金的年周转额度除以流动资金的年周转次数，即

$$周转次数=360/流动资金最低周转天数 \tag{3.15}$$

各类流动资产和流动负债的最低周转天数，可参照同类企业的平均周转天数并结合项目特点确定，或按部门(行业)的规定。另外，在确定最低周转天数时应考虑储存天数、在途天数，并考虑适当的保险系数。

(2) 应收账款。应收账款是指企业对外赊销商品、提供劳务尚未收回的资金，其计算公式为

$$应收账款=年经营成本/应收账款周转次数 \tag{3.16}$$

(3) 预付账款。预付账款是指企业为购买各类材料、半成品或服务所预先支付的款项，其计算公式为

$$预付账款=外购商品或服务年费用金额/预付账款周转次数 \tag{3.17}$$

(4) 存货。存货是指企业为销售或者生产耗用而储备的各种物资，主要有原材料、辅助材料、燃料、低值易耗品、维修备件、包装物、商品、在产品、自制半成品和产成品等。为简化计算，仅考虑外购原材料、燃料、其他材料、在产品和产成品，并分项进行计算，其计算公式为

$$存货=外购原材料、燃料+其他材料+在产品+产成品 \tag{3.18}$$

$$外购原材料、燃料=年外购原材料、燃料费用/分项周转次数 \tag{3.19}$$

$$其他材料=年其他材料费用/其他材料周转次数 \tag{3.20}$$

$$在产品=\frac{年外购原材料、燃料+年工资及福利费+年修理费+年其他制造费用}{在产品周转次数} \tag{3.21}$$

$$产成品=(年经营成本-年其他营业费用)/产成品周转次数 \tag{3.22}$$

(5) 现金。项目流动资金中的现金是指货币资金，即企业生产运营活动中停留于货币形态的那部分资金，包括企业库存现金和银行存款，计算公式为

$$现金=(年工资及福利费+年其他费用)/现金周转次数 \tag{3.23}$$

$$年其他费用=制造费用+管理费用+营业费用-\begin{matrix}以上三项费用中所含的工资及福利费、\\折旧费、摊销费、修理费\end{matrix} \tag{3.24}$$

(6) 流动负债估算。流动负债是指在一年或者超过一年的一个营业周期内，需要偿还的各种债务，包括短期借款、应付票据、应付账款、预收账款、应付工资、应付福利费、应付股利、应交税金、其他暂收应付款、预提费用和一年内到期的长期借款等。在可行性研究中，流动负债的估算可以只考虑应付账款和预收账款两项，计算公式为

$$应付账款=外购原材料、燃料动力费及其他材料年费用/应付账款周转次数 \tag{3.25}$$

$$预收账款=预收的营业收入年金额/预收账款周转次数 \tag{3.26}$$

2. 扩大指标估算法

扩大指标估算法是根据现有同类企业的实际资料，求得各种流动资金率指标，也可以根据行业或部门给定的参考值或经验确定比率。将各类流动资金率乘以相对应的费用基数来估算流动资金。一般常用的基数有营业收入、经营成本、总成本费用和建设投资等，究竟采用何种技术依行业习惯而定，其计算公式为

$$年流动资金额=年费用基数\times各类流动资金率 \tag{3.27}$$

在采用分项详细估算法时，应根据项目实际情况分别确定现金、应收账款、预付账款、存货、应付账款和预收账款的最低周转天数，并考虑一定的保险系数。用扩大指标估算法计算流动资金时，需以经营成本及其中的某些科目为基数，因此实际上流动资金估算应能够在经营成本估算之后进行。在不同生产负荷下的流动资金，应按不同生产负荷所需的各项费用金额，根据上述公式分别估算，而不能直接按照100%生产负荷下的流动资金乘以生产负荷百分比求得。

应用案例3-4

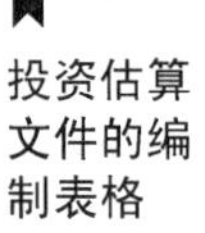

拟建年产10万吨炼钢厂，根据可行性研究报告提供的主厂房工艺设备清单和询价资料估算出该项目主厂房设备投资约3600万元。已建类似项目资料：与设备有关的其他各专业工程投资系数，见表3-3。与主厂房投资有关的辅助工程及附属设施投资系数，见表3-4。

表3-3　与设备投资有关的各专业工程投资系数

加热炉	气化冷却	余热锅炉	自动化仪表	起重设备	供电与传动	建安工程
0.12	0.01	0.04	0.02	0.09	0.18	0.40

表3-4　与主厂房投资有关的辅助及附属设施投资系数

动力系统	机修系统	总图运输系统	行政及生活福利设施工程	工程建设其他费
0.30	0.12	0.20	0.30	0.20

本项目资金来源为自有资金和贷款，贷款总额8000万元，贷款利率8%（按年计息）。建设前期1年，建设期3年，第1年投入30%，第2年投入50%，第3年投入20%。预计建设期物价平均上涨率3%，基本预备费率5%，投资方向调节税率0%。

问：(1) 估算该项目主要厂房投资和项目建设的工程费用与其他费用投资额。

(2) 估算该项目的固定资产投资额，并编制拟建项目固定资产投资估算表。

(3) 若固定资产投资流动资金率为6%，试确定拟建项目的总投资。

解： 主厂房投资=3 600×(1+12%+1%+4%+2%+9%+18%+40%)=6 696(万元)

工程费与工程建设其他费=6 696 ×(1+30%+12%+20%+30%+20%)=14 195.52(万元)

基本预备费=14 195.52×5%=709.78(万元)

静态投资=14 195.52+709.78=14 905.30(万元)

建设期各年静态投资：第1年　14 905.30×30%=4 471.59(万元)

第2年　14 905.30×50%=7 452.65(万元)

第3年　14 905.30×20%=2 981.06(万元)

价差预备费=4 471.59×[(1+3%)(1+3%)0.5−1]+ 7452.65×[(1+3%)(1+3%)0.5(1+3%)−1]+2981.06×[(1+3%)(1+3%)0.5(1+3%)2−1]=1 099.24(万元)

投资方向调节税=0(万元)

建设期利息计算

第 1 年贷款利息＝(0＋8 000×30%÷2)×8%＝96(万元)

第 2 年贷款利息＝[(8 000×30%＋96)＋ 0＋8 000×50%÷2] ×8%＝359.68(万元)

第 3 年贷款利息＝ [(8 000×80%＋96＋359.68)＋ 0＋8 000×20%÷2] ×8%＝612.45(万元)

建设期贷款利息＝96＋359.68＋612.45＝1 068.13(万元)

根据以上数据编制固定资产投资估算表如下（表 3-5)。

表 3-5　拟建项目固定资产投资估算表　　单位：万元

序号	工程费用名称	系数	建安工程费	设备购置费	工程建设其他费	合计	占总投资比例
1	工程费用		7600.32	5256.00		12856.32	75.30%
1.1	主厂房		1440.00	5256.00		6696.00	
1.2	动力系统	0.30	2008.80			2008.80	
1.3	机修系统	0.12	803.52			803.52	
1.4	总图运输系统	0.20	1339.20			1339.20	
1.5	行政生活福利设施	0.30	2008.80			2008.80	
2	工程建设其他费	0.20			1339.20	1339.20	7.84%
	(1) ＋ (2)					14195.52	
3	预备费				1809.02	1809.02	10.60%
3.1	基本预备费				709.78	709.78	
3.2	价差预备费				1099.24	1099.24	
4	投资方向调节税				0	0	0
5	建设期利息				1068.13	1068.13	6.26%
固定资产投资 (1) ＋ (2) ＋ (3) ＋ (4) ＋ (5)						17072.67	100%

流动资金＝17 072.67×6%＝1024.36(万元)

拟建项目总投资＝17 072.67＋ 1 024.36＝18 097.03(万元)

3.3 建设项目财务评价

3.3.1 财务评价的概述

1. 财务评价的概念及基本内容

所谓财务评价就是根据国民经济与社会发展以及行业、地区发展规划的要求，在拟定的工程建设方案、财务效益与费用估算的基础上，采用科学的分析方法对工程建设方案的财务可行性和经济合理性进行分析论证，为项目科学决策提供依据。

财务评价又称财务分析，应在项目财务效益与费用估算的基础上进行。对于经营性项目，财务分析是从建设项目的角度出发，根据国家现行财政、税收和现行市场价格，计算项目的投资费用、产品成本与产品销售收入、税金等财务数据，通过编制财务分析报表，计算财务指标，分析项目的盈利能力、偿债能力和财务生存能力，据此考察建设项目的财务可行性和财务可接受性，明确项目对财务主体及投资者的价值贡献，并得出财务评价的结论。投资者可根据项目财务评价结论、项目投资的财务状况和投资者所承担的风险程度决定是否应该投资建设。对于非经营性项目，财务分析应主要分析项目的财务生存能力。

(1) 财务盈利能力分析。项目的盈利能力是指分析和测算建设项目计算期的盈利能力和盈利水平。其主要分析指标包括项目投资财务内部收益率和财务净现值、项目资金财务内部收益率、投资回收期、总投资收益率和项目资本金净利润率等，可根据项目的特点及财务分析的目的和要求等选用。

(2) 偿债能力分析。投资项目的资金构成一般可分为借入资金和自有资金，自有资金可长期使用，而借入资金必须按期偿还。项目的投资者主要关心项目偿债能力，借入资金的所有者——债权人则关心贷出资金能否按期收回本息。项目偿债能力分析可在编制项目借款还本付息计算表的基础上进行。在计算中，通常采用“有钱就还”的方式，贷款利息一般做如下约定：长期借款的，当年贷款按半年计息，当年还款按全年计息。

(3) 财务生存能力分析。财务生存能力分析是根据项目财务计划现金流量表，通过考察项目计算期内的投资、融资和经营活动所产生的各项现金流入和流出，计算净现金流量和累计盈余资金，分析项目是否有足够的净现金流量维持正常运营，以实现财务可持续性。

特别提示

财务评价的基本方法包括确定性评价方法与不确定性评价方法两类，对同一个项目必须同时进行确定性评价和不确定性评价。

2. 财务评价的程序

1）熟悉建设项目的基本情况

熟悉建设项目的基本情况，包括投资目的、意义、要求、建设条件和投资环境，做好市场调研和预测以及项目技术水平研究和设计方案。

2）收集、整理和计算有关技术经济数据资料与参数

技术经济数据资料与参数是进行项目财务评价的基本依据，所以在进行财务评价之前，必须先预测和选定有关的技术经济数据与参数。所谓预测和选定技术经济数据与参数就是收集、估计、预测和选定一系列技术经济数据与参数，主要包括以下几点。

(1) 项目投入物和产出物的价格、费率、税率、汇率、计算期、生产负荷以及准收益率等。

(2) 项目建设期间分年度投资支出额和项目投资总额。项目投资包括建设投资和流动资金需要量。

(3) 项目资金来源方式、数额、利率、偿还时间，以及分年还本付息数额。

(4) 项目生产期间的分年产品成本。

(5) 项目生产期间的分年产品销售数量、营业收入、营业税金及附加和营业利润及其分配数额。

3) 编制基本财务报表

财务评价所需财务报表包括：各类现金流量表(包括项目投资现金流量表、项目资本金现金流量表、投资各方现金流量表)、利润与利润分配表、财务计划现金流量表、资产负债表等。

4) 计算与分析财务效益指标

财务效益指标包括反映项目盈利能力和项目偿债能力的指标。

5) 提出财务评价结论

将计算出的有关指标值与国家有关基准值进行比较，或与经验标准、历史标准、目标标准等加以比较，然后从财务的角度提出项目是否可行的结论。

6) 进行不确定性分析

不确定性分析包括盈亏平衡分析和敏感性分析两种方法，主要分析项目适应市场变化的能力和抗风险的能力。

3.3.2 基本财务报表的编制

1. 资产负债表

资产负债表是指综合反映项目计算期各年年末资产、负债和所有者权益的增减变化以及对应关系的一种报表。通过计算资产负债率、流动比率、速动比率等指标来分析项目的偿债能力，资产负债表如表3-6所示。

表3-6 资产负债表 单位:万元

序号	项　目	计 算 期					
		1	2	3	4	…	n
1	资产						
1.1	流动资产总额						
1.1.1	货币资金						
1.1.2	应收账款						
1.1.3	预付账款						
1.1.4	存货						
1.1.5	其他						
1.2	在建工程						
1.3	固定资产净值						
1.4	无形及其他资产净值						
2	负债及所有者权益						
2.1	流动负债总额						
2.1.1	短期借款						

续表

序号	项　目	计　算　期					
		1	2	3	4	…	n
2.1.2	应付账款						
2.1.3	预收账款						
2.1.4	其他						
2.2	建设投资借款						
2.3	流动资金借款						
2.4	负债小计(2.1+2.2+2.3)						
2.5	所有者权益						
2.5.1	资本金						
2.5.2	资本公积						
2.5.3	累计盈余公积						
2.5.4	累计未分配利润						
计算指标：资产负债率/(%)							

资产负债表中，负债包括流动负债总额、建设投资借款流动资金借款。其中，应付账款指项目建设和运营中购进商品或接受外界提供劳务、服务而未付的欠款。流动资金借款指从银行或其他金融机构借入的短期贷款。建设投资借款指项目建设期用于固定资产方面的期限在一年以上的银行借款、抵押贷款和向其他单位的借款。

资产负债表分析可以提供四个方面的财务信息：项目所拥有的经济资源，项目所负担的债务，项目的债务清偿能力以及项目所有者所享有的权益。

2. 利润与利润分配表

利润表反映项目计算期内各年的利润总额、所得税及净利润的分配情况，是用以计算投资利润率、投资利税率、资本金利润率等指标的一种报表。利润与利润分配表如表 3-7 所示。

表 3-7 中，利润总额是项目在一定时期内实现盈亏总额，即营业收入扣除营业税金及附加、总成本费用和补贴收入之后的数额。

所得税后利润的分配按照下列顺序进行：①提取法定盈余公积金；②向投资者分配优先股股利；③提取任意盈余公积金；④向各投资方分配利润，即应付普通股股利；⑤未分配利润即为可供分配利润减去以上各项应付利润后的余额。

表 3-7　利润与利润分配表　　单位：万元

序号	项　目	合计	计　算　期					
			1	2	3	4	…	n
1	营业收入							
2	营业税金及附加							
3	总成本费用							

续表

序号	项　目	合计	计　算　期					
			1	2	3	4	…	n
4	补贴收入							
5	利润总额(1－2－3＋4)							
6	弥补以前年度亏损							
7	应纳税所得额(5－6)							
8	所得税							
9	净利润(5－8)							
10	期初未分配利润							
11	可供分配利润(9＋10)							
12	提取法定盈余公积金							
13	可供投资者分配利润(11－12)							
14	应付优先股股利							
15	提取任意盈余公积金							
16	应付普通股股利(13－14－15)							
17	各投资方利润分配							
18	未分配利润(13－14－15－17)							
19	息税前利润(利润总额＋利息支出)							
20	息税折旧摊销前利润(息税前利润＋折旧＋摊销)							

3. 现金流量表

1) 现金流量

现金流量是现金流入量与现金流出量的统称，又叫现金流动。它将一个项目作为一个独立系统，反映项目在计算期内实际发生的现金流入和现金流出活动情况及其流动数量。现金流入量是指能够导致现金存储量增加的现金流动，简称现金流入；现金流出量是指在某一时间内发生的能够导致现金存储量减少的现金流动，简称现金流出。

2) 现金流量表

(1) 项目投资现金流量表。用于计算项目投资内部收益率及净现值等财务分析指标。其中，调整所得税为以息税前利润为基数计算的所得税，区别于“利润与利润分配表”“项目资本金现金流量表”和“财务计划现金流量表”中的所得税。项目投资现金流量表如表3-8所示。

表 3-8　项目投资现金流量表　　单位:万元

序号	项　目	合计	计　算　期					
			1	2	3	4	…	*n*
1	现金流入							
1.1	营业收入							
1.2	补贴收入							
1.3	回收固定资产余值							
1.4	回收流动资金							
2	现金流出							
2.1	建设投资							
2.2	流动资金							
2.3	经营成本							
2.4	营业税金及附加							
2.5	维持运营投资							
3	所得税前净现金流量(1—2)							
4	累计所得税前净现金流量							
5	调整所得税							
6	所得税后净现金流量(3—5)							
7	累计所得税后净现金流量							

计算指标:
项目投资财务内部收益率/(%)(所得税前)
项目投资财务内部收益率/(%)(所得税后)
项目投资财务净现值(所得税前)(i_c=%)
项目投资财务净现值(所得税后)(i_c=%)
项目投资回收期/年(所得税前)
项目投资回收期/年(所得税后)

(2) 项目资本金现金流量表。项目资本金现金流量表是指以投资者的出资额作为计算基础，从项目资本金的投资者角度出发，把借款本金偿还和利息支付作为现金流出，用以计算项目资本金的财务内部收益率、财务净现值等技术经济指标的一种现金流量表。项目资本金包括用于建设投资、建设期利息和流动资金的资金。项目资本金现金流量表如表 3-9 所示。

(3) 投资各方现金流量表。投资各方现金流量表反映项目投资各方现金流入流出情况，用于计算投资各方内部收益率。实分利润是指投资者由项目获取的利润；资产处置收益分配是指对有明确合资期限或合营期限的项目，在期满时对资产余值按股比或约定比例的分配；租赁费收入是指出资方将自己的资产租赁给项目使用所获得的收入。投资各方现金流量表如表 3-10 所示。

表 3-9 项目资本金现金流量表 单位:万元

序号	项目	合计	计算期					
			1	2	3	4	…	n
1	现金流入							
1.1	营业收入							
1.2	补贴收入							
1.3	回收固定资产余值							
1.4	回收流动资金							
2	现金流出							
2.1	项目资本金							
2.2	借款本金偿还							
2.3	借款利息支付							
2.4	经营成本							
2.5	营业税金及附加							
2.6	所得税							
2.7	维持运营投资							
3	净现金流量(1—2)							
计算指标: 资本金财务内部收益率/(%)								

表 3-10 投资各方现金流量表 单位:万元

序号	项目	合计	计算期					
			1	2	3	4	…	n
1	现金流入							
1.1	实分利润							
1.2	资产处置收益分配							
1.3	租赁费收入							
1.4	技术转让或使用收入							
1.5	其他现金流入							
2	现金流出							
2.1	实缴资本							
2.2	租赁资产支出							
2.3	其他现金流出							
3	净现金流量(1—2)							
计算指标: 投资各方财务内部收益率/(%)								

(4) 财务计划现金流量表。财务计划现金流量表是反映项目计算期各年的投资、融资及经营活动的现金流入和流出，用于计算累积盈余资金，分析项目的财务生存能力。财务计划现金流量表如表 3-11 所示。

表 3-11 财务计划现金流量表　　单位:万元

序号	项　目	合计	计 算 期					
			1	2	3	4	…	*n*
1	经营活动净现金流量							
1.1	现金流入							
1.1.1	营业收入							
1.1.2	增值税销项税额							
1.1.3	补贴收入							
1.1.4	其他流入							
1.2	现金流出							
1.2.1	经营成本							
1.2.2	增值税进项税额							
1.2.3	营业税金及附加							
1.2.4	增值税							
1.2.5	所得税							
1.2.6	其他流出							
2	投资活动净现金流量							
2.1	现金流入							
2.2	现金流出							
2.2.1	建设投资							
2.2.2	维持运营投资							
2.2.3	流动资金							
2.2.4	其他流出							
3	筹资活动净现金流量							
3.1	现金流入							
3.1.1	项目资本金投入							
3.1.2	建设投资借款							
3.1.3	流动资金借款							
3.1.4	债券							
3.1.5	短期借款							

续表

序号	项　目	合计	计　算　期					
			1	2	3	4	…	n
3.1.6	其他流入							
3.2	现金流出							
3.2.1	各种利息支出							
3.2.2	偿还债务本金							
3.2.3	应付利润(股利分配)							
3.2.4	其他流出							
4	净现金流量(1+2+3)							
5	累积盈余资金							

3.3.3 资金时间价值

资金时间价值是指资金随着时间推移所具有的增值能力，或者是同一笔资金在不同的时间点上所具有的数量差额。资金时间价值是如何产生的呢？从社会再生产角度来看，投资者利用资金是为了获取投资回报，即让自己的资金发生增值，得到投资报偿，从而产生了“利润”；从流通领域来看，消费者如果推迟消费，也就是暂时不消费自己的资金，而把资金的使用权暂时让出来，得到“利息”作为补偿。因此，利润或利息就成了资金时间价值的绝对表现形式。换句话说，资金时间价值的相对表现形式就成为“利润率”或“利息率”，即在一定时期内所付利润或利息额与资金之比，简称为“利率”。

1. 利息的计算方法

1）单利计息法

单利计息法是每期的利息均按照原始本金计算的计息方式，即不论计息期数为多少，只有本金计息，利息不再计利息，计算公式为

$$I = P \times n \times i \tag{3.28}$$

式中：I——利息总额；

i——利率；

P——现值(初始资金总额)；

n——计息期数。

n 个计息期结束后的本利和为

$$F = P + I = P \times (1 + I \times n) \tag{3.29}$$

式中：F——终值(本利和)。

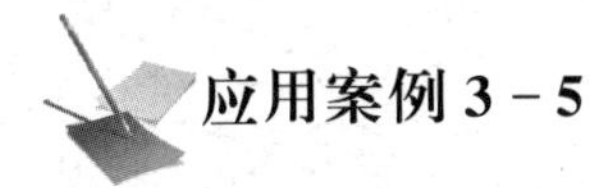

应用案例 3-5

某建筑企业存入银行 10 万元的一笔资金，年利率为 2.98%，存款期限为 3 年，按单利计息，问存款到期后的利息和本利和各为多少？如果按照复利计息或按月计息则结果会

有何种变化?

解:$I=P\times n\times i=10\times3\times2.98\%=0.894$(万元)

$F=P+I=10+0.894=10.894$(万元)

2)复利计息法

复利计息法是各期的利息分别按照原始本金与累计利息之和计算的计息方式,即每期利息计入下期的本金,下期则按照上期的本利和计息,计算公式如下。

$$F=P\times(1+i)^n \tag{3.30}$$

$$I=P\times[(1+i)^n-1] \tag{3.31}$$

在应用案例3-5中,如果选用复利计息,则计算方法和单利计息的计算方法完全不同。计算过程如下。

解:$F=P\times(1+i)^n=10\times(1+2.98\%)^3\approx10.921$(万元)

$I=P\times[(1+i)^n-1]=F-P=10.921-10=0.921$(万元)

2. 实际利率和名义利率

在复利计息方法中,一般采用年利率。当计息周期以年为单位,则将这种年利率称为实际利率;当实际计息周期小于一年,如每月、每季、每半年计息一次,这种年利率就称为名义利率。设名义利率为r,一年内计息次数为m,则名义利率与实际利率的换算公式为

$$i=\left(1+\frac{r}{m}\right)^m-1 \tag{3.32}$$

在应用案例3-5中,如果选用的计息周期不是1年,也就是说不采用常用的年利率,而是采用计息周期小于一年的月利率、季度利率、半年利率,则实际计算出的利息、本利和也与完全采用年利率计算出的不相同。这就是实际利率与名义利率的计算结果差异。现在按照每月计息一次来进行计算,复利计息,计算结果如下。

解:$i=(1+r/m)^m-1=(1+2.98\%/12)^{12}-1\approx3.02\%$

$F=P\times(1+i)^n=10\times(1+3.02\%)^3\approx10.934$(万元)

$I=F-P=10.934-10=0.934$(万元)

3. 复利计息法资金时间价值的基本公式

资金时间价值换算的核心是复利计算问题,大体可以分为3种情况:一是将一笔总的金额换算成一笔总的现在值或将来值;二是将一系列金额换算成一笔总的现在值或将来值;三是将一笔总的金额的现在值或将来值换算成一系列金额。

1)复利终值公式

投资者期初一次性投入资金P,按给定的投资报酬率i,期末一次性回收资金F,如果计息时限为n,复利计息,终值F为多少?即已知P、n、i,求F,计算公式如下。

$$F=P\times(1+i)^n \tag{3.33}$$

式中:$(1+i)^n$——复利终值系数,记为$(F/P,i,n)$。

2)复利现值公式

在将来某一时点n需要一笔资金F,按给定的利率i复利计息,折算至期初,则需要一次性存款或支付数额P为多少?即已知F、i、n,求P。将复利终值公式加以变形,得

到复利现值公式为

$$P = F \times (1+i)^{-n} \tag{3.34}$$

式中：$(1+i)^{-n}$——复利现值系数，记为$(P/F, i, n)$。

把未来时刻资金的时间价值换算为现在时刻的价值，称为折现或贴现。

应用案例 3 - 6

某企业与某银行长年存在贷款存款业务，在资金积累阶段须以一定量的存款作为今后经营资金的积累，而在一定积累的基础上则可以向银行贷款来解决经营资金的不足问题；贷款之后，在银行规定的还款过程中，通常采用分期等额偿还的方式进行偿还。在实际中，企业的投资有时是一次性的，称之为期初一次性投资，有时却是分期分批进行投资。不同的投资方式、还款方式所得到的数据是不一样的。如果该企业在5年后需一笔100万元的资金拟从银行中提取，银行存款年利3%，现在需存入银行多少钱?

解：$P = F\times(1+i)^{-n} = 100\times(1+3\%)^{-5} \approx 86.3$(万元)

3）年金复利终值公式

在经济评价中，连续在若干期每期等额支付的资金被称为年金。年金复利终值公式是研究在n个计息期内，每期期末等额投入资金A，以年利率i复利计息，最后期末累计起来的资金F到底是多少？也就是已知A、i、n，求F，计算公式如下。

$$F = A \times \frac{[(1+i)^n - 1]}{i} \tag{3.35}$$

式中：$[(1+i)^n - 1]/i$——年金终值系数，记为$(F/A, i, n)$。

在应用案例3-6中，该企业将从银行贷款得来的2000万元资金每年以500万元投资某项目，已知该项目的投资回报率为10%，则项目最终可以赚到多少钱？此时将投入的资金以及利息回报都合算为一个整体，则计算结果如下。

解：$F = A \times \frac{[(1+i)^n - 1]}{i} = 500 \times [(1+10\%)^4 - 1] \div 0.1 = 2\ 320.5$(万元)

4）偿债基金公式

为了在n年年末能筹集一笔资金来偿还借款F，按照年利率i复利计算，从现在起至n年每年年末需等额存储的一笔资金A为多少？即已知F、i、n，求A。由年金复利终值公式推导得出其计算公式如下。

$$A = F \times \frac{i}{[(1+i)^n - 1]} \tag{3.36}$$

式中：$i/[(1+i)^n - 1]$——偿债基金系数，记为$(A/F, i, n)$。

在应用案例3-6中，该企业在第5年年末应偿还银行一笔50万元的债务，年利率为3%，因为条件有限，与银行协商分期分批偿还给银行，每年年末将所偿还的经过分摊的等额资金存入银行，则每年年末存入银行的资金计算如下。

解：$A = F \times \frac{i}{[(1+i)^n - 1]} = 50 \times 3\% / [(1+3\%)^5 - 1] \approx 9.418$(万元)

5）资金回收公式

在年利率为i，复利计息的情况下，为在第n年年末将初始投资P全部收回，在这n

年内，每年年末应等额回收多少数额的资金 A？即已知 P、i、n，求 A，计算公式如下

$$A = P \times \frac{i(1+i)^n}{[(1+i)^n - 1]} \tag{3.37}$$

式中：$i(1+i)^n/[(1+i)^n-1]$——资金回收系数，记为$(A/P,i,n)$。

现在企业需要向银行贷款解决资金不足问题，银行规定的贷款利率为10%。贷款100万，投资于5年期的某项目，每年回收资金多少？

解：$A = P \times \frac{i(1+i)^n}{[(1+i)^n-1]} = 100 \times 10\% \times (1+10\%)^5/[(1+10\%)^5-1] =$ 26.38(万元)

6）年金现值公式

在 n 年内，按年利率 i 复利计算，为了能在今后每年年末能提取等额资金 A，现在必须投资多少？即已知 A、i、n，求 P。由资金回收公式推导得出年金现值公式如下

$$P = A \times \frac{[(1+i)^n - 1]}{i(1+i)^n} \tag{3.38}$$

式中：$[(1+i)^n-1]/i(1+i)^n$——年金现值系数，记为$(P/A,i,n)$。

现在该企业有充足的资金投资某项目，希望在5年内收回全部投资的本利和，预计每年获利50万元，年利率为10%，那么，如果要知道目前已经向银行贷款多少用于本次投资，就可以按照下面的方法进行计算。

解：$P = A \times \frac{[(1+i)^n-1]}{i(1+i)^n} = 50 \times [(1+10\%)^5-1]/10\% \times (1+10\%)^5 =$ 189.54(万元)

3.3.4 财务评价指标体系与评价方法

1. 财务评价的指标体系

财务评价的指标体系是最终反映项目财务可行性的数据体系。由于投资项目投资目标具有多样性，财务评价的指标体系也不是唯一的，根据不同的评价深度和可获得资料的多少以及项目本身所处条件的不同可选用不同的指标，这些指标可以从不同层次、不同侧面来反映项目的经济效益。

建设项目财务评价指标体系根据不同的标准，可以做不同的分类形式，包括以下几种。

(1) 根据是否考虑资金时间价值、进行贴现运算，可将常用方法与指标分为两类：静态分析方法与指标和动态分析方法与指标。前者不考虑资金时间价值、不进行贴现运算，后者则考虑资金时间价值、进行贴现运算，其财务评价指标体系图如图3.2所示。

(2) 按照指标的经济性质，可以分为时间性指标、价值性指标、比率性指标，其财务评价指标体系图如图3.3所示。

(3) 按照指标所反映的评价内容，可以分为盈利能力分析指标和偿债能力分析指标，其财务评价指标体系图如图3.4所示。

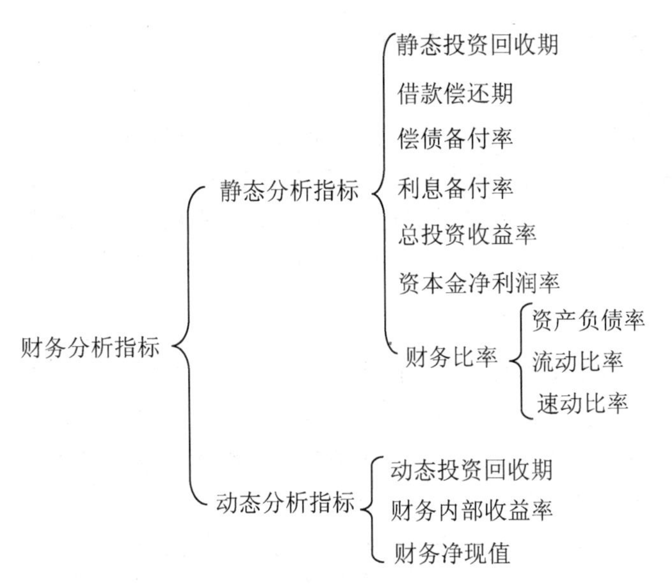

图 3.2 财务评价指标体系(一)

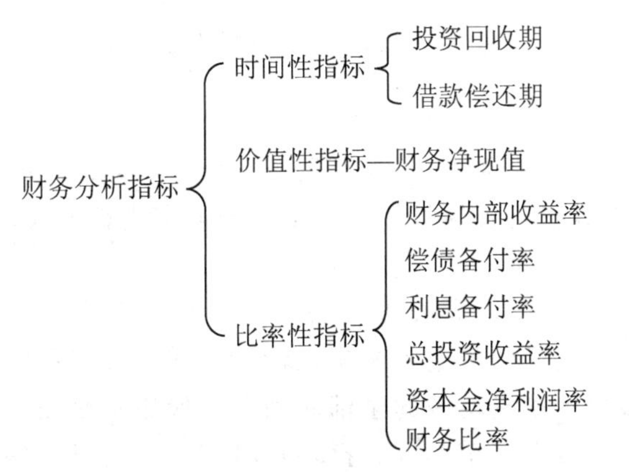

图 3.3 财务评价指标体系(二)

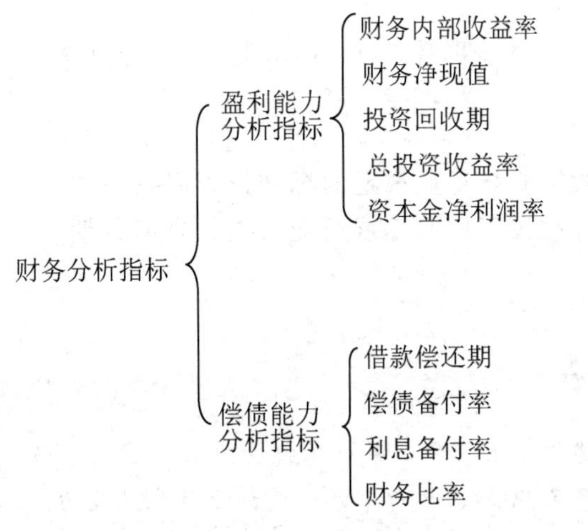

图 3.4 财务评价指标体系(三)

2. 反映项目盈利能力的指标与评价方法

1) 静态评价指标的计算与分析

(1) 总投资收益率(ROI)。总投资收益率是指项目达到设计生产能力后的一个正常生产年份的年息税前利润(EBIT)与项目总投资(TI)的比率。对生产期内各年的利润总额较大的项目，应计算运营期年平均息税前利润与项目总投资的比率，计算公式为

$$\text{总投资收益率(ROI)}=\frac{\text{正常年份年息税前利润或运营期内年平均息税前利润}}{\text{项目总投资}}\times 100\% \tag{3.39}$$

总投资收益率可根据利润与利润分配表中的有关数据计算求得。项目总投资为固定资产投资、建设期利息、流动资金之和。计算出的总投资收益率要与规定的行业标准收益率或行业的平均投资收益率进行比较，若大于或等于标准收益率或行业平均投资收益率，则认为项目在财务上可以被接受。

(2) 项目资本金净利润率(ROE)。资本金净利润率是指项目达到设计生产能力后的一个正常生产年份的年净利润或项目运营期内的年平均利润(NP)与资本金(EC)的比率，其计算公式如下

$$\text{资本金净利润率(ROE)}=\frac{\text{正常年份的年净利润或运营期内年平均净利润}}{\text{资本金}}\times 100\% \tag{3.40}$$

式(3.40)中的资本金是指项目的全部注册资本金。计算出的资本金净利润率要与行业的平均资本金净利润率或投资者的目标资本金净利润率进行比较，若前者大于或等于后者，则认为项目是可以考虑的。

(3) 静态投资回收期(P_t)。静态投资回收期是指在不考虑资金时间价值因素条件下，用生产经营期回收投资的资金来源来抵偿全部初始投资所需要的时间，即用项目净现金流量抵偿全部初始投资所需的全部时间，一般用年来表示，其符号为P_t。在计算全部投资回收期时，假定了全部资金都为自有资金，而且投资回收期一般从建设期开始算起，也可以从投产期开始算起，使用这个指标时一定要注明起算时间，计算公式如下

$$\text{投资回收期}(P_t)=\begin{matrix}\text{累计净现金流量开始出现}\\ \text{正值的年份}\end{matrix}-1+\frac{\text{上年累计净现金流量的绝对值}}{\text{当年净现金流量}} \tag{3.41}$$

计算出的投资回收期要与行业规定的标准投资回收期或行业平均投资回收期进行比较，如果小于或等于标准投资回收期或行业平均投资回收期，则认为项目是可以考虑接受的。

应用案例 3-7

某建设工程项目建设期为两年，第一年投资为100万元，第二年投资150万元，第三年开始投产，生产负荷为90%，第四年开始达到设计生产能力。正常年份每年销售收入为200万元，经营成本为120万元，销售税金等支出为销售收入的10%，求静态投资回收期。

解：

$$
\begin{aligned}
\text{正常年份每年的现金流入} &= \text{销售收入}-\text{经营成本}-\text{销售税金} \\
&= 200-120-200\times10\% \\
&= 60(\text{万元})
\end{aligned}
$$

静态投资回收期计算见表3-12。

表3-12 静态投资回收期计算表 单位：万元

项 目	年 份						
	1	2	3	4	5	6	7
现金流入	0	0	54	60	60	60	60
现金流出	100	150	0	0	0	0	0
净现金流量	−100	−150	54	60	60	60	60
累计净现金流量	−100	−250	−196	−136	−76	−16	44

$$
\begin{aligned}
\text{投资回收期}(P_t) &= \text{累计净现金流量开始出现正值的年份}-1+\frac{\text{上年累计净现金流量的绝对值}}{\text{当年净现金流流量}} \\
&= 7-1+16/60 \\
&= 6.27(\text{年})
\end{aligned}
$$

2）动态评价指标的计算与分析

（1）财务净现值（FNPV）。财务净现值是指在项目计算期内，按照行业的基准收益率或设定的折现率计算的各年净现金流量现值的代数和，简称净现值，记作FNPV，其表达式为

$$
\mathrm{FNPV}=\sum_{t=1}^{n}(\mathrm{CI}-\mathrm{CO})_t(1+i_c)^{-t} \tag{3.42}
$$

式中：CI——现金流入量；

CO——现金流出量；

$(\mathrm{CI}-\mathrm{CO})_t$——第 t 年的净现金流量；

n——计算期；

i_c——基准收益率或设定的折现率；

$(1+i_c)^{-t}$——第 t 年的折现系数。

财务净现值的计算结果可能有3种情况，即FNPV>0、FNPV=0或FNPV<0。当FNPV>0时，说明项目净效益大于用基准收益率计算的平均收益额，从财务角度考虑，项目是可以被接受的；当FNPV=0时，说明拟建项目的净效益正好等于用基准收益率计算的平均收益额，这时判断项目是否可行，要看分析所选用的折现率，在财务评价中，若选用的折现率大于银行长期贷款利率，项目是可以被接受的，若选用的折现率等于或小于银行长期贷款利率，一般可判断项目不可行；当FNPV<0时，说明拟建项目的净效益小于用基准收益率计算的平均收益额，一般认为项目不可行。

行业基准收益率

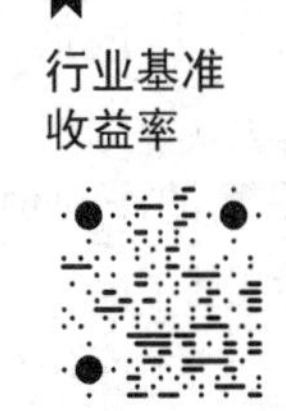

应用案例 3-8

有一建设项目建设期为两年，如果第一年投资 140 万元，第二年投资 210 万元。项目第三年达到设计生产能力的 90%，第四年达到 100%。正常年份年销售收入 300 万元，销售税金为销售收入的 12%，年经营成本为 80 万元。项目经营期为 6 年，项目基准收益率为 12%。试计算财务净现值。

解：正常年份现金流入量=销售收入－销售税金 －经营成本

=300－300×12%－80=184(万元)

根据已知条件编制财务净现值计算表，见表 3-13。

表 3-13　财务净现值计算表　　单位:万元

项　目	年　份							
	1	2	3	4	5	6	7	8
现金流入	0	0	166	184	184	184	184	184
现金流出	140	210	0	0	0	0	0	0
净现金流量	－140	－210	166	184	184	184	184	184
折现系数	0.892 9	0.797 2	0.711 8	0.635 5	0.567 4	0.506 6	0.452 3	0.403 8
净现值	－125.006	－167.412	118.159	116.932	104.402	93.214	83.223	74.299
累计现值	－125.006	－292.418	－174.259	－57.327	47.074	140.289	223.512	297.811

$$\begin{aligned}\text{FNPV} &= \sum_{t=1}^{n}(\text{CI}-\text{CO})_t(1+i_c)^{-t}\\ &=(-125.006)+(-167.412)+118.159+116.932+\\ &\quad 104.402+93.214+83.223+74.299\\ &=297.811(\text{万元})\end{aligned}$$

(2) 财务内部收益率(FIRR)。财务内部收益率是使项目整个计算期内各年净现金流量现值累计等于零时的折现率。简称内部收益率，记作 FIRR，其表达式为

$$\sum_{t=1}^{n}(\text{CI}-\text{CO})_t(1+\text{FIRR})^{-t}=0 \tag{3.43}$$

财务内部收益率的计算是求解高次方程，为简化计算，在具体计算时可根据现金流量表中净现金流量用试差法进行，基本步骤如下。

① 用估计的某一折现率对拟建项目整个计算期内各年财务净现金流量进行折现，并求出净现值。如果得到的财务净现值等于零，则选定的折现率即为财务内部收益率；如果得到的净现值为正数，则再选一个更高的折现率再次试算，直至正数财务净现值接近零为止。

② 在第①步的基础上，再继续提高折现率，直至计算出接近零的负数财务净现值为止。

③ 根据上两步计算所得的正、负财务净现值及其对应的折现率，运用试差法的公式

计算财务内部收益率，计算公式为

$$\text{FIRR} = i_1 + (i_2 - i_1) \times \frac{\text{FNPV}_1}{\text{FNPV}_1 - \text{FNPV}_2} \tag{3.44}$$

特别提示

由此计算出的财务内部收益率通常为一个近似值。为控制误差，一般要求$(i_2 - i_1) \leqslant 5\%$。

计算出的财务内部收益率要与行业的基准收益率或投资者的目标收益率进行比较，如果前者大于或等于后者，则说明项目的盈利能力超过行业平均水平或投资者的目标，因而是可以被接受的。

应用案例3-9

已知某建设工程项目已开始运营。如果现在运营期是已知的并且不会发生变化，那么采用不同的折现率就会影响到项目所获得的净现值，可以利用不同的净现值来估算项目的财务内部收益率。根据定义，项目的财务内部收益率是当项目净现值等于零时的收益率，采用试差法的条件是当折现率为16%时，某项目的净现值是338元；当折现率为18%时，净现值是-22元，则其财务内部收益率计算方法如下。

解：$\text{FIRR} = i_1 + (i_2 - i_1) \times \frac{\text{FNPV}_1}{\text{FNPV}_1 - \text{FNPV}_2}$

$= 16\% + (18\% - 16\%) \times [338/(338 + 22)]$

$\approx 17.88\%$

(3) 动态投资回收期。动态投资回收期是指在考虑资金时间价值的条件下，以项目净现金流量的现值抵偿原始投资现值所需要的全部时间，记作P'_t。动态投资回收期也从建设期开始计算，以年为单位，其计算公式为

$$\text{投资回收期}(P'_t) = \text{累计净现值开始出现正值的年份} - 1 + \frac{\text{上年累计净现值的绝对值}}{\text{当年净现值}} \tag{3.45}$$

计算出的动态投资回收期也要与行业标准动态投资回收期或行业平均动态投资回收期进行比较，如果小于或等于标准动态投资回收期或行业平均动态投资回收期，认为项目是可以被接受的。

在应用案例3-7中，没有考虑资金时间价值对投资回收期的影响，因此计算出的投资回收期是静态投资回收期。如果考虑资金时间价值，在基准收益率为8%的情况下，求出的投资回收期就是动态投资回收期。

解：正常年份每年的现金流入=销售收入-经营成本-销售税金

$= 200 - 120 - 200 \times 10\%$

$= 60$(万元)

动态投资回收期计算见表3-14。

$$\text{投资回收期}(P'_t) = \text{累计净现值开始出现正值的年份} - 1 + \frac{\text{上年累计净现值的绝对值}}{\text{当年净现值}}$$

$=11-1+1.591/25.728$

$=10.06$(年)

表 3-14　动态投资回收期计算表　　单位:万元

项　目	年　份										
	1	2	3	4	5	6	7	8	9	10	11
现金流入	0	0	54	60	60	60	60	60	60	60	60
现金流出	100	150	0	0	0	0	0	0	0	0	0
净现金流量	−100	−150	54	60	60	60	60	60	60	60	60
折现系数	0.925 9	0.857 3	0.793 8	0.735 0	0.680 6	0.630 1	0.583 5	0.540 2	0.500 2	0.463 1	0.428 8
净现金流量现值	−92.590	−128.595	42.865	44.100	40.836	37.806	35.010	32.412	30.012	27.786	25.728
累计现值	−125.006	−292.418	−249.553	−205.453	−164.617	−126.811	−91.801	−59.389	−29.377	−1.591	24.137

3. 反映项目偿债能力的指标与评价

1) 借款偿还期(P_d)

借款偿还期是指项目投产后可用于偿还借款的资金来源还清固定资产投资国内借款本金和建设期利息(不包括已用自有资金支付的建设期利息)所需要的时间。偿还借款的资金来源包括：折旧、摊销费、未分配利润和其他收入等。借款偿还期可根据借款还本付息计算表和资金来源与运用表的有关数据计算，以年为单位，记为 P_d，其计算公式为

$$\text{借款偿还期}(P_d)=\text{借款偿清的年份数}-1+\frac{\text{偿清当年应付的本息数}}{\text{当年用于偿清的资金总额}} \tag{3.46}$$

对于涉外投资的项目还要考虑国外借款部分的还本付息。由于国外借款往往采取等本偿还或等额偿还的方式，借款偿还期限往往都是约定的，无须计算。

计算出借款偿还期以后，要与贷款机构的要求期限进行对比，等于或小于贷款机构提出的要求期限，即认为项目是有偿债能力的；否则，从偿债能力角度考虑，认为项目没有偿债能力。

2) 偿债备付率(DSCR)

偿债备付率是指项目在借款偿还期内，各年可用于还本付息的资金(EBITDA−TAX)与当期应还本付息金额(PD)的比值，其计算公式为

$$\text{偿债备付率(DSCR)}=\frac{\text{息税前利润加折旧和摊销}-\text{企业所得税}}{\text{应还本付息金额}} \tag{3.47}$$

式中：应还本付息金额包括当期应还贷款本金额及计入总成本费用的全部利息。融资租赁费用可视同借款偿还。运营期内的短期借款本息也应纳入计算。

如果项目在运行期内有维持运营的投资，可用于还本付息的资金应扣除维持运营的投资。

偿债备付率应分年计算，偿债备付率高，表明可用于还本付息的资金保障程度高。偿债备付率应大于1，并结合债权人的要求确定。当指标小于1时，表示当年资金来源不足以偿付当期债务，需要通过短期借款偿付已到期债务。参考国际经验和国内行业具体情

况，根据我国企业历史数据统计分析，一般情况下，偿债备付率不宜低于1.3。

3）利息备付率(ICR)

利息备付率是指项目在借款偿还期内各年可用于支付利息的息税前利润(EBIT)与当期应付利息(PI)的比值，其计算公式为

$$利息备付率(ICR)=\frac{息税前利润(EBIT)}{应付利息(PI)} \tag{3.48}$$

式中：息税前利润即利润总额与计入总成本费用的利息费用之和；应付利息即计入总成本费用的应付利息。

利息备付率应分年计算。利息备付率高，表明利息偿付的保障程度高。利息备付率应当大于1，并结合债权人的要求确定。当利息备付率小于1时，表示项目没有足够资金支付利息，偿债风险很大。参考国际经验和国内行业的具体情况，根据我国企业历史数据统计分析，一般情况下，利息备付率不宜低于2，而且利息备付率指标需要将该项目的指标取值与其他企业项目进行比较，来分析决定本项目的指标水平。

应用案例3-10

已知某项目建设投资总额1 000万元，建设期2年。固定资产残值40万元，5年内直线折旧。其他相关数据资料见表3-15，该项目从第3年年末开始还款，等额还本，利息照付，预计3年还清本息。试根据资料计算第3年—第5年的偿债备付率与利息备付率。

表3-15 某项目相关数据表 单位:万元

序号	项 目	建设期		生产期		
		1	2	3	4	5
1	息税前利润(EBIT)	—	—	49.46	139.46	139.46
2	应付利息(PI)	—	—	27.56	18.37	9.19
3	税前利润(1－2)	—	—	21.9	121.09	130.27
4	所得税(TAX)(3×25%)	—	—	5.48	30.27	32.57
5	税后利润(3－4)	—	—	16.42	90.82	97.70
6	折旧	159.54	159.54	159.54	159.54	159.54
7	摊销	40	40	40	40	40
8	还本	—	—	112.57	112.57	112.57
9	还本付息总额(PD)(2＋8)	—	—	140.13	130.94	121.76
10	还本付息资金来源总额(EBITDA)(1＋6＋7)	—	—	249	339	339
11	利息备付率(ICR)(1/2)	—	—	1.79	7.59	15.18
12	偿债备付率(DSCR)＝(10－4)/9	—	—	1.74	2.36	2.52

计算结果表明，该项目偿债能力较强。

4) 财务比率

(1) 资产负债率。资产负债率是反映项目各年所面临的财务风险程度及偿债能力的指标，计算公式为

$$资产负债率 = \frac{负债总额}{资产总额} \times 100\% \tag{3.49}$$

作为提供贷款的机构，可以接受100%以下(包括100%)的资产负债率，资产负债率大于100%，表明企业已资不抵债，已达到破产底线。

(2) 流动比率。流动比率是反映项目各年偿付流动负债能力的指标，计算公式为

$$流动比率 = \frac{流动资产总额}{流动负债总额} \times 100\% \tag{3.50}$$

计算出的流动比率越高，单位流动负债将有更多的流动资产作保障，短期偿债能力就越强。但是在不导致流动资产利用效率低下的情况下，流动比率保证在200%较好。

(3) 速动比率。速动比率是反映项目快速偿付流动负债能力的指标，计算公式为

$$速动比率 = \frac{流动资产总额 - 存货}{流动负债总额} \times 100\% \tag{3.51}$$

速动比率越高，短期偿债能力越强，同时速动比率过高也会影响资产利用效率，进而影响企业经济效益，因此速动比率保证在接近100%较好。

应用案例 3-11

某建设工程项目开始运营后，在某一生产年份的资产总额为5 000万元，短期借款为450万元，长期借款为2 000万元，应收账款120万元，存货款为500万元，现金为1 000万元，应付账款为150万元，项目单位产品可变成本为50万元，达产期的产量为20吨，年总固定成本为800万元，销售收入为2 500万元，销售税金税率为6%。先来求该项目的财务比率指标。

解： $资产负债率 = \frac{负债总额}{资产总额} \times 100\% = \frac{2\ 000 + 450 + 150}{5\ 000} \times 100\% = 52\%$

$$流动比率 = \frac{流动资产总额}{流动负债总额} \times 100\% = \frac{120 + 500 + 1\ 000}{450 + 150} \times 100\% = 270\%$$

$$速动比率 = \frac{流动资产总额 - 存货}{流动负债} \times 100\% = \frac{1\ 620 - 500}{600} \times 100\% = 187\%$$

特别提示

利用以上评价指标体系进行财务评价就是确定性评价方法。在评价中要注意与基准指标对比，以判断项目的财务可行性。

3.3.5 不确定性分析

1. 不确定性分析的含义

不确定性分析是以计算和分析各种不确定性因素(如价格、投资费用、成本、经营期、生产规模等)的变化对建设项目经济效益的影响程度为目标的一种分析方法。

影响建设项目的不确定性因素主要有以下几个方面。

1）价格

在市场经济的条件下，由于价值规律的作用，建设项目的投入物和产出物的价格常常会由于种种原因产生波动，而且汇率的变动也将对项目的投资额和收益额产生影响。

2）生产能力利用率

由于生产能力达不到设计生产能力导致生产能力利用率的变化，从而对项目经济效益产生影响。

3）技术装备和生产工艺

评价建设项目所采用的投入物和产出物的数量和质量是根据现有的工艺技术水平估算的。在项目的建设中，由于科学技术的发展，在工艺上、技术装备上可能较以前有突破性的发展变化，相应地就有可能影响项目的经济效益。

4）投资成本

在估算建设项目投资额时，由于没有充分预见费用或者其他原因延长了工期都将引起项目投资成本的变化，导致项目的投资规模、总成本费用和利润总额发生变化。

5）环境因素

从经济环境来看，很多数据的测算都是根据现行经济形势和现行的各类法规政策来进行的，如果这些因素发生了变化，就有可能导致投资收益的变化；从政治环境来看，不论是国内还是国外，政治形势和政策发生变化也会影响到项目的经济效益。

2. 不确定性分析的基本方法

不确定性分析的基本方法有盈亏平衡分析和敏感性分析。

1）盈亏平衡分析

(1) 盈亏平衡分析的基本原理。盈亏平衡分析研究建设项目投产后，以利润为零时产量的收入与费用支出的平衡为基础，在既无盈利又无亏损的情况下，测算项目的生产负荷状况，分析项目适应市场变化的能力，衡量建设项目抵抗风险的能力。项目利润为零时产量的收入与费用支出的平衡点，被称为盈亏平衡点(BEP)，用生产能力利用率或产销量表示。项目的盈亏平衡点越低，说明项目适应市场变化的能力越强，抗风险的能力越大，亏损的风险越小。

在进行盈亏平衡分析时需要一些假设条件作为分析的前提，包括以下几种。

① 产量变化，单位可变成本不变，总成本是生产量或销售量的函数。

② 生产量等于销售量。

③ 变动成本随产量成正比例变化。

④ 在所分析的产量范围内固定成本保持不变。

⑤ 产量变化，销售单价不变，销售收入是销售价格和销售数量的线性函数。

⑥ 只计算一种产品的盈亏平衡点，如果是生产多种产品的，则产品组合，即生产数量的比例应保持不变。

(2) 盈亏平衡分析的基本方法包括以下几种。

① 代数法。代数法是以代数方程来计算盈亏平衡点的一种方法，其计算公式为

$$\mathrm{BEP}_Q = \frac{F}{R - V - T} \tag{3.52}$$

式中：F——项目年总固定成本；

V——单位产品可变成本；

T——单位产品税金；

R——单位产品销售价格。

生产能力利用率盈亏平衡点计算公式为

$$BEP_r = \frac{F}{(R-V-T)\times Q}\times 100\% \tag{3.53}$$

式中：Q——项目设计生产能力。

下面利用不确定性分析的方法分析应用案例 3-7，确切地说是利用盈亏平衡的分析方法来计算该项目的盈亏平衡点。

解：$BEP_r = \frac{F}{(R-V-T)\times Q}\times 100\% = \frac{800}{2\,500-50\times 20-2\,500\times 6\%}\times 100\% =$ 59.26%

$$BEP_Q = 20\times 59.26\% = 11.85(\text{吨})$$

② 几何法。几何法是通过图示的方法，把项目的销售收入、总成本费用、产销量三者之间的变动关系反映出来，从而确定盈亏平衡点的方法盈亏平衡图，如图 3.5 所示。

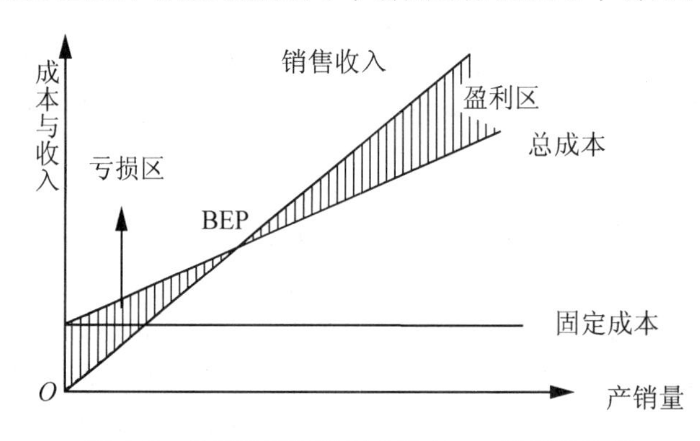

图 3.5　几何法求解盈亏平衡点——盈亏平衡图

盈亏平衡图用横坐标表示产销量，纵坐标表示收入或成本金额。在销售收入与总成本线相交处，即为盈亏平衡点。

2) 敏感性分析

(1) 敏感性分析的基本原理。敏感性分析是考察与建设项目有关的一个或多个主要因素发生变化时对该项目经济效益指标影响程度的一种分析方法。其目的是对外部条件发生不利变化时的项目承受能力做出判断。如某个不确定性因素有较小的变动，而导致项目经济评价指标有较大的波动，则称项目方案对该不确定性因素敏感性强，相应的，这个因素被称为“敏感性因素”。

(2) 敏感性分析的基本方法包括以下几步。

① 确定敏感性分析的经济评价指标。敏感性分析的经济评价指标是指敏感性分析的对象，必须针对不同的项目的特点和要求，选择最能反映项目盈利能力和偿债能力的经济评价指标作为敏感性分析的对象，例如项目的净现值和内部收益率等动态指标，投资回收期等静态指标。最常用的敏感性分析是分析全部投资内部收益率指标对变量因素的敏感程度。

② 选取不确定变量因素，设定不确定因素的变化幅度和范围。所选取的不确定因素是有可能对经济评价指标的结果有较大影响、有可能成为敏感性因素的那些影响因素。所以在选择时，就要在预计的变化范围内，找出那些对经济评价指标值有较强影响的变量因素。

③ 计算不确定因素对经济评价指标值的影响程度。计算方法是在固定其他变量因素的条件下，依次分别按照事先预定的变化幅度来变动其中某个不确定因素并计算出该变量因素的变动对经济评价指标的影响程度(变化率)，找出这个变量因素变动幅度和经济评价指标变动幅度之间的关系并绘制图表。

④ 确定敏感性因素。根据不确定因素的变动幅度与经济评价指标变动率的意义对应关系，通过比较所找出对经济评价指标影响最强的因素即为项目方案的敏感性因素。

⑤ 综合分析项目方案的各类因素。针对所确定的敏感性因素，应分析研究不确定性产生的根源，并且在项目具体实施当中，尽量避免这些不确定性的发生，有效控制项目方案的实施。

应用案例 3－12

某建设项目投产后年产某产品10万台，每台售价800元，年总成本5 000万元，项目总投资9 000万元，销售税率为12%，项目寿命期15年。以产品销售价格、总投资、总成本为变量因素，各按照±10%和±20%的幅度变动，试对该项目的投资利税率做敏感性分析。

解： 投资利税率＝(年销售收入－年总成本费用)/项目总投资

根据题目给定数据分别计算3个不确定性变量因素的不同变动幅度对投资利税率的影响程度。计算结果见表3－16。

表3－16 敏感性分析计算表

项目		年产量/万台 ①	单价/元 ②	销售收入/万元 ③=①×②	年总成本/万元 ④	总投资/万元 ⑤	年利税/万元 ⑥=③－④	投资利税率/(%) ⑦=⑥÷⑤	敏感度系数/(%) ⑧
基本方案		10	800	8 000	5 000	9 000	3 000	33	
产品售价	－20%	10	640	6 400	5 000	9 000	1 400	15.56	－87.2
	－10%	10	720	7 200	5 000	9 000	2 200	24.44	－85.6
	＋10%	10	880	8 800	5 000	9 000	3 800	42.22	＋92.2
	＋20%	10	960	9 600	5 000	9 000	4 600	51.11	＋90.6
总投资	－20%	10	800	8 000	5 000	7 200	3 000	41.67	＋43.35
	－10%	10	800	8 000	5 000	8 100	3 000	37.03	＋40.30
	＋10%	10	800	8 000	5 000	9 900	3 000	30.30	－27.00
	＋20%	10	800	8 000	5 000	10 800	3 000	27.78	－26.10

续表

项　目		年产量/万台 ①	单价/元 ②	销售收入/万元 ③=①×②	年总成本/万元 ④	总投资/万元 ⑤	年利税/万元 ⑥=③-④	投资利税率/(%) ⑦=⑥÷⑤	敏感度系数/(%) ⑧
总成本	-20%	10	800	8 000	4 000	9 000	4 000	44.44	+57.2
	-10%	10	800	8 000	4 500	9 000	3 500	38.89	+58.9
	+10%	10	800	8 000	5 500	9 000	2 500	27.78	-52.2
	+20%	10	800	8 000	6 000	9 000	2 000	22.22	-53.9

从表3-16可以得出结论：产品价格为最敏感因素，只要销售价格增长1%，投资利税率可增长60%以上，其次是成本。

一般来说，项目相关因素的不确定性是建设项目具有风险性的根源。敏感性强的因素其不确定性给项目带来更大的风险。因此，敏感性分析的核心是从诸多的影响因素中找出最敏感因素并设法对该因素进行有效的控制，以减少项目经济效益的损失。

综合应用案例

【案例概况】

某建设项目计算期20年，各年现金流量(CI-CO)及行业基准收益率 $i_c=10\%$ 的折现系数 $[1/(1+i_c)^{-t}]$ 见表3-17。

表3-17　各年现金流量表

年份	1	2	3	4	5	6	7	8	9～20
净现金流量/万元	-180	-250	-150	84	112	150	150	150	12×150
$i_c=10\%$的折现系数	0.909	0.826	0.751	0.683	0.621	0.564	0.513	0.467	3.18①

注：① 3.18是第9年至第20年各年折现系数之和。

试根据项目的财务净现值(FNPV)判断此项目是否可行，并计算项目的静态投资回收期 P_t。

【案例解析】

工程项目财务可行性，静态投资回收期，财务净现值(FNPV)，现金流量，资金时间价值计算。

本题的求解可参考3.3节的相关内容。财务净现值及静态投资回收期的计算有两种方法可用，一是用公式计算，一是编制表格计算。编制表格计算是一种较为简单的计算方法。用静态投资回收期评价可行性时，若静态投资回收期 P_t<基准静态投资回收期 T_0 时，则项目可行。

1. 首先计算该项目的财务净现值

由已知条件可得

$$\text{FNPV}=\sum(\text{CI}-\text{CO})_t(1+i_c)^{-t}=-180\times0.909-250\times0.826-150\times0.751+84\times0.683+112\times0.621+(0.564+0.513+0.467+3.18)=352.754(\text{万元})$$

计算结果见表3-18。

表 3-18 各年净现金流量折现值表

年份	1	2	3	4	5	6	7	8	9～20	总计(FNPV)
净现金流量/万元	−180	−250	−150	84	112	150	150	150	12×150	352.754
i_c=10%的折现系数	0.909	0.826	0.751	0.683	0.621	0.564	0.513	0.467	3.18	
净现金流量折现值	−163.6	−206.5	−112.7	57.37	69.55	84.6	79.95	70.95	477	

2. 判断项目是否可行

因为 FNPV=352.754 万元>0，所以按照行业基准收益率 i_c=10%评价，该项目在财务上是可行的。

3. 计算该项目的静态投资回收期

根据已知条件，可列表 3-19。

表 3-19 各年项目静态投资回收期表

年份	1	2	3	4	5	6	7	8
(CI−CO)/万元	−180	−250	−150	84	112	150	150	150
$\sum$(CI−CO)/万元	−180	−430	−580	−496	−384	−234	−84	66

根据此表：$P_t=8-1+84/150=7.56$(年)

或利用公式计算：$\sum(CI-CO)_t=0$

即：$(-180-250-150)+84+112+150X_t=0$

$$X_t=2.56\text{(年)}$$

$$P_t=5+X_t=7.56\text{(年)}$$

本章小结

本章介绍了建设工程决策阶段工程造价控制的主要内容。建设项目的可行性研究是在投资决策前对拟建项目有关的社会、经济、技术等各方面进行深入细致的调查研究和全面的技术经济论证，对项目建成后的经济效益进行科学的预测和评价，为项目决策提供科学依据的一种科学分析方法。可行性研究报告介绍产品的市场需求预测和建设规模，资源、原材料、燃料及公用设施情况，建厂条件和厂址选择，项目设计方案，环境保护与建设过程安全生产，企业组织、劳动定员和人员培训，项目施工计划和进度要求，投资估算和资金筹措等内容。建设工程投资包括动态投资和静态投资两部分，其中静态投资又包括建筑安装工程费用、设备及工器具购置费用、工程建设其他费用、基本预备费用，动态部分包括建设期利息和涨价预备费等；投资估算主要包括静态部分投资估算和动态部分投资估算。建设工程财务评价是可行性研究报告的重要组成部分，主要进行财务盈利能力分析、偿债能力分析、财务生存能力分析和不确定性分析，在分析过程中要依据基本财务报表(资产负债表、利润与利润分配表、现金流量表和财务计划现金流量表)计算出财务内部收益率、财务净现值、投资回收期、总投资收益率等指标，以此判断项目在财务上是否可行，同时还要通过盈亏平衡分析、敏感性分析了解项目存在的风险。

习　题

第3章
习题测试

一、单选题

1. 可行性研究的第一阶段是(　　)。

A. 预可行性研究　　B. 投资机会研究
C. 可行性研究　　D. 项目评价和决策

2. 预可行性研究阶段投资估算的精确度可达(　　)。

A. ±5%　　B. ±10%　　C. ±20%　　D. ±30%

3. 利用已知建成项目的投资额或其设备的投资额估算同类型但生产规模不同的两个项目的投资额或其设备的投资额的方法是(　　)。

A. 单位生产能力估算法　　B. 系数估算法
C. 生产能力指数估算法　　D. 比例估算法

4. 财务评价指标中，价值性指标是(　　)。

A. 财务内部收益率　　B. 投资利润率
C. 借款偿还期　　D. 财务净现值

5. 某项目流动资产总额为500万元，其中存货为100万元，应付账款为380万元，则该项目的速动比率为(　　)。

A. 131.58%　　B. 105.26%　　C. 95%　　D. 76%

二、多选题

1. 可行性研究的作用有(　　)。

A. 项目投资决策和编制设计任务书的依据　B. 筹集资金的依据
C. 项目建设前期准备的依据　　D. 项目采用新技术的依据
E. 确定工程造价的基础

2. 产品市场调研与需求预测需了解的情况有(　　)。

A. 项目产品在国内外市场的供需情况
B. 项目产品的竞争状况和价格变化趋势
C. 影响市场的因素变化情况
D. 国家相关政策
E. 产品发展前景

3. 流动资金投资估算的一般方法有(　　)。

A. 单位生产能力估算法　　B. 分项详细估算法
C. 扩大指标估算法　　D. 比例估算法
E. 混合法

4. 资产负债表中的负债项目按期限可划分为(　　)。

A. 应付账款　　B. 短期负债　　C. 长期借款
D. 长期负债　　E. 流动负债

5. 用于分析项目财务盈利能力的指标是(　　)。

A. 财务内部收益率　　B. 财务净现值

C. 投资回收期　　D. 流动比率

E. 总投资收益率

6. 下列各项中属于现金流入量的是(　　)。

A. 产品销售(营业)收入　　B. 回收固定资产余值

C. 罚没收入　　D. 回收流动资金

E. 应收账款

7. 在分析中不考虑资金时间价值的财务评价指标是(　　)。

A. 财务内部收益率　　B. 总投资收益率

C. 动态投资回收期　　D. 财务净现值

E. 资产负债率

三、简答题

1. 可行性研究的编制依据和要求是什么?
2. 建设投资估算时可采用哪些方法?
3. 基本财务报表有哪些?如何填列?
4. 财务评价指标是如何分类的?如何利用各类指标判断项目是否可行?
5. 衡量项目不确定性有哪些方法?各类方法的原理是什么?

四、案例题

某建设项目计算期 20 年,各年现金流量(CI－CO)及行业基准收益率 i_c＝10%的折现系数 $[1/(1+i_c)^{-t}]$ 见表 3－17(综合应用案例)。

若该项目在不同收益率(i_n为 12%、15%及 20%)情况下,相应的折现系数 $[1/(1-i_n)^t]$ 的数值见表 3－20,试根据项目的财务内部收益率(FIRR)判断此项目是否可行。

表 3－20　各年现金流量表

序号	年　份	1	2	3	4	5	6	7	8	9～20
1	净现金流量/万元	－180	－250	－150	84	112	150	150	150	12×150
2	i＝12%的折现系数	0.893	0.797	0.712	0.636	0.567	0.507	0.452	0.404	2.497
3	i＝15%的折现系数	0.869	0.756	0.657	0.572	0.497	0.432	0.376	0.327	1.769
4	i＝18%的折现系数	0.847	0.719	0.609	0.518	0.440	0.374	0.318	0.271	1.326
5	i＝20%的折现系数	0.833	0.694	0.578	0.482	0.402	0.335	0.279	0.233	1.030

综合实训一

一、实训内容

某公司目前有两个项目可供选择,其现金流量表见表 3－18。若该公司要求项目投入资金必须在3年内回收，应选择哪个项目？如果采用投资回收期法进行投资决策之后，该公司又要求采用净现值法进行投资决策，设定折现率为14%，应选择哪个项目？

表3-21 某公司投资项目净现金流量表 单位:万元

年 份	1	2	3	4
项目A净现金流量	−6 000	3 200	2 800	1 200
项目B净现金流量	−4 000	2 000	960	2 400

二、实训要求

用两种方法进行方案的比较与选择，注意对比两种方法的不同，分析在实际工作中方案比较方法及参数、指标的选择。

综合实训二

一、实训内容

将实训现场的某建设项目进行财务评价。

二、实训要求

以模块教学、模块考核为主的教学实践中，学生在学习不同模块内容时采用“理论与实践一体化”的教学模式。

三、具体要求

运用所掌握的指标进行财务盈利能力分析、偿债能力分析和不确定性分析。

第4章 建设工程设计阶段工程造价控制

学习目标

了解设计阶段的特点、施工图预算的依据；熟悉设计方案优选的原则、限额设计、设计概算的内容、施工图预算的内容；掌握设计方案优选方法、设计概算的编制方法与概算审查、施工图预算的编制与审查的内容。

学习要求

能力目标	知识要点	权重
熟悉限额设计的概念、目标和全过程	限额设计	15%
掌握设计方案优选方法	设计方案优选	20%
熟悉设计概算的内容	设计概算	10%
掌握设计概算的编制方法与审查	设计概算编制	20%
熟悉施工图预算的内容	施工图预算	10%
掌握施工图预算编制方法与审查	施工图预算编制	25%

引　例

某建设工程有两个设计方案，方案甲：6 层的内浇外砌建筑体系，建筑面积为8 500m²，外墙的厚度为 36cm，建筑自重为 1 294kg/m²，施工周期为 220 天；方案乙：6 层的全现浇大模板建筑体系，建筑面积为 8 500m²，外墙的厚度为 30cm，建筑自重为1 070kg/m²，施工周期为 210 天。为了提高工程建设投资效果，从实用性、平面布置、经济性和美观性等方面采用不同比选方法进行方案选择，从中选取技术先进、经济合理的最佳设计方案。

在学习本章内容时思考采用什么设计方案比选方法？同时考虑对该建设项目如何进行设计概算和施工图预算的编制，其编制的方法有哪些？

4.1 设计方案的优选与限额设计

4.1.1 设计阶段的特点

特别提示

在建设工程实施的各个阶段中，设计阶段是建设工程目标控制全过程中的主要阶段。因此，正确认识设计阶段的特点，对于准确地控制工程造价有十分重要的意义。

(1) 设计工作表现为创造性的脑力劳动。

(2) 设计阶段是决定建设工程价值和使用价值的主要阶段。

(3) 设计阶段是影响建设工程投资的关键阶段。

(4) 设计工作需要反复协调。

(5) 设计质量对建设工程总体质量有决定性影响。

4.1.2 设计方案优选的原则

特别提示

为了提高工程建设投资效果，从选择建设场地和工程总平面布置开始，直到最后结构零件的设计，都应进行多方案比选。

由于设计方案的经济效果不仅取决于技术条件，而且还受不同地区的自然条件和社会条件的影响，因此设计方案优选时须结合当时当地的实际条件，选取功能完善、技术先进、经济合理的最佳设计方案。设计方案优选应遵循以下原则。

(1) 设计方案必须要处理好经济合理性与技术先进性之间的关系。经济合理性要求工程造价尽可能低，如果一味地追求经济效益，可能会导致项目的功能水平偏低，无法满足使用者的要求；技术先进性追求技术的尽善尽美，如果项目功能水平先进很可能会导致工程造价偏高。因此，技术先进性与经济合理性是一对矛盾的主体，设计者应妥善处理好二者的关系。一般情况在满足使用者要求的前提下尽可能降低工程造价。但如果资金有限制，也可以在资金限制范围内，尽可能提高项目功能水平。

(2) 设计方案必须兼顾建设与使用并考虑项目全寿命费用。工程在建设过程中，控制造价是一个非常重要的目标。造价水平的变化会影响到项目将来的使用成本。如果单纯降低造价，建造质量得不到保障，就会导致使用过程中的维修费用增加，甚至有可能发生重大事故，给社会财产和人民安全带来严重损害。一般情况下，工程造价、使用成本与项目功能水平之间的关系如图 4.1 所示。在设计过程中应兼顾建设过程和使用过程，力求项目全寿命费用最低。

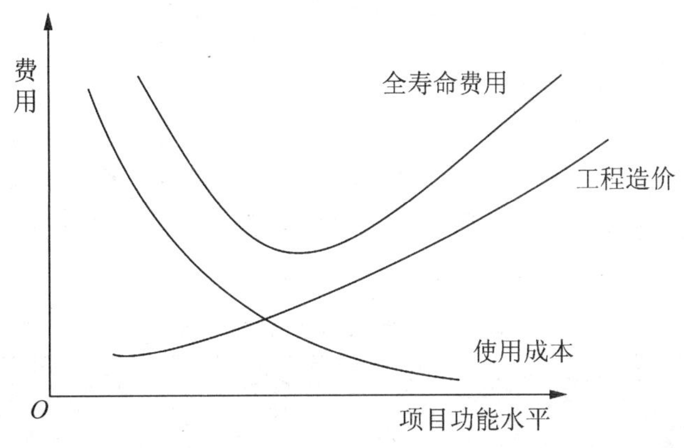

图 4.1 工程造价、使用成本与项目功能水平之间的关系

(3) 设计必须兼顾近期与远期的要求。一项工程建成后，往往会在很长的时间内发挥作用。如果按照目前的要求设计工程，在不远的将来，可能会出现由于项目功能水平无法满足需要而重新建造的情况；但是如果按照未来的需要设计工程，又会出现由于功能水平过高而资源闲置浪费的现象，所以设计者要兼顾近期和远期的要求，选择项目合理的功能水平。

4.1.3 运用综合评价法优选设计方案

在设计方案的选择中，采用方案竞选和设计招标方式选择设计方案时，通常采用多指标的综合评价法。

采用设计方案竞选方式的一般是规划方案和总体设计方案。通常由组织竞选单位聘请有关专家组成专家评审组，专家评审组按照技术先进、功能合理、安全适用、满足节能和环境要求、经济实用、美观的原则，同时考虑设计进度的快慢、设计单位与建筑师的资历和信誉等因素综合评定设计方案优劣，择优确定中选方案。评定优劣时通常以一个或两个主要指标为主，再综合考虑其他指标。

特别提示

设计招标中对设计方案的选择，通常由设计招标单位组织的评标委员会按设计方案优劣、投入产出经济效益好坏、设计进度快慢、设计资历和社会信誉等方面进行综合评审确定最优标。

评标时，可根据主要指标再综合考虑其他指标的选优方法；也可采用打分的方法，先对各指标考虑“权”值，最后以加权得分高者为最优设计方案，其计算公式为

$$S = \sum_{i=1}^{n} W_i \cdot S_i \tag{4.1}$$

式中：S ——设计方案总得分；

S_i ——某方案在评价指标 i 上的得分；

W_i ——评价指标 i 的权重；

n ——评价指标数。

多指标综合评分法非常类似于价值工程中的加权评分法，其区别就在于：加权评分法中不将成本作为一个评价指标，而将其单独拿出来计算价值系数；多指标综合评分法则不将成本单独剔除，如果需要，成本也是一个评价指标。

应用案例 4-1

某建筑工程有 4 个设计方案，选定评价指标为：实用性、平面布置、经济性、美观性共 4 项，各指标的权重及各方案的得分(10 分制)见表 4-1，试选择最优设计方案。计算结果见表 4-1。

表 4-1　多指标综合评价法计算表

评价指标	权重	方案 A		方案 B		方案 C		方案 D	
		得分	加权得分	得分	加权得分	得分	加权得分	得分	加权得分
实用性	0.4	9	4.6	8	4.2	7	2.8	6	2.4
平面布置	0.2	8	1.6	7	1.4	8	1.6	9	1.8
经济性	0.3	9	2.7	7	2.1	9	2.7	8	2.4
美观性	0.1	7	0.7	9	0.9	8	0.8	9	0.9
合计	1.0	—	8.6	—	7.6	—	7.9	—	7.5

解： 由上表可知：方案 A 的加权得分最高，因此方案 A 最优。

这种方法的优点在于避免了多指标间可能发生相互矛盾的现象，评价结果是唯一的。但是在确定权重及评分过程中存在主观臆断成分，由于分值是相对的，因而不能直接判断各方案的各项功能实际水平。

4.1.4 运用价值工程优化设计方案

1. 价值工程原理

特别提示

价值工程是通过各相关领域的协作，对所研究对象的功能与费用进行系统分析，不断创新，旨在提高研究对象的价值的思想方法和管理技术。

价值工程的目的是以研究对象的最低寿命周期成本可靠地实现使用者所需的功能以获

取最佳的综合效益。价值工程的目标是提高研究对象的价值，价值的表达式为：价值=功能/成本。因此提高价值的途径有以下 5 种。

(1) 在提高功能水平的同时，降低成本。

(2) 在保持成本不变的情况下，提高功能水平。

(3) 在保持功能水平不变的情况下，降低成本。

(4) 成本稍有增加，功能水平大幅度提高。

(5) 功能水平稍有下降，成本大幅度下降。

价值工程是一项有组织的管理活动，涉及面广，研究过程复杂，必须按照一定的程序进行。价值工程的工作程序如下。

(1) 对象选择。在这一步应明确研究目标、限制条件及分析范围。

(2) 组成价值工程领导小组，并制订工作计划。

(3) 收集与研究对象相关的信息资料。此项工作应贯穿于价值工程的全过程。

(4) 功能系统分析。这是价值工程的核心，通过功能系统分析应明确功能特性要求，弄清研究对象各项功能之间的关系，调整功能间的比重，使研究对象功能结构更合理。

(5) 功能评价。分析研究对象各项功能与成本之间的匹配程度，从而明确功能改进区域及改进思路，为方案创新打下基础。

(6) 方案创新及评价。在前面功能分析与评价的基础上，提出各种不同的方案，并从技术、经济和社会等方面综合评价各方案的优劣，选出最佳方案，将其编写为提案。

(7) 由主管部门组织审批。

(8) 方案实施与检查。制订实施计划、组织实施，并跟踪检查，对实施后取得的技术经济效果进行成果鉴定。

2. 价值工程在设计阶段造价控制中的运用

在项目设计中组织价值分析小组，从分析功能入手设计项目的多种方案，选出最优方案。

(1) 项目设计阶段开展价值分析最为有效，因为成本降低的潜力是在设计阶段。

(2) 设计与施工过程的一次性比重大。建筑产品具有固定性的特点，工程项目从设计到施工是一次性的单件生产，因而耗资巨大的项目更应开展价值分析，其节约的投资更多。

(3) 影响项目总费用的部门多。进行任何一项工程的价值分析，都需要组织各有关方面参加，发挥集体的智慧才能取得成效。

(4) 项目设计是决定建筑物使用性质、建筑标准、平面和空间布局的工作。建筑物的寿命周期越长，使用期间费用越大。所以在进行价值分析时，应按整个寿命周期来计算全部费用，既要求降低一次性投资，又要求在使用过程中节约经常性费用。

3. 价值工程在新建项目设计方案优选中的应用

特别提示

在新建项目设计中应用价值工程与一般工业产品中应用价值工程略有不同，因为建设项目具有单件性和一次性的特点。

整个设计方案就可以作为价值工程的研究对象。在设计阶段实施价值工程的步骤一般如下。

(1) 功能分析。建筑功能是指建筑产品满足社会需要的各种性能的总和。不同的建筑产品有不同的使用功能，它们通过一系列建筑因素体现出来，反映建筑物的使用要求。例如，工业厂房要能满足生产一定工业产品的要求，提供适宜的生产环境，既要考虑设备布置、安装需要的场地和条件，又要考虑必需的采暖、照明、给排水、隔声消声等，以利于生产的顺利进行。建筑产品的功能一般分为社会性功能、适用性功能、技术性功能、物理性功能和美学功能5类。功能分析首先应明确项目各类功能具体有哪些，哪些是主要功能，并对功能进行定义和整理，绘制功能系统图。

(2) 功能评价。功能评价主要是比较各项功能的重要程度，用0－1评分法、0－4评分法、环比评分法等方法。计算各项功能的功能评价系数，作为该功能的重要度权数。

知识链接

0－1评分法、0－4评分法的使用方法如下。

1) 0－1评分法

是将各功能一一对比，重要者得1分，不重要的得0分，然后为防止功能指数中出现0的情况，用各加1分的方法进行修正。最后用修正得分除以总得分即为功能指数。

2) 0－4评分法

将各功能一一对比，很重要的功能因素得4分，另一个很不重要的得0分；较重要的功能因素得3分，另一个较不重要的得1分；同样重要或基本同样重要时，则两个功能因素各得2分。

(3) 方案创新。根据功能分析的结果，提出各种实现功能的方案。

(4) 方案评价。对第（3）步方案创新提出的各种方案对各项功能的满足程度打分；然后以功能评价系数作为权数计算各方案的功能评价得分；最后再计算各方案的价值系数，以价值系数最大者为最优。

应用案例4－2

某厂有3层砖混结构住宅14幢。随着企业的不断发展壮大，职工人数逐年增加，职工住房条件日趋紧张。为改善职工居住条件，该厂决定在原有住宅区内新建住宅。

(1) 新建住宅功能分析。为了使住宅扩建工程达到投资少、效益高的目的，价值工程小组工作人员认真分析了住宅扩建工程的功能；确定增加住房户数(F1)、改善居住条件(F2)、增加使用面积(F3)、利用原有土地(F4)、保护原有林木(F5)等5项功能作为主要功能。

(2) 功能评价。经价值工程小组集体讨论，认为增加住房户数最重要，改善居住条件与增加使用面积同等重要，利用原有土地与保护原有林木不太重要。即F1＞F2＝F3＞F4＝F5，利用0－4评分法，各项功能的评价系数见表4－2。

表 4-2　0-4 评分法

功能	F1	F2	F3	F4	F5	得分	功能评价系数
F1	×	3	3	4	4	14	0.350
F2	1	×	2	3	3	9	0.225
F3	1	2	×	3	3	9	0.225
F4	0	1	1	×	2	4	0.100
F5	0	1	1	2	×	4	0.100
合　计						40	1.000

(3) 方案创新。在对该住宅功能评价的基础上，为确定住宅扩建工程设计方案，价值工程人员走访了住宅原设计施工负责人，调查了解住宅的居住情况和建筑物自然状况，认真审核住宅楼的原设计图纸和施工记录，最后认定原住宅地基条件较好，地下水位深且地基承载力大；原建筑虽经多年使用，但各承重构件仍很坚固，尤其原基础十分牢固，具有承受更大荷载的潜力。价值工程人员经过严密计算分析和征求各方面意见，提出两个不同的设计方案。

方案甲：在对原住宅楼实施大修理的基础上加层。工程内容包括：屋顶和地面翻修、内墙粉刷、外墙抹灰，增加厨房、厕所，改造给排水工程，增建两层住房。工程需投资 50 万元，工期 4 个月，施工期间住户需全部迁出。工程完工后，可增加住户 18 户，原有绿化林木 50%被破坏。

方案乙：拆除旧住宅，建设新住宅。工程内容包括：拆除原有住宅两栋可新建一栋，新建住宅每栋 60 套，每套 80m²，工程需投资 100 万元，工期 8 个月，施工期间住户需全部迁出。工程完工后，可增加住户 18 户，原有绿化林木全部被破坏。

(4) 方案评价。利用加权评分法对甲乙两个方案进行综合评价，结果见表 4-3 和表 4-4。

表 4-3　各方案的功能评价表

项目功能	重要度权数	方案甲		方案乙	
		功能得分	加权得分	功能得分	加权得分
F1	0.350	10	3.5	10	3.5
F2	0.225	7	1.575	10	2.25
F3	0.225	9	2.025	9	2.025
F4	0.100	10	1	6	0.6
F5	0.100	5	0.5	1	0.1
方案加权得分和		8.6	8.6	8.475	8.475
方案功能评价系数		0.503 7	0.503 7	0.496 3	0.496 3

表 4-4　各方案价值系数计算表

方案名称	功能评价系数	成本费用/万元	成本指数	价值系数
修理加层	0.503 7	50	0.333	1.513
拆旧建新	0.496 3	100	0.667	0.744
合　计	1.000	150	1.000	

经计算可知，修理加层方案价值系数最大，因此选定方案甲为最优方案。

4. 价值工程在设计阶段工程造价控制中的应用

利用价值工程控制设计阶段工程造价有以下步骤。

(1) 对象选择。在设计阶段，应用价值工程控制工程造价应以对控制造价影响较大的项目作为价值工程的研究对象。因此，可以应用ABC分析法将设计方案的成本分解，并分成A、B、C共3类，其中A类以成本比重大、品种数量少作为实施价值工程的重点。

(2) 功能分析。分析研究对象具有哪些功能，各项功能之间的关系如何。

(3) 功能评价。评价各项功能，确定功能评价系数，并计算实现各项功能的现实成本是多少，从而计算各项功能的价值系数。价值系数小于1的，应该在功能水平不变的条件下降低成本，或在成本不变的条件下提高功能水平；价值系数大于1的，如果是重要的功能，则应该提高成本，以保证重要功能的实现。如果该项功能不重要，可以不做改变。

(4) 分配目标成本。根据限额设计的要求，确定研究对象的目标成本，并以功能评价系数为基础，将目标成本分摊到各项功能上，与各项功能的现实成本进行对比，确定成本改进期望值。成本改进期望值大的，应首先重点改进。

(5) 方案创新及评价。根据价值分析结果及目标成本分配结果的要求提出各种方案，并用加权评分法选出最优方案，使设计方案更加合理。

应用案例 4-3

某房地产开发公司拟用大模板工艺建造一批高层住宅，设计方案完成后造价超标，欲运用价值工程降低工程造价。

(1) 对象选择。通过分析其造价构成，发现结构造价占土建工程的70%，而外墙造价又占结构造价的1/3，并且外墙体积在结构混凝土总量中只占1/4。从造价构成上看，外墙是降低工程造价的主要矛盾，应作为实施价值工程的重点。

(2) 功能分析。通过调研和功能分析，了解到外墙的功能主要是抵抗横向受力(F1)、挡风防雨(F2)、隔热防寒(F3)等。

(3) 功能评价。该设计方案中使用的是长330cm、高290cm、厚28cm、重约4吨的配钢筋陶粒混凝土墙板，造价345元，其中，抵抗水平力功能的成本占60%，挡风防雨功能的成本占16%，隔热防寒功能的成本占24%。这3项功能的重要程度比为F1∶F2∶F3=6∶1∶3，各项功能的价值系数计算结果见表4-5和表4-6。

表4-5　功能评价系数计算结果

功能	重要度比	得分	功能评价系数
F1	F1∶F2=6∶1	2	0.6
F2	F2∶F3=1∶3	1/3	0.1
F3		1	0.3
合　计		10/3	1.00

表 4-6 各项功能价值系数计算结果

功能	功能评价系数	成本指数	价值系数
F1	0.6	0.6	1
F2	0.1	0.16	0.625
F3	0.3	0.24	1.25

解：由表 4-5 和表 4-6 计算结果可知，抵抗水平力功能与成本匹配较好；挡风防雨功能不太重要，但是成本比重偏高，应降低成本；隔热防寒功能比较重要，但是成本比重偏低，应适当增加成本，假设相同面积的墙板，根据限额设计的要求目标成本是 320 元，则各项功能的成本改进期望值计算结果见表 4-7。

表 4-7 目标成本的分配及成本改进期望值的计算

功能	功能评价系数 (1)	成本指数 (2)	目前成本 (3) =345×(2)	目标成本 (4) =320×(1)	成本改进期望值 (5)=(3)-(4)
F1	0.6	0.6	207	192	15
F2	0.1	0.16	55.2	32	24.2
F3	0.3	0.24	82.8	96	-14.2

由以上计算结果可知，应首先降低 F2 的成本，其次是 F1，最后适当增加 F3 的成本。

4.1.5 限额设计

1. 限额设计的概念

限额设计就是按照批准的可行性研究报告及投资估算控制初步设计，按照批准的初步设计总概算控制技术设计和施工图设计，同时各专业在保证达到使用功能的前提下，按分配的投资限额控制设计严格控制不合理变更，保证总投资额不被突破。所谓限额设计就是按照设计任务书批准的投资估算额进行初步设计，按照初步设计概算造价限额进行施工图设计，按施工图预算造价对施工图设计的各个专业设计文件做出决策。投资分解和工程量控制是实行限额设计的有效途径和主要方法。

2. 限额设计的意义

(1) 限额设计是控制工程造价的重要手段，是按上一阶段批准的投资来控制下一阶段的设计，在设计中以控制工程量与设计标准为主要内容，用以克服“三超”现象。

(2) 限额设计有利于处理好技术与经济的对立统一关系，提高设计质量。限额设计并不是一味考虑节约投资，也绝不是简单地将投资砍一刀，而是包含了尊重科学、尊重实际、实事求是、精心设计和保证科学性的实际内容。

(3) 限额设计有利于强化设计人员的工程造价意识，使设计人员重视工程造价。

(4) 限额设计能扭转设计概预算本身的失控现象。限额设计在设计院内部可促使设计与概预算形成有机的整体。

3. 限额设计的目标

1）限额设计目标的确定

限额设计目标是在初步设计开始前根据批准的可行性研究报告及其投资估算而确定的。限额设计指标经项目经理或总设计师提出，经主管院长审批下达。其总额度一般只下达直接工程费的90%，项目经理或总设计师和室主任留有一定的调节指标，限额指标用完后，必须经批准才能调整。专业之间或专业内部节约下来的单项费用未经批准不能相互调用。

2）采用优化设计确保限额目标的实现

优化设计是以系统工程理论为基础，应用现代数学方法对工程设计方案、设备选型、参数匹配、效益分析等方面进行最优化的设计方法，它是控制投资的重要措施。在进行优化设计时，必须根据问题的性质选择不同的优化方法。一般来说，对于一些确定性问题，如投资、资源消耗、时间等有关条件已确定的，可采用线性规划、非线性规划、动态规划等理论和方法进行优化；对于一些非确定性问题，可以采用排队论、对策论等方法进行优化；对于涉及流量的问题，可以采用网络理论进行优化。

4. 限额设计的全过程

(1) 在设计任务书批准的投资限额内进一步落实投资限额的实现。初步设计是方案比较优选的结果，是项目投资估算的进一步具体化。在初步设计开始时，将设计任务书的设计原则、建设方针和各项控制经济指标告知设计人员，对关键设备、工艺流程、总图方案、主要建筑和各种费用指标要提出技术经济方案选择，研究实现设计任务书中投资限额的可能性，特别注意对投资有较大影响的因素。

(2) 将施工图预算严格控制在批准的概算以内。设计单位的最终产品是施工图设计，它是工程建设的依据。设计部门在进行施工图设计的过程中，要随时控制造价、调整设计。要求从设计部门发出的施工图，其造价严格控制在批准的概算以内。

(3) 加强设计变更管理工作。在初步设计阶段由于外部条件的制约和人们主观认识的局限，往往会造成施工图设计阶段甚至施工过程中的局部修改和变更，这是使设计、建设更趋完善的正常现象，由此会引起对已经确认的概算价格的变化，这种变化在一定范围内是允许的，但必须经过核算和调整。如果施工图设计变化涉及建设规模、产品方案、工艺流程或设计方案的重大变更而使原初步设计失去指导施工图设计的意义时，必须重新编制或修改初步设计文件并重新报原审查单位审批。对于非发生不可的设计变更应尽量提前进行，以减少变更对工程造成的损失；对影响工程造价的重大设计变更，则要采取先算账后变更的办法以使工程造价得到有效控制。

特别提示

限额设计必须贯穿于设计的各个阶段，实现限额设计的投资纵向控制。

4.2 设计概算的编制与审查

4.2.1 设计概算的内容

特别提示

设计概算是设计文件的重要组成部分，是在投资估算的控制下由设计单位根据初步设计(或扩大初步设计)图纸、概算定额(或概算指标)、各项费用定额或取费标准(指标)、建设地区自然、技术经济条件和设备、材料预算价格等资料，编制和确定建设项目从筹建至竣工交付使用所需全部费用的文件。采用两阶段设计的建设项目，初步设计阶段必须编制设计概算；采用三阶段设计的建设项目，技术设计阶段必须编制修正概算。

设计概算可分单位工程概算、单项工程综合概算和建设项目总概算三级。各级之间概算的相互关系和费用构成如图 4.2 所示。

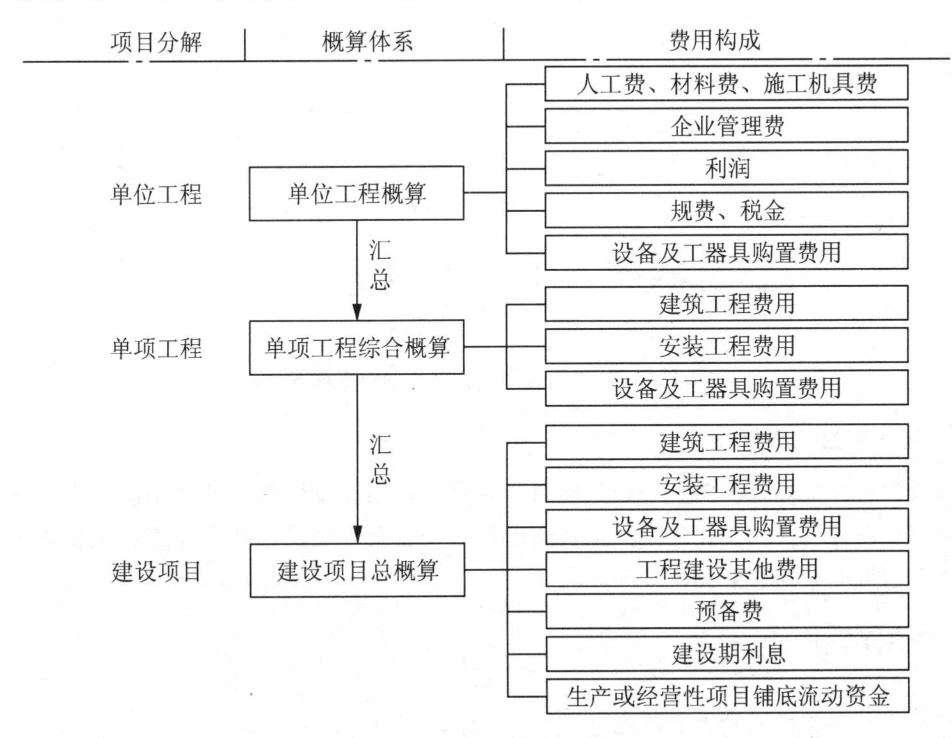

图 4.2 三级概算之间的相互关系和费用构成图

1. 单位工程概算

单位工程概算是确定各单位工程建设费用的文件，是编制单项工程综合概算的依据，是单项工程综合概算的组成部分。单位工程概算按其工程性质可分为建筑工程概算和设备及安装工程概算两大类。建筑工程概算包括土建工程概算，给排水、采暖工程概算，通风、空调工程概算，电气、照明工程概算，弱电工程概算，特殊构筑物工程概算等；设备及安装工程概算包括机械设备及安装工程概算，电气设备及安装工程概算，热力设备及安装工程概算，工具、器具及生产家具购置费概算等。

2. 单项工程综合概算

单项工程综合概算是确定一个单项工程所需建设费用的文件，它是由单项工程中的各单位工程概算汇总编制而成的，是建设项目总概算的组成部分。单项工程综合概算的组成内容如图 4.3 所示。

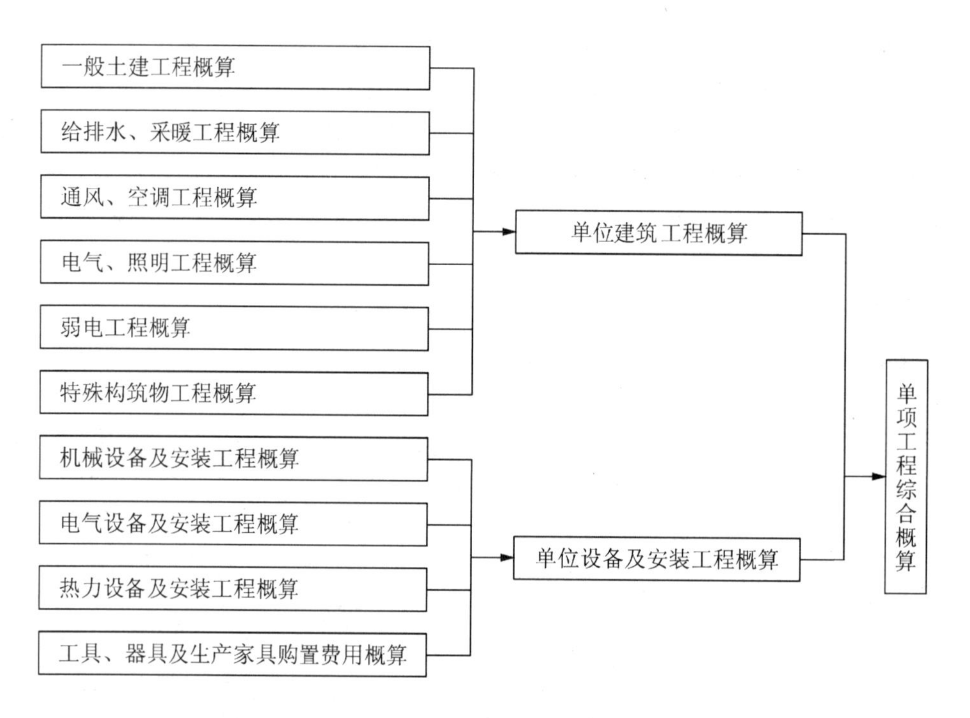

图 4.3　单项工程综合概算的组成内容

3. 建设项目总概算

建设项目总概算是确定整个建设项目从筹建到竣工验收所需全部费用的文件，它是由各单项工程综合概算、工程建设其他费用概算、预备费、建设期利息和铺底流动资金概算汇总编制而成的，内容如图 4.4 所示。

知识链接

设计概算的编制依据需要注意以下方面。

(1) 国家、行业和地方有关规定。

(2) 相应工程造价管理机构发布的概算定额(或指标)。

(3) 工程勘察与设计文件。

(4) 拟定或常规的施工组织设计和施工方案。

(5) 建设项目资金筹措方案。

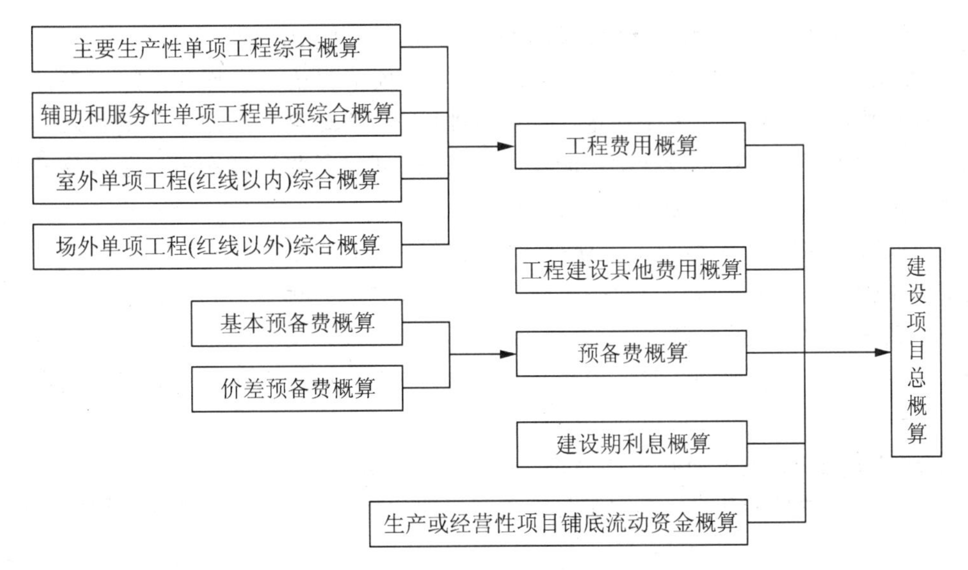

图 4.4 建设项目总概算的组成内容

(6) 工程所在地编制同期的人工、材料、施工机具台班市场价格，以及设备供应方式及供应价格。

(7) 建设项目的技术复杂程度，新技术、新材料、新工艺以及专利使用情况等。

(8) 建设项目批准的相关文件、合同、协议等。

(9) 政府有关部门、金融机构等发布的价格指数、利率、汇率、税率以及工程建设其他费用等。

(10) 委托单位提供的其他技术经济资料。

4.2.2 单位工程概算的编制方法

1. 建筑工程概算的编制方法

特别提示

单位工程概算分建筑工程概算和设备及安装工程概算两大类。

建筑工程概算的编制方法一般有概算定额法、概算指标法、类似工程预算法等；设备及安装工程概算的编制方法有预算单价法、扩大单价法、设备价值百分比法和综合吨位指标法等。

(1) 概算定额法。概算定额法又称扩大单价法或扩大结构定额法，是套用概算定额编制建筑工程概算的方法。运用概算定额法，要求初步设计必须达到一定深度，建筑结构尺寸比较明确，能按照初步设计的平面图、立面图、剖面图纸计算出楼地面、墙身、门窗和屋面等扩大分项工程（或扩大结构构件）项目的工程量时可以采用概算定额法。

建筑工程概算表的编制，按构成单位工程的主要分部分项工程和措施项目编制，根据初步设计工程量，按工程所在省、市、自治区颁发的概算定额（指标）或行业概算定额（指标），以及工程费用定额计算。

概算定额法编制设计概算的步骤如下。

① 搜集基础资料、熟悉设计图纸和了解有关施工条件和施工方法。

② 按照概算定额子目，列出单位工程中分部分项工程项目名称并计算工程量。工程量计算应按概算定额中规定的工程量计算规则进行，计算时采用的原始数据必须以初步设计图纸所标识的尺寸或初步设计图纸能读出的尺寸为准，并将计算所得各分部分项工程量按概算定额编号顺序，填入工程概算表内。

③ 确定各分部分项工程费。工程量计算完毕后，逐项套用各子目的综合单价，各子目的综合单价应包括人工费、材料费、施工机具使用费、管理费、利润、规费和税金。然后分别将其填入单位工程概算表和综合单价表中。如遇设计图中的分项工程项目名称、内容与采用的概算定额手册中相应的项目有某些不相符时，则按规定对定额进行换算后方可套用。

④ 计算措施项目费。措施项目费的计算分两部分进行。

a. 可以计量的措施项目费与分部分项工程费的计算方法相同，其费用按照③的规定进行计算。

b. 综合计取的措施项目费应以该单位工程的分部分项工程费和可以计量的措施项目费之和为基数，乘以相应费率计算。

⑤ 计算汇总单位工程概算造价。

$$单位工程概算造价=分部分项工程费+措施项目费 \tag{4.2}$$

⑥ 编写概算编制说明。单位建筑工程概算按照规定的表格形式进行编制，具体格式见表 4-8，所使用的综合单价应编制综合单价分析表，见表 4-9。

表 4-8 单位建筑工程概算表

单位工程概算编号： 单项工程名称： 共 页 第 页

序号	项目编码	工程项目或费用名称	项目特征	单位	数量	综合单价/元	合价/元
一		分部分项目工程					
(一)		土石方工程					
1	××	×××××					
2	××	×××××					
(二)		砌筑工程					
1	××	×××××					
(三)		楼地面工程					
1	××	×××××					
(四)		××工程					
		分部分项工程费用小计					

续表

序号	项目编码	工程项目或费用名称	项目特征	单位	数量	综合单价/元	合价/元
二		可计量措施项目					
(一)		××工程					
1	××	×××××					
2	××	×××××					
(二)		××工程					
1	××	×××××					
		可计量措施项目费小计					
三		综合取定的措施项目费					
1		安全文明施工费					
2		夜间施工增加费					
3		二次搬运费					
4		冬雨季施工增加费					
	××	×××××					
		综合取定措施项目费小计					
		合　　计					

编制人：　　　　　　　　　　审核人：　　　　　　　　　　审定人：

注：建筑工程概算表应以单项工程为对象进行编制，表中综合单价应通过综合单价分析表计算获得。

表4-9　建筑工程设计概算综合单价分析表

单位工程概算编号：　　　　　　　　单项工程名称：　　　　　　　　共　页　第　页

<table>
<tr><th>项目编码</th><th></th><th>项目名称</th><th colspan="2"></th><th>计量单位</th><th></th><th>工程数量</th><th></th></tr>
<tr><td colspan="9">综合单价组成分析</td></tr>
<tr><td rowspan="2">定额编号</td><td rowspan="2">定额名称</td><td rowspan="2">定额单位</td><td colspan="3">定额直接费单价/元</td><td colspan="3">直接费合价/元</td></tr>
<tr><td>人工费</td><td>材料费</td><td>机具费</td><td>人工费</td><td>材料费</td><td>机具费</td></tr>
<tr><td></td><td></td><td></td><td></td><td></td><td></td><td></td><td></td><td></td></tr>
<tr><td rowspan="5">间接费及利润税金计算</td><td>类别</td><td>取费基数描述</td><td colspan="2">取费基数</td><td>费率/(%)</td><td colspan="2">金额/元</td><td>备注</td></tr>
<tr><td>管理费</td><td>如：人工费</td><td colspan="2"></td><td></td><td colspan="2"></td><td></td></tr>
<tr><td>利润</td><td>如：直接费</td><td colspan="2"></td><td></td><td colspan="2"></td><td></td></tr>
<tr><td>规费</td><td></td><td colspan="2"></td><td></td><td colspan="2"></td><td></td></tr>
<tr><td>税金</td><td></td><td colspan="2"></td><td></td><td colspan="2"></td><td></td></tr>
<tr><td colspan="4">综合单价/元</td><td colspan="5"></td></tr>
<tr><td rowspan="4">概算定额人材机消耗量和单价分析</td><td colspan="2">人材机项目名称及规格、型号</td><td>单位</td><td>消耗量</td><td>单价/元</td><td>合价/元</td><td colspan="2">备注</td></tr>
<tr><td></td><td></td><td></td><td></td><td></td><td></td><td></td><td></td></tr>
<tr><td></td><td></td><td></td><td></td><td></td><td></td><td></td><td></td></tr>
<tr><td></td><td></td><td></td><td></td><td></td><td></td><td></td><td></td></tr>
</table>

编制人：　　　　　　　　　　审核人：　　　　　　　　　　审定人：

注：1. 本表适用于采用概算定额法的分部分项工程项目，以及可以计算措施项目的综合单价分析；

2. 在进概算定额消耗量和单价分析时，消耗量应采用定额消耗量，单价应为报告编制期的市场价。

(2) 概算指标法。用概算指标编制概算的方法有如下两种。

特别提示

由于设计深度不够等原因，对一般附属、辅助和服务工程等项目，以及住宅和文化福利工程项目或投资比较小、比较简单的工程项目，可采用概算指标法编制概算。

第一种方法：直接用概算指标编制单位工程概算。当设计对象的结构特征符合概算指标的结构特征时，可直接用概算指标编制概算。

① 根据概算指标计算出直接费用，然后再编制概算。其具体步骤如下。

a. 计算人工费、材料费、施工机具使用费即直接费。

$$\text{人工费}=\text{概算指标规定的工日数}\times\text{人工单价} \tag{4.3}$$

$$\text{材料费}=\text{主要材料费}+\text{其他材料费} \tag{4.4}$$

其中

$$\text{主要材料费}=\sum(\text{概算指标的主要材料用量}\times\text{地区材料预算价格}) \tag{4.5}$$

$$\text{其他材料费}=\sum(\text{主要材料费}\times\text{其他材料占主要材料费百分比}) \tag{4.6}$$

$$\text{概算指标直接费}=\text{人工费}+\text{材料费}+\text{施工机具使用费}(\text{元}/100\text{m}^2\text{或元}/1\ 000\text{m}^3) \tag{4.7}$$

b. 计算单位直接费。单位直接费根据概算直接费进行计算。

$$\text{单位直接费}=\text{概算指标直接费}/100(\text{或}\ 1000)(\text{元}/\text{m}^2\text{或元}/\text{m}^3) \tag{4.8}$$

c. 计算间接费、利润、税金等及概算单价。各项费用计算方法与用概算定额编制概算相同，概算单价为各项费用之和。

d. 计算单位工程概算价值。

$$\text{概算价值}=\text{单位工程建筑面积或建筑体积}\times\text{概算单价} \tag{4.9}$$

e. 计算技术经济指标。

② 根据基价调整系数计算概算指标调整后基价，然后编制概算。其编制步骤如下。

a. 计算调整后基价。

$$\text{调整后基价}=\text{概算指标规定的基价}\times\text{基价调整系数} \tag{4.10}$$

式中：基价调整系数按本地区规定执行。

b. 计算工程直接费。

$$\text{直接费}=\text{单位工程建筑面积或建筑体积调整后基价} \tag{4.11}$$

c. 计算单位工程概算价值。

根据所计算的间接费、利润、税金确定单位工程概算价值和技术经济指标，计算方法同前。

第二种方法：用修正概算指标编制单位工程概算。

特别提示

当设计对象结构特征与概算指标的结构特征局部有差别时，可用修正概算指标，再根据已计算的建筑面积或建筑体积乘以修正后的概算指标及单位价值，算出工程概算价值。

概算指标修正方法的基本步骤如下。

① 根据概算指标算出每平方米建筑面积或每立方米建筑体积的直接费(方法同前)。

② 换算与设计不符的结构构件价值，即

$$\text{换出(入)结构构件价值}=\text{换出(入)结构构件工程量}\times\frac{\text{相应概算定额的地区单价}}{100(\text{或}1\ 000)(\text{元}/m^2\text{或元}/m^3)} \quad (4.12)$$

其中：构件工程量从工程量指标中查出。

③ 求出修正后的单位直接费。

单位直接费修正值＝原概算指标单位直接费－换出结构构件价值＋换入结构构件价值 (4.13)

应用案例 4-4

某住宅工程建筑面积为 4 200m^2，按概算指标计算出每平方米建筑面积的土建单位直接费为1 200 元。因概算指标的基础埋深和墙体厚度与设计规定的不同，需要对概算单价进行修正。

解： 修正情况见表 4-10。

求出修正后的单位直接费用后再按编制单位工程概算的方法编制出一般土建工程概算。

表 4-10 建筑工程概算指标修正表

序号	概算定额编号	结构构件名称 一般土建工程	单位	数量	单价/元	合价/元	备注
		换出部分： ①带形毛石基础 A ②砖外墙 A ③合计	 m^3 m^2	 18 52	 480.20 580.40	 8 644.60 30 180.80 38 824.40	
		换入部分： ①带形毛石基础 B ②砖外墙 B 合计	 m^3 m^2	 19.80 61.50	 480.20 580.40	 9 507.96 35 694.60 45 202.56	
		单位直接费修正指标	1 200－38 824.40/100＋45 202.56/100 ＝1 264.78(元/m^2)				

(3) 类似工程预算法。类似工程预算法是利用技术条件与设计对象相类似的已完工程或在建工程的工程造价资料来编制拟建工程设计概算的方法。当拟建工程初步设计与已完工程或在建工程的设计相类似而又没有可用的概算指标时可以采用类似工程预算法。

类似工程预算法的编制步骤如下。

① 根据设计对象的各种特征参数，选择最合适的类似工程预算。

② 根据本地区现行的各种价格和费用标准计算类似工程预算的人工费、材料费、施工机具使用费、企业管理费修正系数。

③ 根据类似工程预算修正系数和人工费、材料费、施工机具使用费、企业管理费四项费用占预算成本的比重，计算预算成本总修正系数，并计算出修正后的类似工程平方米预算成本。

④ 根据类似工程修正后的平方米预算成本和编制概算地区的利税率计算修正后的类似工程平方米造价。

⑤ 根据拟建工程的建筑面积和修正后的类似工程平方米造价，计算拟建工程概算造价。

⑥ 编制概算编写说明。

类似工程预算法对条件有所要求，也就是可比性，即拟建工程项目在建筑面积、结构构造特征要与已建工程基本一致，如层数相同、面积相似、结构相似、工程地点相似等。采用此方法时，必须对建筑结构差异和价差进行调整。

a. 建筑结构差异的调整。结构差异调整方法与概算指标法的调整方法相同。即先确定有差别的部分，然后分别按每一项目算出结构构件的工程量和单位价格（按编制概算工程所在地区的单价)，然后以类似工程中相应（有差别）的结构构件的工程数量和单价为基础，算出总差价。将类似预算的人、材、机费总额减去（或加上）这部分差价，就得到结构差异换算后的人、材、机费，再行取费得到结构差异换算后的造价。

b. 价差调整。类似工程造价的价差调整可以采用两种方法。

第一种方法：当类似工程造价资料有具体的人工、材料、机具台班的用量时，可按类似工程预算造价资料中的主要材料、工日、机具台班数量乘以拟建工程所在地的主要材料预算价格、人工单价、机具台班单价，计算出人、材、机费，再计算企业管理费、利润、规费和税金，即可得出所需的综合。

第二种方法：类似工程造价资料只有人工、材料、施工机具使用费和企业管理费等费用或费率时，可按下面公式调整：

$$D=A\times K \tag{4.14}$$

$$K=a\%K_1+b\%K_2+c\%K_3+d\%K_4 \tag{4.15}$$

式中：D——拟建工程成本单价；

A——类似工程成本单价；

K——成本单价综合调整系数；

$a\%$、$b\%$、$c\%$、$d\%$——类似工程预算的人工费、材料费、施工机具使用费、企业管理费占预算成本的比重，如 $a\%$=类似工程人工费/类似工程预算成本×100%，$b\%$、$c\%$、$d\%$类同；

K_1、K_2、K_3、K_4——拟建工程地区与类似工程预算成本在人工费、材料费、施工机具使用费、企业管理费之间的差异系数，如 K_1=拟建工程概算的人工费(或工资标准)/类似工程预算人工费(或地区工资标准)，K_2、K_3、K_4 类同。

以上综合调价系数是以类似工程中各成本构成项目占总成本的百分比为权重，按照加权的方式计算的成本单价的调价系数，根据类似工程预算提供的资料，也可按照同样的计算思路计算出人、材、机费综合调整系数，通过系数调整类似工程的工料单价，再按照相应取费基数和费率计算间接费、利润和税金，也可得出所需的综合单价。总之，以上方法可灵活应用。

2. 设备及安装工程概算的编制方法

设备及安装工程概算包括设备及工、器具购置费用概算和设备安装工程费用概算两大部分。

1）设备及工、器具购置费概算编制方法

设备购置费是根据初步设计的设备清单计算出设备原价，并汇总求出设备总原价，然后按有关规定的设备运杂费率乘以设备总原价，两项相加再考虑工、器具及生产家具购置费即为设备及工、器具购置费概算。设备及工、器具购置费概算的编制依据包括：设备清单、工艺流程图；各部、省、市、自治区规定的现行设备价格和运费标准、费用标准。

设备购置费概算公式为

$$\text{设备购置费概算} = \sum(\text{设备清单中的设备数量} \times \text{设备原价}) \times (1 + \text{运杂费率}) \tag{4.16}$$

或

$$\text{设备购置费概算} = \sum(\text{设备清单中的设备数量} \times \text{设备预算价格}) \tag{4.17}$$

特别提示

国产标准设备原价可根据设备型号、规格、性能、材质、数量及附带的配件向制造厂家询价或向设备、材料信息部门查询或按主管部规定的现行价格逐项计算。非主要标准设备和工器具、生产家具的原价可按主要标准设备原价的百分比计算，百分比指标按主管部门或地区有关规定执行。

国产非标准设备原价在设计概算时可按下列两种方法确定。

（1）非标设备台(件)估价指标法。根据非标设备的类别、重量、性能、材质等情况，以每台设备规定的估价指标计算，其公式为

$$\text{非标准设备原价} = \text{设备台数} \times \text{每台设备估价指标(元/台)} \tag{4.18}$$

（2）非标准设备吨重估价指标法。根据非标准设备的类别、性能、质量、材质等情况，以某类设备所规定吨重估价指标计算，其公式为

$$\text{非标准设备原价} = \text{设备吨重} \times \text{每吨重设备估价指标(元/吨)} \tag{4.19}$$

2）设备安装工程费用概算的编制方法

设备安装工程费用概算的编制方法是根据初步设计深度和要求明确的程度来确定的，其主要编制方法有以下几种。

（1）预算单价法。当初步设计较深，有详细的设备清单时，可直接按安装工程预算定额单价编制安装工程概算，概算编制程序基本同安装工程施工图预算。该法具有计算比较具体、精确性较高的优点。

（2）扩大单价法。当初步设计深度不够，设备清单不完备，只有主体设备或仅有成套设备重量时，可采用主体设备、成套设备的综合扩大安装单价来编制概算。

（3）概算指标法。当初步设计的设备清单不完备，或安装预算单价及扩大综合单价不全，无法采用预算单价法和扩大单价法时，可采用概算指标编制概算。概算指标的形式较多，概括起来主要可按以下几种指标进行计算。

① 按占设备价值的百分比(安装费率)的概算指标计算。

$$\text{设备安装费} = \text{设备原价} \times \text{设备安装费率} \tag{4.20}$$

② 按每吨设备安装费的概算指标计算。

$$\text{设备安装费} = \text{设备总吨数} \times \text{每吨设备安装费} \tag{4.21}$$

③ 按座、台、套、组、根或功能等为计量单位的概算指标计算。如工业炉，按每台安装费指标计算。

④ 按设备安装工程每平方米建筑面积的概算指标计算。

上述1)、2) 两种方法的具体操作与建筑工程概算相类似。

4.2.3 单项工程综合概算的编制

1. 单项工程综合概算的含义

单项工程综合概算是确定单项工程建设费用的综合性文件，它是由该单项工程的各专业单位工程概算汇总而成的，是建设项目总概算的组成部分。

2. 单项工程综合概算的内容

1) 编制说明

编制说明应列在综合概算表的前面，其内容包括以下方面。

(1) 编制依据。其中包括国家和有关部门的规定、设计文件、现行概算定额或概算指标、设备材料的预算价格和费用指标等。

(2) 编制方法。说明设计概算是采用概算定额法还是采用概算指标法。

(3) 主要设备、材料(钢材、木材、水泥)的数量。

(4) 其他需要说明的有关问题。

2) 综合概算表

综合概算表的内容包括以下方面。

(1) 综合概算表的项目组成。工业建设项目综合概算表是由建筑工程和设备及安装工程两大部分组成的，民用工程项目综合概算表是建筑工程中的一项。

(2) 综合概算的费用组成。一般应包括建筑工程费用、安装工程费用、设备购置及工器具和生产家具购置费等。当不编制总概算时还应包括工程建设其他费用、建设期贷款利息、预备费和生产或经营性项目铺底流动资金等费用项目。

4.2.4 建设项目总概算的编制

1. 总概算的内容

特别提示

总概算书一般由编制说明、总概算表、各单项工程综合概算书、工程建设其他费用概算表、主要建筑安装材料汇总表组成。

(1) 工程概况。其中包括工程建设地址、建设条件、期限、名称、产量、品种、规模、功用及厂外工程的主要情况等。

(2) 编制依据。其中包括设计文件、定额、价格及费用指标等依据。

(3) 编制范围。其中包括总概算书包括与未包括的工程项目和费用。

(4) 编制方法。其中包括采用何种方法编制等。

(5) 投资分析。分析各项工程费用所占比重、各项费用组成、投资效果等。此外，还要与类似工程进行比较，分析投资高低的原因以及论证该设计是否经济合理。

（6）主要设备和材料数量。其中包括主要机械设备、电器设备及主要建筑材料的数量。

（7）其他有关问题。

2. 总概算表的编制方法

（1）按总概算组成的顺序和各项费用的性质，将各个单项工程综合概算及其他工程和费用概算汇总列入总概算表，如表4－11所示。

表4－11 总概算表

工程项目：×××

总概算价值：××× 其中回收金额：×××

序号	概算表编号	工程或费用名称	概算价值/万元						技术经济指标			占投资总额/(%)	备注
			建筑工程费	安装工程费	设备购置费	工器具及生产家具购置费	其他费用	合计	单位	数量	单位价值/元		
1	2	3	4	5	6	7	8	9	10	11	12	13	14
		第一部分工程费用											
		一、主要生产工程项目											
1		×××厂房	×	×	×	×		×	×	×	×	×	
2		×××厂房	×	×	×	×		×	×	×	×	×	
		……											
		小　计	×	×	×	×		×	×	×	×	×	
		二、辅助生产项目											
3		机修车间	×	×	×	×		×	×	×	×	×	
4		木工车间	×	×	×	×		×	×	×	×	×	
		……											
		小　计	×	×	×	×		×	×	×	×	×	
		三、公用设施工程项目											
5		变电所	×	×	×			×	×	×	×	×	
6		锅炉房	×	×	×			×	×	×	×	×	
		……											
		小　计	×	×	×			×	×	×	×	×	
		四、生活、福利、文化教育及服务项目											
7		职工住宅	×					×	×	×	×	×	
8		办公楼	×			×		×	×	×	×	×	
		……											
		小　计	×			×		×	×	×	×	×	

续表

序号	概算表编号	工程或费用名称	概算价值/万元						技术经济指标			占投资总额/(%)	备注
			建筑工程费	安装工程费	设备购置费	工器具及生产家具购置费	其他费用	合计	单位	数量	单位价值/元		
		第一部分工程费用合计	×	×	×	×		×					
		第二部分其他工程和费用项目											
9		土地征购费					×	×					
10		勘察设计费					×	×					
		……											
		第二部分其他工程和费用合计					×	×					
		第一、二部分工程费用总计	×	×	×	×	×	×					
11		预备费						×	×				
12		建设期利息						×	×				
13		铺底流动资金						×	×				
14		总概算价值	×	×	×	×		×	×				
15		其中：回收金额							×				
16		投资比例(%)	×	×	×	×		×					

审核：　　　　　　校对：　　　　　　编制：　　　　　　年　　月　　日

(2) 将工程项目和费用名称及各项数值填入相应的各个栏内。

(3) 以汇总后总额为基础，按取费标准计算预备费用、建设期利息、生产或经营性项目铺底流动资金等。

(4) 计算回收金额。回收金额是指在整个基本建设过程中所获得的各种收入，回收金额的计算方法应按地区主管部门的规定执行。

(5) 计算总概算价值。

总概算价值＝第一部分费用＋第二部分费用＋预备费＋建设期利息＋生产或经营项目铺底流动资金－回收金额

(6) 计算技术经济指标。整个项目的技术经济指标应选择有代表性和能说明投资效果的指标填入。

(7) 投资分析。投资分析为对基本建设投资分配、构成等情况进行分析，应在总概算表中计算出各项工程和费用投资所占总投资比例，并在表的末栏计算出每项费用的投资占总投资的比例。

3. 设计概算的审查

1) 设计概算的审查内容

(1) 审查设计概算的编制依据包括以下三方面。

① 审查编制依据的合法性。

② 审查编制依据的时效性。

③ 审查编制依据的适用范围。

(2) 审查概算编制深度包括以下几点。

① 审查编制说明。审查编制说明可以检查概算的编制方法、深度和编制依据等重大原则问题，若编制说明有差错，具体概算必有差错。

② 审查概算编制深度。一般大中型项目的设计概算，应有完整的编制说明和“三级概算”，并按有关规定的深度进行编制。

③ 审查概算的编制范围。审查概算编制范围及具体内容是否与主管部门批准的建设项目范围及具体工程内容一致；审查分期建设项目的建筑范围及具体工程内容有无重复交叉，是否重复计算或漏算；审查其他费用应列的项目是否符合规定，静态投资、动态投资和经营性项目铺底流动资金是否分别列出等。

(3) 审查工程概算的内容包括以下方面。

① 审查概算的编制是否符合党的方针、政策，是否根据工程所在地的自然条件而编制。

② 审查建设规模(投资规模、生产能力等)、建设标准(用地指标、建筑标准等)、配套工程、设计定员等是否符合原批准的可行性研究报告或立项批文的标准。

特别提示

对总概算投资超过批准投资估算10%以上的，应查明原因，重新上报审批。

③ 审查编制方法、计价依据和程序是否符合现行规定。

④ 审查工程量是否正确。工程量的计算是否根据初步设计图纸、概算定额、工程量计算规则和施工组织设计的要求进行，有无多算、重算和漏算，尤其对工程量大、造价高的项目要重点审查。

⑤ 审查材料用量和价格。审查主要材料的用量数据是否正确，材料预算价格是否符合工程所在地的价格水平，材料价差调整是否符合现行规定及其计算是否正确等。

⑥ 审查设备规格、数量和配置是否符合设计要求，是否与设备清单一致，设备预算价格是否真实、设备原价和运杂费的计算是否正确。

⑦ 审查建筑安装工程的各项费用的计取是否符合国家或地方有关部门的现行规定，计算程序和取费标准是否正确。

⑧ 审查综合概算、总概算的编制内容、方法是否符合现行规定和设计文件的要求，有无设计文件外项目，有无将非生产性项目以生产性项目列入。

⑨ 审查总概算文件的组成内容是否完整地包括了建设项目从筹建到竣工投产为止的全部费用组成。

⑩ 审查工程建设其他费用。这部分费用内容多、弹性大，约占项目总投资25%以上，要按国家和地区规定逐项审查。

⑪ 审查项目的“三废”治理。拟建项目必须同时安排“三废”(废水、废气、废渣)的治理方案和投资，对于未做安排而漏项或多算、重算的项目，要按国家有关规定核实投资，使“三废”排放达到国家标准。

⑫ 审查技术经济指标。主要审查技术经济指标计算方法和程序是否正确，综合指标和单项指标与同类型工程指标相比，是偏高还是偏低，其原因是什么并予以纠正。

⑬ 审查投资经济效果。设计概算是初步设计经济效果的反映，要按照生产规模、工艺流程、产品品种和质量，从企业的投资效益和投产后的运营效益全面分析，是否达到了先进可靠、经济合理的要求。

2）设计概算的审查方法

特别提示

采用适当方法审查设计概算，是确保审查质量、提高审查效率的关键。

(1) 对比分析法。对比分析法主要是通过建设规模、标准与立项批文对比；工程数量与设计图纸对比；综合范围、内容与编制方法、规定对比；各项取费与规定标准对比；材料、人工单价与统一信息对比；引进设备、技术投资与报价要求对比；技术经济指标与同类工程对比等，通过以上对比，容易发现设计概算存在的主要问题和偏差。

(2) 查询核实法。查询核实法是对一些关键设备和设施、重要装置、引进工程图纸不全或难以核算的较大投资进行多方查询校对，逐项落实的方法。主要设备的市场价向设备供应部门或招标公司查询核实；重要生产装置、设施向同类企业(工程)查询了解；引进设备价格及有关费税向进出口公司调查落实；复杂的建筑安装工程向同类工程的建设、承包、施工单位征求意见。

(3) 联合会审法。联合会审前可先采取多种形式分头审查，包括设计单位自审；主管、建设、承包单位初审；工程造价咨询公司评审；邀请同行专家预审；审批部门复审；等等。经层层审查把关后由有关单位和专家进行联合会审。在会审大会上，先由报审单位介绍概算编制情况及有关问题，并由各有关单位和专家汇报初审、预审意见，然后进行认真分析、讨论，结合对各专业技术方案的审查意见所产生的投资增减，逐一核实原概算出现的问题。经过充分协商和认真听取意见后，实事求是地处理和调整。通过复审对审查中发现的问题和偏差按照单项、单位工程的顺序分类整理，然后按照静态投资、动态投资和铺底流动资金三大类汇总核增或核减的项目及其投资额，最后将具体审核数据列表汇总，将增减项目逐一列出，依次汇总审核后的总投资及增减投资额。对于差错较多、问题较大或不能满足要求的，责成报审单位按会审意见修改返工后重新报批；对于无重大原则问题且深度基本满足要求、投资增减不多的则当场核定概算投资额，提交审批部门复核后正式下达审批概算。

4.3 施工图预算的编制与审查

4.3.1 施工图预算的内容

特别提示

施工图预算是根据批准的施工图设计、预算定额和单位计价表、施工组织设计文件以及各种费用定额等有关资料进行计算和编制的单位工程造价文件。

施工图预算通常分为建筑工程预算和设备及安装工程预算两大类。根据单位工程和设备的性质、用途的不同，建筑工程预算可分为一般土建工程预算、给排水工程预算、采暖通风工程预算、煤气工程预算、弱电工程预算、工业管道工程预算、特殊构筑物工程预算和电气照明工程预算；设备安装工程预算又可分为机械设备安装工程预算、电气设备安装工程预算、工业管道工程预算和热力设备安装工程预算等。

知识链接

施工图预算的编制依据需要注意以下几方面。

(1) 经批准和会审的施工图设计文件及有关标准图集。编制施工图预算所用的施工图纸须经主管部门批准，经业主、设计工程师参加的图纸会审并签署“图纸会审纪要”，且应有与图纸有关的各类标准图集。通过上述资料可熟悉编制对象的工程性质、内容、构造等工程情况。

(2) 施工组织设计。施工组织设计是编制施工图预算的重要依据之一，通过它可充分了解各分部分项工程的施工方法、施工进度计划、施工机械的选择、施工平面图的布置及主要技术措施等内容。

(3) 工程预算定额。工程预算定额是编制施工图预算的基础资料，是分项工程项目划分、分项工程工作内容、工程量计算的重要依据。

(4) 经批准的设计概算文件。经批准的设计概算文件是控制工程拨款或贷款的最高限额，也是控制单位工程预算的主要依据。若工程预算确定的投资总额超过设计概算，须补做调整设计概算，经原批准机构批准后方可实施。

(5) 地区单位估价表。地区单位估价表是单价法编制施工图预算最直接的基础资料。

(6) 工程费用定额。将直接费(或人工费)作为计算基数，根据地区和工程类别的不同套用相应的定额或费用标准来确定工程预算造价。

(7) 材料预算价格。各地区材料预算价格是确定材料价差的依据，是编制施工图预算的必备资料。

(8) 工程承包合同或协议书。预算编制时须认真执行合同或协议书规定的有关条款。

(9) 预算工作手册。预算工作手册是编制预算必备的工具书之一，主要包括各种常用数据、计算公式、金属材料的规格、单位重量等内容。

4.3.2 施工图预算的编制方法

1. 工料单价法

工料单价法是指分部分项工程及措施项目的单价为工料单价，将各子项工程量乘以对应工料单价后的合计作为直接费，再根据规定的计算方法计取企业管理费、利润、规费和税金。将上述费用汇总后得到该单位工程的施工图预算造价。工料单价法中的单价一般采用地区统一单位估价表中的各子目工料单价（定额基价）。

工料单价法计算公式为

$$\text{建筑安装工程预算造价} = \sum(\text{子目工程量} \times \text{子目工料单价}) + \text{企业管理费} + \text{利润} + \text{规费} + \text{税金} \tag{4.22}$$

单价法编制施工图预算的步骤如图 4.5 所示。

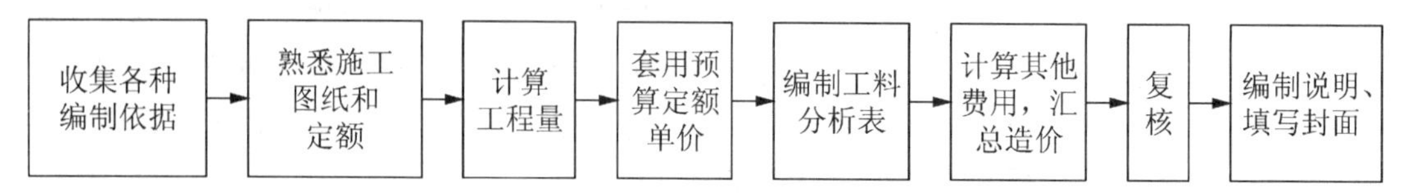

图 4.5　单价法编制施工图预算步骤

具体步骤如下。

(1) 准备工作。准备工作阶段应主要完成以下工作内容。

① 收集编制施工图预算的编制依据。其中主要包括现行建筑安装定额、取费标准、工程量计算规则、地区材料预算价格以及市场材料价格等各种资料。资料收集清单如表 4-12 所示。

表 4-12　工料单价法收集资料一览表

序号	资料分类	资料内容
1	国家规范	国家或省级、行业建设主管部门颁发的计价依据和办法
2		预算定额
3	国家规范	××地区建筑工程消耗量标准
4		××地区建筑装饰工程消耗量标准
5		××地区安装工程消耗量标准
6	建设项目有关资料	建设工程设计文件及相关资料，包括施工图纸等
7		施工现场情况、工程特点及常规施工方案
8		经批准的初步设计概算或修正概算
9		工程所在地的劳资、材料、税务、交通等方面资料
10	其他有关资料	

② 熟悉施工图等基础资料。熟悉施工图纸、有关的通用标准图、图纸会审记录、设计变更通知等资料，并检查施工图纸是否齐全、尺寸是否清楚，了解设计意图，掌握工程全貌。

③ 了解施工组织设计和施工现场情况。全面分析各分部分项工程，充分了解施工组织设计和施工方案，如工程进度、施工方法、人员使用、材料消耗、施工机械、技术措施等内容，注意控制影响费用的关键因素；核实施工现场情况，包括工程所在地地质、地形、地貌等情况、工程实地情况、当地气象资料、当地材料供应地点及运距等情况；了解工程布置、地形条件、施工条件、料场开采条件、场内外交通运输条件等。

(2) 列项并计算工程量。将单位工程划分为若干分项工程，划分的项目必须和定额规定的项目一致，这样才能正确地套用定额。不能重复列项计算，也不能漏项少算。工程量应严格按照图纸尺寸和现行定额规定的工程量计算规则进行计算，分项子目的工程量应遵循一定的顺序逐项计算，避免漏算和重算。

工程量计算一般按下列步骤进行。

① 根据工程内容和定额项目，列出需计算工程量的分部分项工程。

② 根据一定的计算顺序和计算规则，列出分部分项工程量的计算式。

③ 根据施工图纸上的设计尺寸及有关数据，代入计算式进行数值计算。

④ 对计算结果的计量单位进行调整，使之与定额中相应的分部分项工程的计量单位保持一致。

(3) 套用定额预算单价。核对工程量计算结果后，将定额子项中的基价填于预算表单价栏内，并将单价乘以工程量得出合价，将结果填入合价栏，汇总求出分部分项工程人、材、机费合计。计算分部分项工程人、材、机费时需要注意以下几个问题。

① 分项工程的名称、规格、计量单位与预算单价或单位估价表中所列内容完全一致时，可以直接套用预算单价。

② 分项工程的主要材料品种与预算单价或单位估价表中规定材料不一致时，不可以直接套用预算单价，需要按实际使用材料价格换算预算单价。

③ 分项工程施工工艺条件与预算单价或单位估价表不一致而造成人工、机具的数量增减时，一般调量不调价。

(4) 计算直接费。直接费为分部分项工程人、材、机费与措施项目人材机费之和。措施项目人材机费应按下列规定计算。

① 以计量的措施项目人、材、机费与分部分项工程人、材、机费的计算方法相同。

② 综合计取的措施项目人、材、机费应以该单位工程的分部分项工程人、材、机费和可以计量的措施项目人、材、机费之和为基数乘以相应费率计算。

(5) 编制工料分析表。工料分析是按照各分项工程或措施项目，依据定额或单位估价表，首先从定额项目表中分别将各子目消耗的每项材料和人工的定额消耗量查出；其次分别乘以该工程项目的工程量，得到各分项工程或措施项目工料消耗量；最后将各类工料消耗量加以汇总，得出单位工程人工、材料的消耗数量，即：

$$人工消耗量=某工种定额用工量\times某分项工程或措施项目工程量 \tag{4.23}$$

$$材料消耗量=某种材料定额用量\times某分项工程或措施项目工程量 \tag{4.24}$$

分部分项工程(含措施项目)工料分析表如表4-13所示。

(6) 计算主材费并调整直接费。许多定额项目基价为不完全价格，即未包括主材费用在内。因此还应单独计算出主材费，计算完成后将主材费的价差加入直接费。主材费计算的依据是当时当地的市场价格。

(7) 按计价程序计取其他费用，并汇总造价。根据规定的税率、费率和相应的计取基础，分别计算企业管理费、利润、规费和税金。将上述费用累计后与直接费进行汇总，求出建筑安装工程预算造价。与此同时，计算工程的技术经济指标，如单方造价等。

(8) 复核。对项目填列、工程量计算公式、计算结果、套用单价、取费费率、数字计算结果、数据精确度等进行全面复核，及时发现差错并修改，以保证预算的准确性。

(9) 填写封面、编制说明。封面应写明工程编号、工程名称、预算总造价和单方造价等，编制说明，将封面、编制说明、预算费用汇总表、材料汇总表、工程预算分析表，按顺序编排并装订成册。便完成了单位施工图预算的编制工作。

特别提示

工料单价法是目前国内编制施工图预算的主要方法，具有计算简单、工作量小和编制速度快，便于工程造价管理部门集中统一管理的优点。但由于是采用事先编制好的统一的单位估价表，其价格水平只能反映定额编制年份的价格水平。在市场经济价格波动较大的情况下，工料单价法的计算结果会偏离实际价格水平，虽然可采用调价，但调价系数和指数从测定到颁布又滞后且计算也较烦琐。

2. 全费用综合单价法

采用全费用综合单价法编制建筑安装工程预算的程序与工料单价法大体相同，只是直接采用包含全部费用和税金等项在内的综合单价进行计算，过程更加简单，其目的是适应目前推行的全过程全费用单价计价的需要。

（1）分部分项工程费的计算。建筑安装工程预算的分部分项工程费应由各子目的工程量乘以各子目的综合单价汇总而成。各子目的工程量应按预算定额的项目划分及其工程量计算规则计算。各子目的综合单价应包括人工费、材料费、施工机具使用费、管理费、利润、规费和税金。

（2）综合单价的计算。各子目综合单价的计算可通过预算定额及其配套的费用定额确定。其中人工费、材料费、机具费应根据相应的预算定额子目的人材机要素消耗量，以及报告编制期人材机的市场价格（不含增值税进项税额）等因素确定；管理费、利润、规费、税金等应依据预算定额配套的费用定额或取费标准，并依据报告编制期拟建项目的实际情况、市场水平等因素确定，同时编制建筑安装工程预算时，应同时编制综合单价分析表，如表 4－13 所示。

表 4－13 建筑安装工程施工图预算综合单价分析表

施工图预算编号：　　　　单项工程名称：　　　　共　页　第　页

项目编码		项目名称			计量单位		工程数量	
综合单价组成分析								
定额编号	定额名称	定额单位	定额直接费单价/元			直接费合价/元		
			人工费	材料费	机具费	人工费	材料费	机具费
间接费及利润税金计算	类别	取费基数描述	取费基数		费率/%	金额/元		备注
	管理费	如：人工费						
	利润	如：直接费						
	规费							
	税金							
综合单价/元								
概算定额人材机消耗量和单价分析	人材机项目名称及规格、型号		单位	消耗量	单价/元	合价/元	备注	

编制人：　　　　审核人：　　　　审定人：

注：1. 本表适用于采用概算定额法的分部分项工程项目，以及可以计算措施项目的综合单价分析；

2. 在进行概算定额消耗量和单价分析时，消耗量应采用定额消耗量，单价应为报告编制期的市场价。

(3) 措施项目费的计算。建筑安装工程预算的措施项目费应按下列规定计算。

① 可以计量的措施项目费与分部分项工程费的计算方法相同。

② 综合计取的措施项目费应以该单位工程的分部分项工程费和可以计量的措施项目费之和为基数乘以相应费率计算。

分部分项工程费与措施项目费之和即为建筑安装工程施工图预算费用。施工图预算中建筑安装工程费的计算程序如图4.6所示。

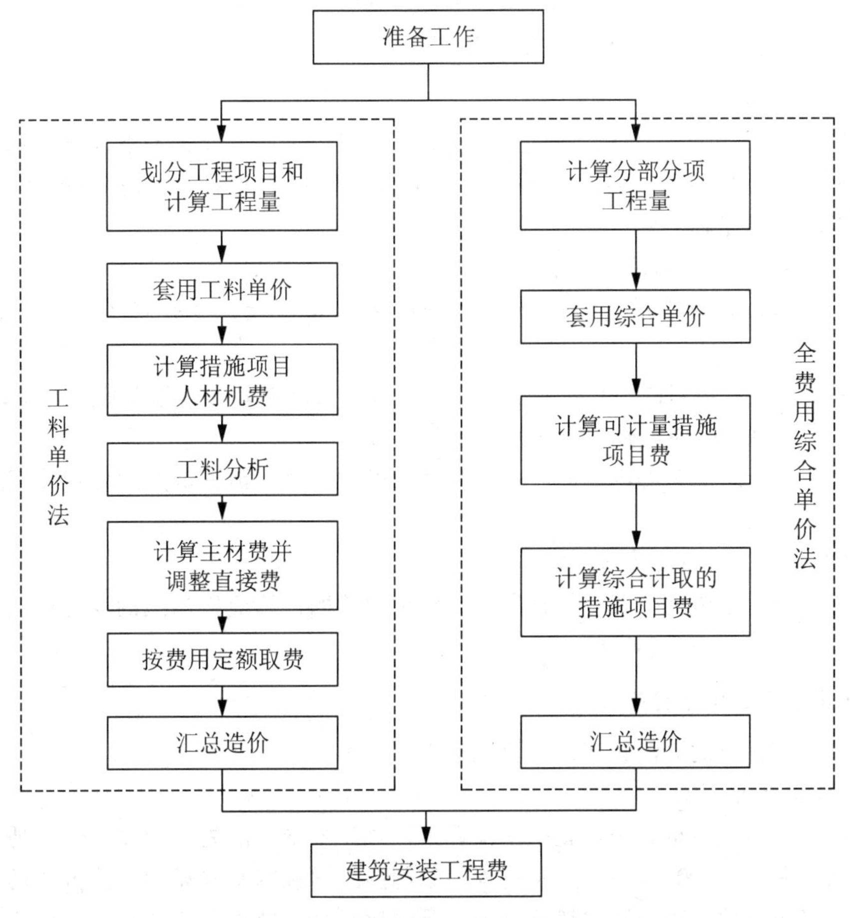

图4.6 施工图预算中建筑安装工程费的计算程序

特别提示

在市场经济条件下，人工、材料和机具台班单价是随市场而变化的，而且它们是影响工程造价最活跃、最主要的因素。用全费用综合单价法编制施工图预算是采用报告编制人、材、机的市场价格(不含增值税进项税额)，较好地反映实际价格水平，工程造价的准确性高。虽然计算过程较单价法烦琐，但用计算机来计算也就快捷了。因此，全费用综合单价法是与市场经济体制相适应的预算编制方法。

4.3.3 施工图预算的审查

1. 审查施工图预算的内容

特别提示

审查施工图预算的重点应该放在工程量计算、预算单价套用、设备材料预算价格取定是否正确，各项费用标准是否符合现行规定等方面。

1）审查工程量

审查工程包括：土方工程、打桩工程、砖石工程、混凝土及钢筋混凝土工程、木结构工程、屋面工程、构筑物工程、装饰工程、金属构件制作工程、水暖工程、电气照明工程、设备及其安装工程。

2）审查设备、材料的预算价格

设备、材料预算价格是施工图预算造价所占比重最大，变化最大的内容，要重点审查。

(1) 审查设备、材料的预算价格是否符合工程所占地的真实价格及价格水平。

(2) 设备、材料的原价确定方法是否正确。

(3) 设备的运杂费率及其运杂费的计算是否正确，材料预算价格的各项费用的计算是否符合规定、是否正确。

3）审查有关费用项目及其计取

直接工程费、措施项目费、间接费、利润和税金的计算应按当地的现行规定执行，审查时要注意是否符合规定和定额要求。

2. 审查施工图预算的方法

审查施工图预算的方法较多，主要包括以下 8 种。

1）全面审查法

全面审查又叫逐项审查法，就是按预算定额顺序或施工的先后顺序，逐一地全部进行审查的方法。其具体计算方法和审查过程与编制施工图预算基本相同。此方法的优点是全面、细致，经审查的工程预算差错比较少，质量比较高，缺点是工作量大。对于一些工程量比较小，工艺比较简单的工程，编制工程预算的技术力量又比较薄弱，可采用全面审查法。

2）标准预算审查法

对于利用标准图纸或通用图纸施工的工程，先集中力量编制标准预算，并以此为标准预算审查的方法。按标准图纸设计或通用图纸施工的工程一般上部结构的做法相同，可集中力量细审一份预算或编制一份预算作为这种标准图纸的标准预算，或用这种标准图纸的工程量为标准对照审查，而对局部不同的部分做单独审查即可。这种方法的优点是时间短、效果好、好定案，缺点是只适应按标准图纸设计的工程，适用范围小。

3）分组计算审查法

分组计算审查法是一种加快审查工程量速度的方法。把预算中的项目划分为若干组，并把相邻且有一定内在联系的项目编为一组，审查或计算同一组中某个分项工程量，利用工程量间具有相同或相似计算基础的关系判断同组中其他几个分项工程量计算的准确程度的方法。

4）对比审查法

是用已建成工程的预算或虽未建成但已审查修正的工程预算对比审查拟建的类似工程预算的一种方法。对比审查法应根据工程的不同条件，区别对待，一般有以下几种情况。

（1）两个工程采用同一个施工图，但基础部分和现场条件不同，其新建工程基础以上部分可采用对比审查法，不同部分可分别采用相应的审查方法进行审查。

（2）两个工程设计相同但建筑面积不同，根据两个工程建筑面积之比与两个工程分部分项工程量之比例基本一致的特点，可审查新建工程各分部分项工程的工程量。

（3）两个工程的面积相同但设计图纸不完全相同时，可把相同的部分进行工程量的对比审查，不能对比的分部分项工程按图纸计算。

5）筛选审查法

筛选法是统筹法的一种，也是一种对比方法。建筑工程虽然有建筑面积和高度的不同，但是它们的各个分部分项工程的工程量、造价、用工量，在每个单位面积上的数值变化不大，把这些数据加以汇集、优选，归纳为工程量、造价(价值)、用工 3 个单方基本指标，并注明其适用的建筑标准。这些基本值犹如“筛子孔”，用来筛选各分部分项工程，筛下去的就不用审查，没有筛下去的则应对该分部分项工程详细审查。

筛选法的优点是简单易懂，便于掌握，审查速度和发现问题快。此法适用于住宅工程或不具备全面审查条件的工程。

6）重点抽查法

此法是抓住工程预算中的重点进行审查的方法。审查的重点一般是：工程量大或造价较高、工程结构复杂的工程，补充单位估价表，计取各项费用(计费基础、取费标准等)。重点抽查法的优点是重点突出，审查时间短、效果好。

7）利用手册审查法

此法是把工程中常用的构配件事先整理成预算手册，按手册对照审查的方法。

8）分解对比审查法

一个单位工程，按直接费与间接费进行分解，然后再把直接费按工种和分部工程进行分解，分别与审定的标准预算进行对比分析的方法，称为分解对比审查法。

3. 审查施工图预算的步骤

（1）做好审查前的准备工作包括熟悉施工图纸、了解预算包括的范围、弄清预算采用的单位估价表等。

（2）选择合适的审查方法，按相应内容审查。由于工程规模、繁简程度不同，施工方法和施工企业情况不一样，所编工程预算的质量也不同，因此，需选择适当的审查方法进行审查。综合整理审查资料，并与编制单位交换意见，定案后编制调整预算。审查后，需要进行增加或核减的，经与编制单位协商，统一意见后，进行相应的修正。

【案例概况】

某 6 层单元式住宅共 54 户，建筑面积为 3 949.62m²。原设计方案为砖混结构，内、外墙为 240mm 砖墙。现拟定的新方案为内浇外砌结构，外墙做法不变，内墙采用 C20 混凝土浇筑。新方案内横墙厚度为140mm，内纵墙厚为160mm，其他部位的做法、选材及建筑标准与原方案相同。

两方案各项指标见表4-14。

表4-14 方案各项指标

设计方案	建筑面积/m^2	使用面积/m^2	概算总额/元
砖混结构	3 949.62	2 797.20	4 163 789
内浇外砌结构	3 949.62	2 881.98	4 300 342

问题：

(1) 请计算两方案如下技术经济指标。

① 两方案建筑面积、使用面积单方造价各为多少？每平方米造价多少？

② 新方案每户增加使用面积多少？多投入多少？

(2) 若作为商品房，按使用面积单方售价5 647.96元出售，两方案的总售价相差多少？

(3) 若作为商品房，按建筑面积单方售价4 000元出售，两方案折合使用面积单方售价各为多少？相差多少？

【案例解析】

问题(1)相关计算如下。

① 两个方案的建筑面积、使用面积单方造价及每平方米价差见表4-15。

表4-15 各方案的建筑面积、使用面积单方造价及每平方米价差

<table>
<tr><th rowspan="2">设计方案</th><th colspan="3">建筑面积/m²</th><th colspan="3">使用面积/m²</th></tr>
<tr><th>单方造价/(元/m²)</th><th>价差/(元/m²)</th><th>差率/(%)</th><th>单方造价/(元/m²)</th><th>价差/(元/m²)</th><th>差率/(%)</th></tr>
<tr><td>砖混结构</td><td>4 163 789/3 949.62
≈1 054.23</td><td rowspan="2">34.57</td><td rowspan="2">3.28</td><td>4 163 789/2 797.20
≈1 488.56</td><td rowspan="2">3.59</td><td rowspan="2">0.24</td></tr>
<tr><td>内浇外砌结构</td><td>4 300 342/3 949.62
≈1 088.80</td><td>4 300 342/2 881.98
≈1 492.15</td></tr>
</table>

由表4-15可知，按单方建筑面积计算，新方案比原方案每平方米高出34.57元，约高出3.28%；而按使用面积计算，新方案比原方案每平方米高出3.59元，约高出0.24%。

② 每户平均增加的使用面积为：(2 528.98—2 797.20)/54=1.57 (m^2)

每户多投入：(4 300 342—4 163 789)/54≈2 528.76(元)

折合每平方米使用面积单价为2 528.76/1.57≈1 610.68(元/m^2)

计算结果是每户增加的使用面积为1.57m^2，每户多投入2 528.76元。

问题(2)相关计算如下。

若作为商品房按使用面积单方售价5 647.96元售出，则

总销售差价=2 881.98×5 647.96—2 797.20×5 647.96≈478 834(元)

总销售额差率=478 834/(2 797.20×5 647.96)×100%≈3.03%

问题(3)相关计算如下。

若作为商品房按建筑面积单方售价4 000元售出，则两方案的总售价为

$$3\ 949.62\times4\ 000=15\ 798\ 480(元)$$

折合成使用面积单方售价时，计算如下。

砖混结构方案：单方售价=15 798 480/2 797.20≈5 647.96(元/m^2)

内浇外砌结构方案：单方造价=15 798 480/2 881.98≈5 481.81(元/m^2)

在保持销售总额不变的前提下，按使用面积计算如下。

$$单方售价差额=5\ 647.96-5\ 481.81=166.15(元/m^2)$$

$$单方售价差率=166.15/5\ 647.96\times100\%\approx2.94\%$$

本章小结

本章主要介绍了建设工程设计阶段工程造价控制的主要内容，为后续章节的学习奠定基础。

为了提高工程建设投资效果，要对设计方案进行优化选择和限额设计。设计概算可分为单位工程概算、单项工程综合概算和建设项目总概算3级；建筑工程概算的编制方法是概算定额法、概算指标法、类似工程预算法三种。审查工程概算的内容有审查建设规模和建设标准、编制方法、工程量是否正确、材料用量和价格及技术和投资经济指标等内容；审查设计概算的常用方法有对比分析法、查询核实法和联合会审法等。施工图预算的编制方法有工料单价法和全费用综合单价法，施工图预算审查时审查工程量、设备和材料的预算价格及预算单价。审查施工图预算的方法主要有：全面审查法、标准预算审查法、分组计算审查法、筛选审查法、重点抽查法、对比审查法、利用手册审查法和分解对比审查法8种。

习　题

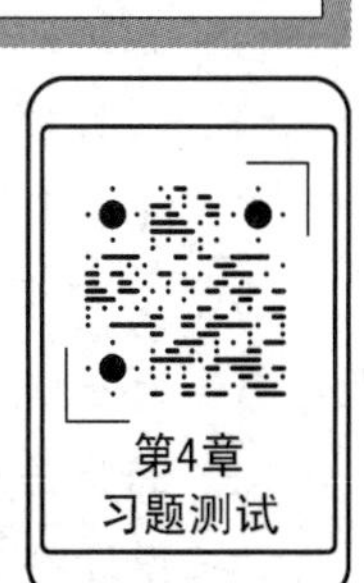

一、单选题

1. 设计阶段是决定建设工程价值和使用价值的(　　)阶段。

A. 主要　　B. 次要　　C. 一般　　D. 特殊

2. 价值工程中的总成本是指(　　)。

A. 生产成本　　B. 产品寿命周期成本

C. 使用成本　　D. 使用和维修成本

3. 价值工程的核心是(　　)。

A. 功能分析　　B. 成本分析　　C. 费用分析　　D. 价格分析

4. 限额设计目标是在初步设计前，根据已批准的(　　)确定的。

A. 可行性研究报告和概算　　B. 可行性研究报告的投资估算

C. 项目建议书和概算　　D. 项目建议书和投资估算

5. 设计深度不够时，对一般附属工程项目及投资比较小的项目可采用(　　)编制概算。

A. 概算定额法　　B. 概算投标法　　C. 类似工程预算法　　D. 预算定额法

6. 下列不属于设计概算编制依据的审查范围的是(　　)。

A. 合理性　　B. 合法性　　C. 时效性　　D. 适用范围

7. 审查原批准的可行性研究报告时，对总概算投资超过批准的投资估算(　　)以上的应查明原因，重新上报审批。

A. 10%　　B. 15%　　C. 20%　　D. 25%

8. 在工料单价法编制预算中，套用预算定额单价后紧接的步骤是(　　)。

A. 计算工程量　　B. 编制工料分析表

C. 计算其他各项费用　　D. 套预算人、材、机定额用量

9. 标准预算审查的缺点是(　　)。

A. 效果一般　　B. 质量不高　　C. 时间长　　D. 适用范围小

10. 审查施工图预算的重点，应放在(　　)等方面。

A. 审查文件的组成　　B. 审查总设计图

C. 审查项目的“三废”处理　　D. 审查工程量预算是否正确

二、多选题

1. 关于设计阶段的特点描述正确的是(　　)。

A. 设计工作表现为创造性的脑力劳动

B. 设计阶段是决定建设工程价值和使用价值的特殊阶段

C. 设计阶段是影响建设工程投资的主要阶段

D. 设计工作需要反复协调

E. 设计质量对建设工程总体质量有决定性影响

2. 在价值工程活动中功能评价方法有(　　)。

A. 0－1 评分法　　B. 0－4 评分法

C. 环比评分法　　D. 因素分析法

E. 目标成本法

3. 设计概算可分为(　　)3 级。

A. 单位工程概算　　B. 分部工程概算

C. 分项工程概算　　D. 单项工程综合概算

E. 建设项目总概算

4. 总概算书一般由(　　)组成。

A. 编制前言　　B. 编制说明　　C. 总概算表　　D. 综合概算表

E. 其他工程和费用概算表

5. 重点抽查法审查施工图预算，其重点审查内容包括(　　)。

A. 工程量大或造价较高的工程　　B. 结构复杂的工程

C. 补充单位估价表　　D. 直接费的计算

E. 费用的计取及取费标准

三、简答题

1. 设计方案优选的原则有哪些?
2. 运用综合评价法和价值工程优化设计方案的步骤有哪些?
3. 限额设计的目标和意义有哪些?
4. 设计概算可分为哪些内容?分别包含的内容有哪些?
5. 设计概算的编制方法有哪些?每个方法的进行步骤是什么?
6. 审查设计概算的内容和方法分别有哪些?
7. 施工图预算的编制方法和步骤有哪些?
8. 审查施工图预算的内容和方法分别有哪些?

四、案例题

某市高新技术开发区有两幢科研楼和一幢综合楼,其设计方案对比项目如下。

A楼方案:结构方案为大柱网框架轻墙体系,采用预应力大跨度叠合楼板,墙体材料采用多孔砖及移动式可拆装式分室隔墙,窗户采用单框双玻璃钢塑窗,面积利用系数为93%,单方造价为1 438元/m^2。

B楼方案:结构方案同A方案,墙体采用内浇外砌,窗户采用单框双玻璃空腹钢窗,面积利用系数为87%,单方造价为1 108元/m^2。

C楼方案:结构方案采用砖混结构体系,采用多孔预应力板,墙体材料采用标准黏土砖,窗户采用单玻璃空腹钢窗,面积利用系数为79%,单方造价为1 082元/m^2。

方案各功能的权重及各方案的功能得分见表4-16。

表4-16 各方案功能的权重与功能得分表

方案功能	功能权重	方案功能得分		
		A	B	C
结构体系	0.25	10	10	8
模板类型	0.05	10	10	9
墙体材料	0.25	8	9	7
面积系数	0.35	9	8	7
窗户类型	0.10	9	7	8

试应用价值工程方法选择最优设计方案。

综合实训一

一、实训内容

某建设项目有3个设计方案,从单位造价指标、基建投资、工期、材料用量和劳动力消耗等指标进行设计方案的优选。其各方案的各项指标得分和评分及计算结果见表4-17。

表 4-17　设计方案表

评价指标	权重	指标等级	标准分	方案评分（S_i）		
				Ⅰ	Ⅱ	Ⅲ
单位造价指标	5	1. 低于一般水平	3		3	
		2. 一般水平	2	2		
		3. 高于一般水平	1			1
基建投资	4	1. 低于一般	4	4		
		2. 一般	3		3	
		3. 高于一般	2			2
工期	3	1. 缩短工期 x 天	3		3	
		2. 正常工期	2			2
		3. 延长工期 y 天	1	1		
材料用量	2	1. 低于一般用量	3		3	
		2. 一般水平用量	2	2		
		3. 高于一般用量	1			1
劳动力消耗	1	1. 低于一般耗量	3		2	
		2. 一般消耗量	2	2		
		3. 高于一般耗量	1			1

二、实训要求

用综合指标评价的方法选择最优设计方案，同时考虑采用别的方法进行设计方案的优选。

综合实训二

一、实训内容

将实训现场的某建设项目进行设计概算和施工图预算的审查工作。

二、实训要求

以模块教学、模块考核为主的教学实践中，学生在学习不同模块内容时采用“理论与实践一体化”的教学模式。

三、具体要求

运用设计概算和施工图预算的审查方法对项目进行概预算的审查。

第5章 建设工程招投标阶段工程造价控制

学习目标

掌握建设工程招标的种类、招投标阶段造价控制的内容、招标控制价的编制、投标报价方法及编制、合同价款的类型；熟悉招标控制价的概念、投标报价的策略、中标人的确定；了解建设工程项目招标、投标的概念，招标范围与方式。

学习要求

能力目标	知识要点	权重
掌握建设工程招标的种类； 明确招投标阶段造价控制的内容	建设工程招投标概述	15%
熟悉招标控制价的概念； 能够编制招标控制价	招标控制价的编制	30%
掌握投标报价方法及编制； 能够合理编制投标报价	建设工程投标报价	30%
掌握合同价款的类型； 合理确定中标人	建设工程合同价款的确定	25%

引　例

某工程采用公开招标方式，有A、B、C、D、E、F共6家投标单位参加投标，经资格预审该6家投标单位均满足业主要求。该工程采用两阶段评标法评标，评标委员会由7名委员组成，第一阶段评技术标，共40分，其中施工方案15分，总工期8分，工程质量6分，项目班子6分，企业信誉5分。第二阶段评商务标，共计60分。以标底的50%与投标单位报价算术平均数的50%之和为基准价，即评标标准。以基准价为满分(60分)，报价比基准价每下降1%，扣1分，最多扣10分；报价比基准价每增加1%，扣2分，扣分不保底。

在学习本章的过程中，请思考应如何进行招投标，并按综合得分最高者中标的原则确定中标单位。

5.1 建设工程招投标概述

建设工程招投标是市场经济的产物，是期货交易的一种方式。推行工程招投标的目的，就是要在建筑市场中建立竞争机制，招标人通过招标活动来选择条件优越者，力争用最优的技术、最佳的质量、最低的报价、最短的工期完成工程项目任务，投标人也通过这种方式选择项目和招标人，以使自己获得丰厚的利润。

5.1.1 建设工程招投标的概念

1. 建设工程招标的概念

建设工程招标是指招标人(或招标单位)在发包建设工程项目之前，以公告或邀请书的方式公布招标项目的有关要求和招标条件，邀请投标人(或投标单位)根据招标人的意图和要求提出报价，并择日当场开标，以便招标人(或招标单位)从中择优选定中标人的一种交易行为。

2. 建设工程投标的概念

建设工程投标是建筑工程招标的对应概念。指具有合法资格和能力的投标人(或投标单位)根据招标条件，经过初步研究和估算，在指定期限内填写标书，根据实际情况提出自己的报价，通过竞争企图为招标人选中，并等待开标后决定能否中标的一种交易方式。

5.1.2 建设工程招标的范围、种类与方式

1. 建设工程招标的范围

《中华人民共和国招标投标法》(简称《招标投标法》)指出，在中华人民共和国境内进行下列工程建设项目包括项目的勘察、设计、施工、监理以及与工程建设有关的重要设

备、材料等的采购，必须进行招标。

（1）大型基础设施、公用事业等关系社会公共利益和公众安全的项目。

（2）全部或者部分使用国有资金投资或者国家融资的项目。

（3）使用国际组织或者外国政府贷款、援助资金的项目。

（4）不属于（2）（3）规定情形的大型基础设施、公用事业等关系社会公共利益、公众安全的项目，必须招标的具体范围由国务院发展改革部门会同国务院有关部门按照有必要、严格限定的原则制定，报国务院批准。

必须招标的工程项目规定

2. 建设工程招标的种类

特别提示

建设工程招标按照不同的标准有不同的分类方式，在一个建设项目中，可以根据需要，从不同的角度进行分类，以便于管理。

1）按照建设项目程序分类

（1）建设项目前期咨询招标。建设项目前期咨询招标是指对建设项目的可行性研究任务进行的招标。投标方一般为工程咨询企业。中标的承包方要根据招标文件的要求，向发包方提供拟建工程的可行性研究报告，并对其结论的准确性负责。承包方提供的可行性研究报告，应获得发包方的认可。认可的方式通常为专家组评估鉴定。

（2）勘察设计招标。勘察设计招标指根据批准的可行性研究报告，择优选择勘察设计单位的招标。勘察和设计是两种不同性质的工作，可由勘察单位和设计单位分别完成。勘察单位最终提出施工现场的地理位置、地形、地貌、地质、水文等在内的勘察报告。设计单位最终提供设计图纸和成本预算结果。设计招标还可以进一步分为建筑方案设计招标、施工图设计招标。当施工图设计不是由专业的设计单位承担，而是由施工单位承担，一般不进行单独招标。

（3）材料设备采购招标。材料设备采购招标是指在工程项目初步设计完成后，对建设项目所需的建筑材料和设备(如电梯、供配电系统、空调系统等)采购任务进行的招标。投标方通常为材料供应商、成套设备供应商。

（4）工程施工招标。在工程项目的初步设计或施工图设计完成后，用招标的方式选择施工单位的招标。施工单位最终向业主交付按招标设计文件规定的建筑产品。

2）按照工程建设项目的构成分类

（1）建设项目招标。建设项目招标是指对一个工程建设项目的全部工程进行的招标。

（2）单项工程招标。单项工程招标是指对一个工程建设项目中所包含的若干个单项工程进行的招标。

（3）单位工程招标。单位工程招标是指对一个单项工程所包含的若干个单位工程进行的招标。

3）按照工程发包、承包的范围分类

（1）工程总承包招标。工程总承包招标是指对工程建设项目的全部(即交钥匙工程)或实施阶段的全过程进行的招标。

（2）工程分承包招标。工程分承包招标是指中标的工程总承包人作为其中标范围内的工程任务的招标人，依法将其中标范围内的工程任务，通过招标的方式，分包给具有相应资质的分承包人，中标的分承包人只对招标的总承包人负责。

(3) 工程专项承包招标。工程专项承包招标是指对某些比较复杂或专业性强，有特殊性要求的单项工程进行的招标。

4) 按照工程实施阶段所处行业分类

(1) 土木工程招标。对建设项目中土木工程施工任务进行的招标。

(2) 勘察设计招标。对建设项目的勘察设计任务进行的招标。

(3) 货物采购招标。对建设项目所需的建筑材料和设备采购任务进行的招标。

(4) 安装工程招标。对建设项目的设备安装任务进行的招标。

(5) 建筑装饰装修招标。对建设项目的建筑装饰装修的施工任务进行的招标。

(6) 生产工艺技术转让招标。对建设项目生产工艺技术转让进行的招标。

(7) 工程咨询和建设监理招标。对工程咨询和建设监理任务进行的招标。

3. 建设项目招标的方式

1) 公开招标

公开招标又称为无限竞争招标，是由招标单位通过报刊、广播、电视、网络等方式发布招标广告，有意的承包商均可参加资格审查，审查合格的承包商可购买招标文件并参加投标的招标方式。

公开招标的优点是：投标的承包商多、范围广、竞争激烈，业主有较大的选择余地，有利于降低工程造价，提高工程质量和缩短工期；缺点是：由于投标的承包商多，招标工作量大，组织工作复杂，需投入较多的人力、物力，招标过程所需时间较长。

公开招标方式主要用于政府投资项目或投资额度大，工艺、结构复杂的较大型工程建设项目。

2) 邀请招标

邀请招标又称为有限竞争招标。这种方式不发布广告，业主根据自己的经验和所掌握的信息资料，向有承担该项工程施工能力的3个以上(含3个)承包商发出招标邀请书，收到邀请书的单位才有资格参加投标。

邀请招标的优点是：目标集中、招标的组织工作较容易、工作量比较小；缺点是：由于参加的投标单位较少，竞争性较差，使招标单位对投标单位的选择余地较少，如果招标单位在选择邀请单位前所掌握信息资料不足，则会失去发现最适合承担该项目的承包商的机会。

无论公开招标还是邀请招标都必须按规定的招标程序完成。

5.1.3 建设工程招投标阶段的造价控制内容

1. 发包人选择合理的招标方式

邀请招标一般只适用于国家投资的特殊项目和非国有经济的项目，公开招标方式是能够体现公开、公正、公平原则的最佳招标方式。选择合理的招标方式是合理确定工程合同价款的基础。

2. 发包人选择合理的承包模式

常见的承包模式包括总分包模式、平行承包模式、联合承包模式和合作承包模式，不同的承包模式适用于不同类型的工程项目，对工程造价的控制也发挥不同的作用。

总分包模式的总包合同价可以较早确定，业主可以承担较小的风险。对总承包商而言，承担的责任重，风险加大，获得高额利润的可能性也随之提高。

平行承包模式的总合同价不易短期确定，从而影响工程造价控制的实施。工程招标任务量大，需控制多项合同价格，从而增加了工程造价控制的难度。但对于大型复杂工程，如果分别招标，参与竞争的投标人相应增多，业主就能够获得具有竞争性的商业报价。

联合承包模式对于业主而言，合同结构简单，有利于工程造价的控制；对联合体而言，可以集中各成员单位在资金、技术和管理等方面的优势，增强了抗风险能力。

合作承包模式与联合承包模式相比，业主的风险较大，合作各方之间信任度不够，造价控制的难度也较大。

3. 发包人编制招标文件，确定合理的工程计量方法和投标报价方法，编制标底和招标控制价

建设项目的发包数量、合同类型和招标方式一经批准确定以后，即应编制为招标服务的有关文件。工程计量方法和投标报价方法的不同，会产生不同的合同价格，因而在招标前，应选择有利于降低工程造价和便于合同管理的工程计量方法和投标报价方法。编制标底是建设项目招标前的一项重要工作，而且是较复杂和细致的工作。没有合理的标底和招标控制价可能会导致工程招标的失误，达不到降低建设投资、缩短建设工期、保证工程质量、择优选用工程承包队伍的目的。

招标文件的编制内容

4. 承包人编制投标文件，合理确定投标报价

拟投标招标工程的承包商在通过资格审查后，根据获取的招标文件，编制投标文件并对其做出实质性响应。在核实工程量的基础上依据企业定额进行工程报价，然后在广泛了解潜在竞争者及工程情况和企业情况的基础上，运用投标技巧和正确的策略来确定最后报价。

5. 发包人选择合理的评标方式进行评标，在正式确定中标单位之前，对潜在中标单位进行询标

评标过程中使用的方法很多，不同的计价方式对应不同的评标方法，选择正确的评标方法有助于科学选择承包人。在正式确定中标单位之前，一般都对得分最高的一两家潜在中标单位的投标函进行质询，意在对投标函中有意或无意的不明和笔误之处进一步明确或纠正。尤其是当投标人对施工图计量的遗漏、对定额套用的错项、对工料机市场价格不熟悉而引起的失误，以及对其他规避招标文件有关要求的投机取巧行为进行剖析，以确保发包人和潜在中标人等各方的利益都不受损害。

6. 发包人通过评标定标，选择中标单位，签订承包合同

评标委员会依据评标规则，对投标人评分并排名，向业主推荐中标人，并以中标人的报价作为承包价。合同的形式应在招标文件中确定，并在投标函中做出响应。目前的建筑工程合同格式一般采用以下三种形式：参考《FIDIC合同条件》格式订立的合同；按照国家工商部门和住建部推荐的《建设工程合同(示范文本)》格式订立的合同；由建设单位和

施工单位协商订立的合同。不同的合同格式适用于不同类型的工程，正确选用合适的合同类型是保证合同顺利执行的基础。

应用案例 5-1

【案例概况】

某办公楼的招标人于2018年10月11日向具备承担该项目能力的A、B、C、D、E共5家投标单位发出投标邀请书。其中说明：2018年10月17—18日的9—16时在该招标人总工程师室领取招标文件，2018年11月8日14时为投标截止时间。5家投标单位均接受邀请，并按规定时间提交了投标文件。投标单位A在送出投标文件后发现报价估算有较严重的失误，于是赶在投标截止时间前10分钟递交了一份书面申请，并顺利地撤回已提交的投标文件。

开标时，由招标人委托的市公证处人员检查投标文件的密封情况，确认无误后由工作人员当众拆封。由于投标单位A已撤回投标文件，故招标人宣布有B、C、D、E共4家投标单位投标，并宣读该4家投标单位的投标价格、工期和其他主要内容。

评标委员会委员由招标人直接确定，共由7人组成，其中招标人代表2人、本系统技术专家2人、经济专家1人，外系统技术专家1人、经济专家1人。

在评标过程中，评标委员会要求B、D两投标人分别对其施工方案作详细说明，并对若干技术要点和难点提出问题，要求其提出具体、可靠的实施措施。作为评标委员会的招标人代表希望投标单位B再适当考虑降低报价。按照招标文件中确定的综合评标标准，4个投标人综合得分从高到低的依次顺序为B、D、C、E，故评标委员会确定投标单位B为中标人。由于投标单位B为外地企业，招标人于11月10日将中标通知书以挂号信方式寄出，投标单位B于11月14日收到中标通知书。

从报价情况来看，4个投标人的报价从低到高的依次顺序为D、C、B、E，因此，从11月16日至12月11日招标人又与投标单位B就合同价格进行了多次谈判，结果投标单位B将价格降到略低于投标单位C的报价水平，最终双方于12月12日签订了书面合同。

【案例解析】

从所介绍的背景资料来看，在该项目的招标投标程序中，有以下方面不符合《招标投标法》的有关规定。

(1) 招标人不应仅宣布4家投标单位参加投标。《招标投标法》规定："招标人在招标文件要求提交投标文件的截止时间前收到的所有投标文件，开标时都应当当众予以拆封、宣读。"

这一规定是比较模糊的，仅按字面理解，已撤回的投标文件也应当宣读，但这显然与有关撤回投标文件的规定的初衷不符。按国际惯例，虽然投标单位A在投标截止时间前已撤回投标文件，但仍应作为投标人宣读其名称，但不宣读其投标文件的其他内容。

(2) 评标委员会委员不应全部由招标人直接确定。按规定，评标委员会中的技术、经济专家，一般招标项目应采取从专家库中随机抽取的方式，特殊招标项目可以由招标人直接确定。本项目显然属于一般招标项目。

(3) 评标过程中不应要求投标单位考虑降价问题。按规定，评标委员会可以要求投标人对投标文件中含义不明确的内容做必要的澄清或者说明，但是澄清或者说明不得超出投标文件的范围或者改变投标文件的实质性内容；在确定中标人之前，招标人不得与投标人就投标价格、投标方案的实质性内容进行谈判。

(4) 中标通知书发出后，招标人不应与中标人就价格进行谈判。按规定，招标人和中标人应按照招标文件和投标文件订立书面合同，不得再订立背离合同实质性内容的其他协议。

(5) 订立书面合同的时间过迟。按规定，招标人和中标人应当自中标通知书发出之日(不是中标人收到中标通知书之日)起30天内订立书面合同，而本案例为32天。

应用案例5-2

【案例概况】

某工程进行招标，规定各投标单位递交投标文件截止期及开标时间为中午12点整。有6个投标人出席，共递交37份投标文件，其中有一个出席者同时代表两个投标人。业主通知此人，他只能投一份投标文件并撤回一份投标文件。还有一名投标人晚到了10分钟，原因是门口警卫认错人，误将其拦在门外。随后警卫向他表示了歉意，并出面证实他迟到的原因。但业主拒绝考虑他交来的投标文件。

业主的做法对不对?

【案例解析】

同一个投标人只能单独或作为合伙人投一份投标文件。但他不一定亲自递交，可以委托别人代他递交投标文件并出席开标会。一名代表可同时被授权代表不止一名投标人递交投标文件并出席开标。案例中第一种情况业主的做法是不对的。

在预定递交投标文件截止期及开标时间已过的情况下，不论由于何种原因，业主都可以拒绝迟交的投标文件。理由是，开标时间已到，部分投标文件的内容可能已宣读，迟交投标文件的投标人就有可能作有利于自己的修改。这样，对已在开标前递交投标文件的投标人不公平。但按惯例只要不影响招标程序的完整性，而又无损于有关各方的利益，递交投标文件时间稍有迟延也不必拘泥于刻板的时间。故此，在本案例中，如果任何投标文件都未开读，业主也可以接受其投标文件。但是《招标投标法》第二十八条中明文规定："在招标文件要求提交投标文件的截止时间后送达的投标文件，招标人应当拒收。"

《FIDIC招标程序》要求：不应启封在规定的时间之后收到的投标书，并应立即将其退还投标人，同时附上一说明函，说明收到的日期和时间。

5.2 招标控制价的编制

5.2.1 招标工程量清单的编制内容

1. 分部分项工程项目清单编制

分部分项工程项目清单所反映的是拟建工程分部分项工程项目名称和相应数量的明细

清单，招标人负责包括项目编码、项目名称、项目特征描述、计量单位和工程量在内的5项内容。

（1）项目编码。分部分项工程项目清单的项目编码，应根据拟建工程的工程量清单项目名称设置，同一招标工程的项目编码不得有重码。

（2）项目名称。分部分项工程项目清单的项目名称应按各专业工程量计算规范附录的项目名称结合拟建工程的实际确定。

（3）项目特征描述。工程量清单的项目特征是确定一个清单项目综合单价不可缺少的重要依据，在编制工程量清单时，必须对项目特征进行准确和全面的描述。

（4）计量单位。分部分项工程项目清单的计量单位与有效位数应遵守《清单计价规范》规定。当附录中有两个或两个以上计量单位的，应结合拟建工程项目的实际选择其中一个确定。

（5）工程量。分部分项工程项目清单中所列工程量应按各专业工程量计算规范规定的工程量计算规则计算。另外，对补充项的工程量计算规则必须符合下述原则：一是其计算规则要具有可计算性；二是计算结果要具有唯一性。

工程量的计算是一项繁杂而细致的工作，为了计算的快速准确并尽量避免漏算或重算，必须依据一定的计算原则及方法。

（1）计算口径一致。根据施工图列出的工程量清单项目，必须与各专业工程量计算规范中相应清单项目的口径相一致。

（2）按工程量计算规则计算。工程量计算规则是综合确定各项消耗指标的基本依据，也是具体工程测算和分析资料的基准。

（3）按图纸计算。工程量按每一分项工程，根据设计图纸进行计算，计算时采用的原始数据必须以施工图纸所表示的尺寸或施工图纸能读出的尺寸为准进行计算，不得任意增减。

（4）按一定顺序计算。计算分部分项工程量时，可以按照定额编目顺序或按照施工图专业顺序依次进行计算。对于计算同一张图纸的分项工程量时，一般可采用以下几种顺序：按顺时针或逆时针顺序计算；按先横后纵顺序计算；按轴线编号顺序计算；按施工先后顺序计算；按定额分部分项顺序计算。

2. 措施项目清单编制

措施项目清单指为完成工程项目施工，发生于该工程施工准备和施工过程中的技术、生活、安全、环境保护等方面的项目清单，措施项目分单价措施项目和总价措施项目。

措施项目清单的编制需考虑多种因素，除工程本身的因素外，还涉及水文、气象、环境、安全等因素。措施项目清单应根据拟建工程的实际情况列项，若出现《清单计价规范》中未列的项目，可根据工程实际情况补充。

一些可以精确计算工程量的措施项目可采用与分部分项工程项目清单编制相同的方式，编制“分部分项工程和单价措施项目清单与计价表”，而有一些措施项目费用的发生与使用时间、施工方法或者两个以上的工序相关，并大都与实际完成的实体工程量的大小关系不大，如安全文明施工、冬雨季施工、已完工程设备保护等，应编制“总价措施项目清单与计价表”。

3. 其他项目清单的编制

其他项目清单是应招标人的特殊要求而发生的与拟建工程有关的其他费用项目和相应数量的清单。工程建设标准的高低、工程的复杂程度、工程的工期长短、工程的组成内容、发包人对工程管理要求等都直接影响到其具体内容。当出现未包含在表格中的内容的项目时，可根据实际情况补充，其中包括以下几项内容。

(1) 暂列金额，是指招标人暂定并包括在合同中的一笔款项。用于工程合同签订时尚未确定或者不可预见的所需材料、工程设备、服务的采购，施工中可能发生的工程变更、合同约定调整因素出现时的合同价款调整以及发生的索赔、现场签证确认等的费用。此项费用由招标人填写其项目名称、计量单位、暂定金额等，若不能详列，也可只列暂定金额总额。由于暂列金额由招标人支配，实际发生后才得以支付，因此，在确定暂列金额时应根据施工图纸的深度、暂估价设定的水平、合同价款约定调整的因素以及工程实际情况合理确定。一般可按分部分项工程项目清单的10%～15%确定，不同专业预留的暂列金额应分别列项。

(2) 暂估价，是招标人在招标文件中提供的用于支付必然要发生但暂时不能确定价格的材料、工程设备的单价以及专业工程的金额。一般而言，为方便合同管理和计价，需要纳入分部分项工程量项目综合单价中的暂估价，应只是材料、工程设备暂估单价，以方便投标与组价。以“项”为计量单位给出的专业工程暂估价一般应是综合暂估价，即应当包括除规费、税金以外的管理费、利润等。

(3) 计日工，是为了解决现场发生的工程合同范围以外的零星工作或项目的计价而设立的。计日工对完成零星工作所消耗的人工工时、材料数量、机具台班进行计算，并按照计日工表中填报的适用项目的单价进行计价支付。编制计日工表格时，一定要给出暂定数量，并需要根据经验尽可能估算比较贴近实际的数量。

(4) 总承包服务费，是为了解决招标人在法律法规允许的条件下，进行专业工程发包以及自行采购供应材料、设备时，要求总承包人对发包的专业工程提供协调和配合服务，对供应的材料、设备提供收发和保管服务以及对施工现场进行统一管理，对竣工资料进行统一汇总整理等发生并向承包人支付的费用。招标人应当按照投标人的投标报价支付该费用。

4. 规费和税金项目清单的编制

规费和税金项目清单应按照规定的内容列项，当出现规范中没有的项目时，应根据省级政府或有关部门的规定列项。税金项目清单除规定的内容外，如国家税法发生变化或增加税种，应对税金项目清单进行补充。规费、税金的计算基础和费率均应按照国家或地方相关部门的规定执行。

5. 工程量清单总说明的编制

工程量清单总说明包括以下内容。

(1) 工程概况。工程概况中要对建设规模、工程特征、计划工期、施工现场实际情况、自然地理条件、环境保护要求等做出描述。其中建设规模是指建筑面积；工程特征应说明基础及结构类型、建筑层数、高度、门窗类型及各部位装饰、装修做法；计划工期是指按工期定额计算的施工天数；施工现场实际情况是指施工场地的地表状况；自然地理条件是指建筑场地所处地理位置的气候及交通运输条件；环境保护要求是针对施工噪声及材料运输可能对周围环境造成的影响和污染所提出的防护要求。

（2）工程招标及分包范围。招标范围是指单位工程的招标范围，如建筑工程招标范围为“全部建筑工程”，装饰装修工程招标范围为“全部装饰装修工程”，或招标范围不含桩基础、幕墙、门窗等。工程分包是指特殊工程项目的分包，如招标人自行采购、安装铝合金门窗等。

（3）工程量清单编制依据。包括《清单计价规范》、设计文件、招标文件、施工现场情况、工程特点及常规施工方案等。

（4）工程质量、材料、施工等的特殊要求。工程质量的要求是指招标人要求拟建工程的质量应达到合格或优良标准；对材料的要求是指招标人根据工程的重要性、使用功能及装饰装修标准提出，诸如对水泥的品牌、钢材的生产厂家、花岗石的出产地与品牌等的要求；施工要求一般是指建设项目中对单项工程的施工顺序等的要求。

（5）其他需要说明的事项。

6. 招标工程量清单汇总

在分部分项工程项目清单、措施项目清单、其他项目清单、规费和税金项目清单编制完成以后，经审查复核，与工程量清单封面及总说明汇总并装订，由相关责任人签字和盖章，形成完整的招标工程量清单文件。

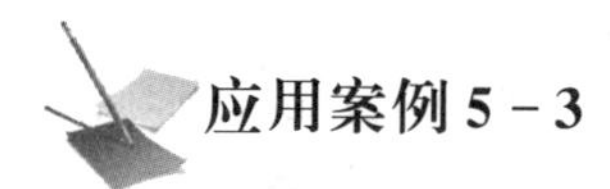

应用案例 5－3

××中学教师住宅楼招标工程量清单编制示例

1. 工程概况：本工程为砖混结构，采用混凝土灌注桩，建筑层数为六层，建筑面积为 10 890m²，计划工期为 300 日历天。施工现场距教学楼最近处为 20m，施工中应注意采取相应的防噪措施。

2. 工程招标范围：本次招标范围为施工图范围的建筑工程和安装工程。

3. 工程量清单编制依据：住宅楼施工图；《清单计价规范》。

4. 其他需要说明的问题

1）招标人供应现浇构件的全部钢筋，单价暂定为 5 400 元/吨。承包人应在施工现场对招标人供应的钢筋进行验收、保管和使用发放。招标人供应钢筋的价款支付，由双方协商最终支付给供应商。

2）进户防盗门另进行专业发包。总承包人应配合专业工程承包人完成以下工作。

（1）按专业工程承包人的要求提供施工工作面并对现场进行统一管理、资料收集整理等工作。

（2）为专业工程承包人提供垂直运输和焊接电源接入点，并承担垂直运输费用及电费。

（3）为防盗门安装后进行补缝找平施工并承担相应费用。

5. ××中学教师住宅楼分部分项工程量清单与计价表，如表 5－1 所示。

表 5-1 分部分项工程量清单与计价表

工程名称：××中学教师住宅楼　　标段：　　第 页 共 页

序号	项目编码	项目名称	项目特征描述	计量单位	工程量	金额/元		
						综合单价	合价	其中：暂估价
		…						
	0104	砌筑工程						
4	0104…	砖基础	M10 水泥砂浆砌条形基础，深度 2.8～4m，MU15 页岩砖 240mm × 115mm × 53mm	m^3	239			
5	0104…	实心砖墙	M7.5 混合砂浆砌实心墙，MU15 页岩砖 240mm × 115mm × 53mm，墙体厚度 240mm	m^3	2037			
		…						
		分部小计						
		…						
	0105	混凝土及钢筋混凝土工程						
6	0105…	基础梁	C30 混凝土基础梁，梁底标高 −1.55m，梁截面 300mm × 600mm，250mm × 500mm	m^3	208			
7	0105…	现浇构件钢筋	螺纹钢 Q235，ϕ14	t	58			
		…						
		分部小计						
合计								

5.2.2 招标控制价的编制规定与依据

1. 招标控制价的概念与编制规定

招标控制价，是指招标人根据国家以及当地有关规定的计价依据和计价办法、招标文件、市场行情，并按工程项目设计施工图纸等具体条件调整编制的，对招标工程项目限定的最高工程造价，也可称其为拦标价、预算控制价或最高报价。

招标控制价是《清单计价规范》中的术语，对于招标控制价及其规定要注意以下方面的理解。

(1) 国有资金投资的工程建设项目应实行工程量清单招标，并应编制招标控制价。国有资金投资的工程在进行招标时，根据《中华人民共和国招标投标法实施条例》第二十七条的规定："招标人可以自行决定是否编制标底。一个招标项目只能有一个标底。标底必须保密。"但由于实行工程量清单招标后，招标方式发生改变，标底保密这一法律规定已不能起到有效遏止哄抬标价的作用，我国有的地区和部门已经发生了在招标项目上所有投标人的报价均高于标底的现象，致使中标人的中标价高于招标人的预算，对招标工程的项目业主带来了困扰。因此，为有利于客观、合理地评审投标报价和避免哄抬标价，造成国有资产流失，招标人应编制招标控制价，作为招标人能够接受的最高交易价格。

(2) 招标控制价超过批准的概算时，招标人应将其报原概算审批部门审核。因为我国对国有资金投资项目的投资控制实行的是投资概算控制制度，项目投资原则上不能超过批准的投资概算。因此，在工程招标发包时，当编制的招标控制价超过批准的概算，招标人应当将其报原概算审批部门重新审核。

(3) 投标人的投标报价高于招标控制价的，其投标应予以拒绝。根据《中华人民共和国政府采购法》(简称《政府采购法》)第二条和第四条的规定，财政性资金投资的工程属于政府采购范围，政府采购工程进行招标投标的，适用招标投标法。

《政府采购法》第三十六条规定："在招标采购中，出现下列情形之一的，应予废标：……(三)投标人的报价均超过了采购预算，采购人不能支付的。"

国有资金投资的工程，其招标控制价相当于政府采购中的采购预算。因此根据《政府采购法》第三十六条，在国有资金投资工程的招投标活动中，投标人的投标报价不能超过招标控制价，否则，其投标将被拒绝。

(4) 招标控制价应由具有编制能力的招标人，或受其委托具有相应资质的工程造价咨询人编制。工程造价咨询人不得同时接受招标人和投标人对同一工程的招标控制价和投标报价的编制。

(5) 招标控制价应在招标时公布，不应上调或下浮，招标人应将招标控制价及有关资料报送工程所在地工程造价管理机构备查。招标控制价的编制特点和作用决定了招标控制价不同于标底，无须保密。为体现招标的公开、公平、公正性，防止招标人有意抬高或压低工程造价，给投标人以错误信息，因此招标人应在招标文件中如实公布招标控制价，不得对所编制的招标控制价进行上浮或下调。招标人在招标文件中公布招标控制价时，应公布招标控制价各组成部分的详细内容，不得只公布招标控制价总价，并应将招标控制价报工程所在地工程造价管理机构备查。

(6) 投标人经复核认为招标人公布的招标控制价未按照《清单计价规范》的规定进行编制的，应在开标前5天向招投标监督机构或(和)工程造价管理机构投诉。招投标监督机构应会同工程造价管理机构对投诉进行处理，当招标控制价误差＞±3%的应责成招标人修改。

2. 招标控制价的编制依据

(1) 现行国家标准《清单计价规范》与各专业工程量计算规范。

(2) 国家或省级、行业建设主管部门颁发的计价定额和计价办法。

(3) 建设工程设计文件及相关资料。

(4) 拟定的招标文件及招标工程量清单。

(5) 与建设项目相关的标准、规范、技术资料。

(6) 施工现场情况、工程特点及常规施工方案。

(7) 工程造价管理机构发布的工程造价信息，工程造价信息没有发布的参照市场价。

(8) 其他相关资料。

5.2.3 招标控制价的编制内容

根据住建部、财政部《关于印发〈建筑安装工程费用项目组成〉的通知》(建标〔2013〕44号)，为指导工程造价专业人员计算建筑安装工程造价，将建筑安装工程费用按工程造价形成顺序划分为分部分项工程费、措施项目费、其他项目费、规费和税金。

1. 分部分项工程费的编制

分部分项工程费计算中采用的分部分项工程量应是招标文件中工程量清单提供的工程量；分部分项工程费计算中采用的单价是综合单价，综合单价应根据招标文件中的分部分项工程量清单项目的特征描述及有关要求，行业建设主管部门颁发的计价定额和计价办法进行编制。综合单价中应当包括招标文件中招标人要求投标人所承担的风险内容及其范围(幅度)产生的风险费用。招标文件提供了暂估单价的材料，按暂估的单价计入综合单价。

2. 措施项目费的编制

措施项目应按招标文件中提供的措施项目清单和拟建工程项目采用的施工组织设计进行确定。措施项目采用分部分项工程综合单价形式进行计价的工程量，应按措施项目清单中的工程量，采用综合单价计价；以“项”为单位的方式计价的，应包括除规费、税金以外的全部费用。措施项目费中的安全文明施工费应当按照国家或省级、行业建设主管部门的规定标准计价，不得作为竞争性费用。

3. 其他项目费的编制

(1) 暂列金额。为保证工程施工建设的顺利实施，应针对施工过程中可能出现的各种不确定因素对工程造价的影响，在招标控制价中估算一笔暂列金额。暂列金额可根据工程的复杂程度、设计深度、工程环境条件(包括地质、水文、气候条件等)进行估算，一般可按分部分项工程费的10%～15%作为参考。

(2) 暂估价。暂估价包括材料暂估价和专业工程暂估价。编制招标控制价时，材料暂估单价应按工程造价管理机构发布的工程造价信息中的材料单价计算，工程造价信息未发布的材料单价，参考市场价格估算。专业工程暂估价应分不同的专业，按有关计价规定进行估算。

(3) 计日工。计日工包括人工、材料和施工机具。在编制招标控制价时，对计日工中的人工单价和施工机械台班单价应按省级、行业建设主管部门或其授权的工程造价管理机构公布的单价计算；材料应按工程造价管理机构发布的工程造价信息中的材料单价计算，工程造价信息未发布材料单价的材料，其价格应按市场调查确定的单价计算。

(4) 总承包服务费。编制招标控制价时，总承包服务费应按照省级或行业建设主管部门的规定，并根据招标文件列出的内容和要求估算。在计算时可参考以下标准：招标人仅要求对分包的专业工程进行总承包管理和协调时，按分包的专业工程估算造价的1.5%计算；招标人要求对分包的专业工程进行总承包管理和协调，并同时要求提供配合服务时，根据招标文件列出的配合服务内容和提出的要求，按分包的专业工程估算造价的3%～5%

计算；招标人自行供应材料的，按招标人供应材料价值的1%计算。

4. 规费和税金的编制

规费和税金应按国家或省级、行业建设主管部门规定的标准计算，不作为竞争性费用。

5.2.4 招标控制价的计价程序与组价

招标控制价的计价程序

1. 招标控制价的计价程序

建设工程的招标控制价反映的是单位工程费用，各单位工程费用是由分部分项工程费、措施项目费、其他项目费、规费和税金组成。招标人(建设单位)招标控制价的计价程序与投标人(施工企业)投标报价的计价程序相同。

2. 综合单价的组价

招标控制价的分部分项工程费应由各单位工程的招标工程量清单乘以其相应综合单价汇总而成。综合单价的组价首先依据提供的工程量清单和施工图纸，按照工程所在地区颁发的计价定额的规定，确定所组价的定额项目名称，并计算出相应的工程量；其次，依据工程造价政策规定或工程造价信息确定其人工、材料、机械台班单价；再次，在考虑风险因素确定管理费率和利润率的基础上，按规定程序计算出所组价定额项目的合价；最后将若干项所组价的定额项目合价相加除以工程量清单项目工程量，便得到工程量清单项目综合单价，对于未计价材料费(包括暂估单价的材料费)应计入综合单价。

$$\text{定额项目合价} = \text{定额项目工程量} \times [\sum(\text{定额人工消耗量} \times \text{人工单价}) + \sum(\text{定额材料消耗量} \times \text{材料单价}) + \sum(\text{定额机械台班消耗量} \times \text{机械台班单价}) + \text{价差} + \text{管理费和利润}] \tag{5.1}$$

$$\text{工程量清单综合单价} = \frac{\sum \text{定额项目合价} + \text{未计价材料}}{\text{工程量清单项目工程量}} \tag{5.2}$$

5.2.5 合理编制招标控制价

1. 招标控制价应体现社会平均水平

在招标控制价编制的过程中，招标人势必希望通过招标选择到具有成熟的先进技术和先进经验的承包人，显然这样的企业应该在技术和管理上具有一定的优势，在工程成本管理和控制方面也应具有更强的竞争性，反映出社会平均先进水平。这种平均先进原则是在正常的施工条件下，大多数生产者经过努力能够达到和超过的水平，能够反映比较成熟的先进技术和先进经验，有利于降低工料消耗，提高企业管理水平，达到鼓励先进、勉励中间、鞭策落后的效果。

作为投标报价的最高限制价，遵循社会平均水平原则，一方面对因围标和串标行为而哄抬标价起到制约作用，使得即便存在这样的行为也是被控制在社会平均水平范围之内；另一方面使投标人能够看到获得合理利润的前提下积极参加投标，并在经评审的合理低价中标的评标方法下进行竞争胜出，从而使得招标人选择到满意的承包人。

2. 编制人应提高执业素质和业务能力

招标控制价要随招标文件一起发布，这就要求招标控制价的编制必须快速、准确；要求编制人熟悉清单计价和施工特点，严格按照《清单计价规范》编制招标控制价。

在编制招标控制价时应仔细研读相应定额的章节说明、定额工程内容及页下面的附注。在套用定额前要明确知道定额包含的工作内容及未包含的工作内容，以免多计或少计。

3. 掌握新材料、新工艺、新技术的现状及趋势

由于施工技术在不断更新进步，在工作中经常会遇到新材料和新工艺，在仔细阅读图纸的基础上如果还有疑问，一定要向设计人员咨询学习，同时善用网络资源。在对工程施工程序理清、掌握的基础上才能较为准确地为新材料和新工艺进行定额补充，提出较为合理的报价。

4. 建立价格咨询系统

虽然目前各地区基本都设置了建筑材料指导价做参考，而且每年都在不断增加项目，但毕竟所反映的材料种类和价格是有限的，很多材料价格无法直接查询，这就要求招标控制价编制人员自主建立价格咨询系统。与相关厂家保持联系，及时更新材料种类及价格。

5.3 建设工程项目投标报价

5.3.1 建设工程项目施工投标的程序与投标报价

1. 建设工程项目施工投标的程序

施工投标程序如下。

(1) 获取招标信息。承包商根据招标广告或通知分析招标工程条件，再结合自己的实力选择投标工程。

(2) 申请投标。按照招标广告或通知的规定向招标单位提出投标申请并提交有关资料。

(3) 接受招标单位的资格审查。

(4) 审查合格的企业购买招标文件及有关资料。

(5) 参加现场勘察，并就招标中的问题向招标单位提出质疑。

(6) 编制标书。标书是投标单位用于投标的综合性技术经济文件。它是承包商技术水平和管理水平的综合体现，也是招标单位选择承包商的主要依据，中标的标书又是签订工程承包合同的基础。标书的内容应包括以下几个方面。

① 投标函的综合说明。

② 按招标文件的工程量填写单价、单位工程造价和总造价。

③ 计划开、竣工日期及日历施工天数。

④ 工程质量达到的等级以及保证安全与质量的主要措施。

⑤ 施工方案以及技术组织措施和工程形象进度。

⑥ 主要工程的施工方法和施工机械的选择。

⑦ 临时设施需用占地数量和主要材料耗用量等。

编制标书是一项很复杂的工作，投标单位必须认真对待。在取得招标文件后，首先应组织人员仔细阅读全部内容，然后对现场进行实地勘察；向建设单位询问并了解有关问题，把招标工程各方面情况弄清楚，在此基础上完成标书。

(7) 封送投标书。

(8) 参加开标、评标、决标。

(9) 中标后与建设单位签订工程承包合同。

2. 投标报价的准备工作

1) 研究招标文件。

投标人取得招标文件后，为保证工程量清单报价的合理性，应对投标人须知、合同条件、技术规范、图纸和工程量清单等重点内容进行分析，深刻而正确地理解招标文件和招标人的意图。

(1) 投标人须知。投标人须知反映了招标人对投标的要求，特别要注意项目的资金来源、投标文件的编制和递交、投标保证金、更改或备选方案、评标方法等，重点在于防止投标被否决。

(2) 合同分析。其中包含合同背景分析、合同形式分析以及合同条款分析。合同背景分析主要了解合同的法律依据，合同形式分析主要分析承包方式及计价方式，合同条款分析则主要分析承包商的任务、工作范围与责任、工程变更及相应的合同价款调整、付款方式及时间、施工工期、业主责任等内容。

(3) 技术标准和要求分析。工程技术标准是按工程类型来描述工程技术和工艺内容特点，对设备、材料、施工和安装方法等所规定的技术要求，有的是对工程质量进行检验、试验和验收所规定的方法和要求。报价人员应在准确理解招标人要求的基础上对有关工程内容进行报价。

(4) 图纸分析。图纸是确定施工范围、内容和技术要求的重要文件。图纸的详细程度取决于招标人提供的施工图设计所达到的深度和所采用的合同形式。详细的设计图纸可使投标人比较准确地估价，而不够详细的图纸则需要估价人员采用综合估价方法，因此存在较大误差。

2) 调查工程现场。

招标人在招标文件中一般会明确进行工程现场踏勘的时间和地点。投标人在进行现场踏勘时应认真仔细地了解细节，具体包括以下几个方面。

(1) 自然条件调查。自然条件调查的内容主要包括对气象资料，水文资料，地震、洪水及其他自然灾害情况，地质情况等的调查。

(2) 施工条件调查。施工条件调查的内容主要包括：工程现场的用地范围、地形、地貌、地物、高程，地上或地下障碍物，现场的三通一平情况；工程场周围的道路、进出场条件、有无特殊交通限制；工程现场施工临时设施、大型施工机具、材料堆放场地安排的可能性，是否需要二次搬运；工程现场邻近建筑物与招标工程的间距、结构形式、基础埋深、新旧程度、高度；市政给水及污水、雨水排放管线位置、高程、管径、压力、废水、污水处理方式，市政、消防供水管道管径、压力、位置等；当地供电方式、方位、距离、电压等；当地煤气供应能力，管线位置、高程等；工程现场通信线路的连接和铺设；当地政府有关部门对施工现场管理的一般要求、特殊要求及规定，是否允许节假日和夜间施工等。

（3）其他条件调查。其他条件调查主要包括各种构件、半成品及商品混凝土的供应能力和价格，以及现场附近的生活设施、治安情况等情况的调查。

5.3.2 投标报价的编制

1. 投标报价的编制原则

投标报价的编制主要是投标单位对承建招标工程所要发生的各种费用的计算。在进行投标计算时，必须首先根据招标文件进一步复核工程量。作为投标计算的必要条件，应预先确定施工方案和施工进度，此外，投标计算还必须与采用的合同形式相协调。报价是投标的关键性工作，报价是否合理直接关系到投标的成败。

（1）以招标文件中设定的发承包双方责任划分，作为考虑投标报价费用项目和费用计算的基础；根据工程发承包模式考虑投标报价的费用内容和计算深度。

（2）以施工方案、技术措施等作为投标报价计算的基本条件。

（3）以反映企业技术和管理水平的企业定额作为计算人工、材料和机械台班消耗量的基本依据。

（4）充分利用现场考察、调研成果、市场价格信息和行情资料等来编制基价，并确定调价方法。

（5）报价计算方法要科学严谨、简明适用。

2. 投标报价的计算依据

（1）现行《清单计价规范》与专业工程量计算规范。

（2）国家或省级、行业建设主管部门颁发的计价办法。

（3）企业定额，国家或省级、行业主管部门颁发的计价定额。

（4）招标文件、招标工程量清单及其补充通知、答疑纪要。

（5）建设工程设计文件及相关资料。

（6）施工现场情况、工程特点及投标时拟定的施工组织设计或施工方案。

（7）与建设项目相关的标准、规范等技术资料。

（8）市场价格信息或工程造价管理机构发布的工程造价信息。

（9）其他的相关资料。

在投标报价的计算过程中，对于不可预见费用的计算必须慎重考虑，不要遗漏。

3. 投标报价的编制方法

1）分部分项工程量清单与计价表的编制

（1）复核分部分项工程量清单的工程量和项目是否准确。

（2）研究分部分项工程量清单中的项目特征描述。

(3) 进行清单综合单价计算。

综合单价=人工费+材料和工程设备费+施工机具使用费+企业管理费+利润(5.3)

(4) 进行工程量清单综合单价的调整。注意综合单价调整时降低过低可能会加大承包商亏损的风险,过度的提高可能会失去中标的可能。

(5) 编制分部分项工程量清单计价表。将调整后的综合单价填入分部分项工程量清单计价表,计算各个项目的合价和合计。

2) 措施项目工程量清单与计价表的编制

(1) 投标人可根据工程实际情况结合施工组织设计,自主确定措施项目费。

(2) 措施项目清单计价应根据拟建工程的施工组织设计,对于可以精确计"量"的措施项目宜采用分部分项工程量清单方式的综合单价计价;对于不能精确计量的措施项目可以"项"为单位的方式按"率值"计价,应包括除规费、税金外的全部费用;以"项"为计量单位的,按项计价,其价格组成与综合单价相同,应包括除规费、税金以外的全部费用。

(3) 措施项目清单中的安全文明施工费应按照国家或省级、行业建设主管部门的规定计价,不作为竞争性费用。如表 5-2 所示,分部分项工程和单价措施项目清单与计价表。

表 5-2 分部分项工程和单价措施项目清单与计价表(投标报价)

工程名称:××中学教师住宅楼　　　　标段:　　　　第　页　共　页

序号	项目编码	项目名称	项目特征描述	计量单位	工程量	金额/元		
						综合单价	合价	其中:暂估价
		…						
	0105	混凝土及钢筋混凝土工程						
6	0105…	基础梁	C30 混凝土基础梁,梁底标高-1.55m,梁截面 300mm×600mm,250mm×500mm	m^3	208	356.14	74 077	
7	0105…	现浇构件钢筋	螺纹钢 Q235,ϕ14	t	58	4 787.15	277 655	
		…						
		分部小计					2 032 109	
		…						
	0117	措施项目						
16	0117…	综合脚手架	砖混、檐高 22m	m^2	10 900	19.8	215 820	
		…						
		分部小计					698 237	
合计							5 916 410	

3）其他项目工程量清单与计价表的编制

（1）暂列金额应按照其他项目清单中列出的金额填写，不得变动。

（2）暂估价不得变动和更改。

（3）总承包服务费应根据招标人在招标文件中列出的分包专业工程内容和供应材料、设备情况，按照招标人提出的协调、配合与服务要求和施工现场管理需要自行确定。

其他项目工程量清单与计价汇总表及暂列金额明细表、专业工程暂估价表、计日工表、总承包服务费计价表，如表5-3～表5-7所示。

表5-3 其他项目清单与计价汇总表

工程名称：××老年活动室工程　　标段：　　第　页　共　页

序号	项目名称	金额/元	结算金额/元	备注
1	暂列金额	30 000		明细详见表5-4
2	暂估价	30 000		
2.1	材料（工程设备）暂估价/结算价	—		
2.2	专业工程暂估价/结算价	30 000		明细详见表5-5
3	计日工	8 560		明细详见表5-6
4	总承包服务费	2 100		明细详见表5-7
合　计		70 660		—

表5-4 暂列金额明细表

工程名称：××老年活动室工程　　标段：　　第　页　共　页

序号	项目名称	计量单位	暂定金额/元	备注
1	设计变更	项	15 000	
2	国家的法律、法规、规章和政策发生变化时的调整及材料价格风险	项	10 000	
3	索赔与现场签证等	项	5 000	
合　计			30 000	—

表5-5 专业工程暂估价表

工程名称：××老年活动室工程　　标段：　　第　页　共　页

序号	工程名称	工程内容	金额/元	结算金额/元	差额/元	备注
1	安装工程	施工图范围内的水、电、暖	30 000			
合计			30 000			—

表 5-6　计日工表

工程名称：××老年活动室工程　　　　标段：　　　　第　页　共　页

编号	项目名称	单位	暂定数量	实际数量	综合单价/元	合价/元	
						暂定	实际
一	人工						
1	普通工	工日	50		80	4 000	
2	技工（综合）	工日	30			110	3 300
	…						
人工小计						73 00	
二	材料						
1	水泥 42.5	t	1		600	600	
2	中砂	m^3	8		80	640	
	…						
材料小计						1 240	
三	施工机具						
1	灰浆搅拌机（400L）	台班	1		20	20	
	…						
施工机具小计						20	
总　　计						8 560	

表 5-7　总承包服务费计价表

工程名称：××老年活动室工程　　　　标段：　　　　第　页　共　页

序号	项目名称	项目价值/元	服务内容	计算基础	费率/(%)	金额/元
1	发包人发包专业工程（安装工程）	30000	总承包人应按专业工程承包人的要求提供施工工作面、垂直运输机械等，并对施工现场进行统一管理，对竣工资料进行统一整理和汇总，并承担相应的垂直运输机械费用	项目价值	7%	2 100
合　　计						2 100

4）规费、税金项目清单与计价表的编制

规费和税金应按国家或省级、行业建设主管部门的规定计算，不得作为竞争性费用，规费、税金项目计价表如表5-8所示。

表5-8 规费、税金项目计价表

工程名称：××中学教学楼工程　　　　标段：　　　　第　页　共　页

序号	项目名称	计算基础	计算基数	费率/(%)	金额/元
1	规费				239 001
1.1	社会保险费				188 685
(1)	养老保险费	定额人工费		14	117 404
(2)	失业保险费	定额人工费		2	16 772
(3)	医疗保险费	定额人工费		6	50 316
(4)	工伤保险费	定额人工费		0.25	2 096.5
(5)	生育保险费	定额人工费		0.25	2 096.5
1.2	住房公积金	定额人工费		6	50 316
1.3	工程排污费	按工程所在地环境保护部门收取标准、按实计入			
2	税金	人工费＋材料费＋施工机具使用费＋企业管理费＋利润＋规费		11	868 225
合　计				1 107 226	

5）投标价的汇总

投标人的投标总价应当与组成工程量清单的分部分项工程费、措施项目费、其他项目费、规费和税金的合计金额相一致，即投标人在进行工程量清单招标的投标报价时，不能进行投标总价优惠(或降价、让利)，投标人对投标报价的任何优惠(或降价、让利)均应反映在相应清单项目的综合单价中。

5.3.3 投标报价的策略

评标办法中一般投标报价所占比重达60%左右，报价策略在投标中所占比重非常高。投标技巧是指投标人通过投标决策确定的既能提高中标率，又能在中标后获得期望效益的编制投标文件及其标价的方针、策略和措施。编制投标文件及其标价的方针是最基本的投标技巧。建筑业企业应当以诚实信用为方针，在投标全过程贯彻诚实信用原则，用以指导其他投标技巧的选择和应用。

1. 不平衡报价

不平衡报价是指对工程量清单中各项目的单价，按投标人预定的策略作上下浮动，但不变动按中标要求确定的总报价，使中标后能获取较好收益的报价技巧。在建设工程施工项目投标中，不平衡报价的具体方法主要有以下几种。

(1) 前高后低。对早期工程可适当提高单价，相应地适当降低后期工程的单价。这种方法对竣工后一次结算的工程不适用。

(2) 工程量增加的报高价。工程量有可能增加的项目单价可适当提高，反之则适当降低。这种方法适用于按工程量清单报价、按实际完成工程量结算工程款的招标工程。工程量有可能增减的情形主要有以下几种。

① 校核工程量清单时发现的实际工程量将增减的项目。

② 图纸内容不明确或有错误，修改后工程量将增减的项目。

③ 暂定工程中预计要实施(或不实施)的项目所包含的分部分项工程等。

(3) 工程内容不明确的报低价。没有工程量只填报单价的项目，如果是不计入总报价的，单价可适当提高；工程内容不明确的，单价可以适当降低。

(4) 量大价高的提高报价。工程量大的少数子项适当提高单价，工程量小的大多数子项则报低价。这种方法适用于采用单价合同的项目。

特别提示

应用不平衡报价法的注意事项有以下两种。

① 注意避免个项目的报价畸高畸低，否则有可能失去中标机会。

② 上述不平衡报价的具体做法要统筹考虑，例如，某项目虽然属于早期工程，但工程量可能是减少的，则不宜报高价。

应用案例 5-4

【案例概况】

某投标单位参与某商用办公楼项目投标，为了既不影响中标又能在中标后取得良好的收益，决定采用不平衡报价法对原估价做适当调整，具体报价情况见表 5-9。

表 5-9　调整前后报价表　　单位:万元

分部工程	桩基维护工程	主体结构工程	装饰工程	总价
调整前(投标估价)	1 480	6 600	7 200	15 280
调整后(投标报价)	1 600	7 200	6 480	15 280

现假设基础工程、主体结构工程和装饰工程的工期分别为 4 个月、12 个月和 8 个月，贷款月利率为 1%，各分部工程每月完成的工程量相同并能按月度及时拨付工程款，现值系数表参见表 5-10。

表 5-10　现值系数表

n	4	8	12	16
$(P/A, 1\%, n)$	3.902 0	7.651 7	11.255 1	14.717 9
$(P/F, 1\%, n)$	0.961 0	0.923 5	0.887 4	0.852 8

问题：(1) 上述报价方案的调整是否合理?

(2) 计算调价前后的工程款现值。

【案例解析】

1. 本案例中，投标人将前期的桩基维护工程和主体结构工程报价调高，而将后期的装饰工程报价调低，可以在施工的早期阶段收到较多的工程款，从而提高其所得工程款现值；而且调整幅度均为超过±10%，在合理范围之内。因此，该报价方案调整合理。

2. 调价前后的工程款现值如下。

(1) 调整前工程款。

$$桩基维护工程每月工程款\ A_1=1\ 480/4=370(万元)$$

$$主体结构工程每月工程款\ A_2=6\ 600/12=550(万元)$$

$$装饰工程每月工程款\ A_3=7\ 200/8=900(万元)$$

调整前的工程款现值为

$$\mathrm{PV}_0=A_1(P/A,1\%,4)+A_2(P/A,1\%,12)(P/F,1\%,4)+A_3(P/A,1\%,8)(P/F,1\%,16)=13\ 265.45(万元)$$

(2) 调整后工程款。

$$桩基维护工程每月工程款\ A_1'=1\ 600/4=400(万元)$$

$$主体结构工程每月工程款\ A_2'=7\ 200/12=600(万元)$$

$$装饰工程每月工程款\ A_3'=6\ 480/8=810(万元)$$

调整后的工程款现值为

$$\mathrm{PV}=A_1'(P/A,1\%,4)+A_2'(P/A,1\%,12)(P/F,1\%,4)+A_3'(P/A,1\%,8)(P/F,1\%,16)=13\ 336.04(万元)$$

$$\mathrm{PV}-\mathrm{PV}_0=13\ 336.04-13\ 265.45=70.59(万元)$$

投标人采用不平衡报价法后所得工程款现值差额为70.59万元。

2. 多方案报价法

多方案报价法是投标人针对招标文件中的某些不足，提出有利于业主的替代方案(又称备选方案)，用合理化建议吸引业主争取中标的一种投标技巧。

多方案报价法具体做法是：按招标文件的要求报正式标价；在投标书的附录中提出替代方案，并说明如果被采纳，标价将降低的数额。

(1) 替代方案的种类：①修改合同条款的替代方案；②合理修改原设计的替代方案等。

(2) 多方案报价法的特点：①多方案报价法是投标人的“为业主服务”经营思想的体现；②多方案报价法要求投标人有足够的商务经验或技术实力；③招标文件明确表示不接受替代方案时，应放弃采用多方案报价法。

3. 计日工单价的报价

如果是单纯报计日工单价，而且不计入总价中，可以报高些，以便在业主额外用工或使用施工机械时可多盈利。但如果计日工单价要计入总报价时，则需具体分析是否报高价，以免抬高总报价。总之，要分析业主在开工后可能使用的计日工数量，再来确定报价方针。

4. 可供选择的项目的报价

有些工程项目的分项工程，业主可能要求按某一方案报价，而后再提供几种可供选择方案的比较报价。例如，某住房工程的地面水磨石砖，工程量表中要求按25cm×25cm×

2cm 的规格报价；另外，还要求投标人用更小规格砖 20cm×20cm×2cm 和更大规格砖 30cm×30cm×3cm 作为可供选择项目报价。投标时，除对几种水磨石地面砖调查询价外，还应对当地习惯用砖情况进行调查。对于将来有可能被选择使用的地面砖铺砌应适当提高其报价；对于当地难以供货的某些规格地面砖，可将价格有意抬高得更多一些，以阻挠业主选用。但是，所谓“可供选择项目”并非由承包商任意选择，而是业主才有权进行选择。因此，虽然适当提高了可供选择项目的报价，并不意味着肯定可以取得较好的利润，只是提供了一种可能性，一旦业主今后选用，承包商即可得到额外加价的利益。

5. 暂定工程量的报价

暂定工程量有三种：第一种是业主规定了暂定工程量的分项内容和暂定总价款，并规定所有投标人都必须在总报价中加入这笔固定金额，但由于分项工程量不很准确，允许将来按投标人所报单价和实际完成的工程量付款。第二种是业主列出了暂定工程量的项目的数量，但并没有限制这些工程量的估价总价款，要求投标人既列出单价，也应按暂定项目的数量计算总价，当将来结算付款时可按实际完成的工程量和所报单价支付。第三种是只有暂定工程的一笔固定总金额，将来这笔金额做什么用，由业主确定。第一种情况，由于暂定总价款是固定的，对各投标人的总报价水平竞争力没有任何影响，因此投标时应当对暂定工程量的单价适当提高。这样做，既不会因今后工程量变更而吃亏，也不会削弱投标报价的竞争力。第二种情况，投标人必须慎重考虑。如果单价定得高了，同其他工程量计价一样，将会增大总报价，影响投标报价的竞争力；如果单价定得低了，将来这类工程量增大，将会影响收益。一般来说，这类工程量可以采用正常价格。如果承包商估计今后实际工程量肯定会增大，则可适当提高单价，使将来可增加额外收益。第三种情况对投标竞争没有实际意义，按招标文件要求将规定的暂定款列入总报价即可。

6. 增加建议方案

有时招标文件中规定，可以提一个建议方案，即可以修改原设计方案，提出投标者的方案。投标者这时应抓住机会，组织一批有经验的设计和施工工程师，对原招标文件的设计和施工方案仔细研究，提出更为合理的方案以吸引业主，促进自己的方案中标。这种新建议方案可以降低总造价或缩短工期，或使工程运用更为合理。但要注意对原招标方案一定也要报价。建议方案不要写得太具体，要保留方案的技术关键，防止业主将此方案交给其他承包商。同时要强调的是，建议方案一定要比较成熟，有很好的可操作性。

7. 分包商报价的采用

由于现代工程的综合性和复杂性，总承包商不可能将全部工程内容完全独家包揽，特别是有些专业性较强的工程内容，需分包给其他专业工程公司施工，还有些招标项目，业主规定某些工程内容必须由其指定的几家分包商承担。因此，总承包商通常应在投标前先取得分包商的报价，并增加总承包商摊入的一定的管理费，而后作为自己投标总价的一个组成部分一并列入报价单中。应当注意，分包商在投标前可能同意接受总承包商压低其报价的要求，但等到总承包商得标后，他们常以种种理由要求提高分包价格，这将使总承包商处于十分被动的地位。解决的办法是，总承包商在投标前找 2～3 家分包商分别报价，而后选择其中一家信誉较好、实力较强和报价合理的分包商签订协议，同意该分包商作为本分包工程的唯一合作者，并将分包商的姓名列到投标文件中，但要求该分包商相应地提交投标保函。如果该分包商认为这家总承包商确实有可能得标，其也许愿意接受这一条件。这种把分包商的利益同投标人捆在一起的做法，不但可以防止分包商事后反悔和涨价，还可能迫使分包时报出较合理的价格，以便共同争取得标。

8. 无利润算标

缺乏竞争优势的承包商，在不得已的情况下，只好在投标报价中根本不考虑利润。这种办法一般是处于以下条件时采用。

（1）有可能在得标后，将大部分工程分包给索价较低的一些分包商。

（2）对于分期建设的项目，先以低价获得首期工程，而后赢得机会创造第二期工程中的竞争优势，并在以后的实施中赚得利润。

（3）较长时期内，承包商没有在建的工程项目，如果再不得标，就难以维持生存。因此，虽然本工程无利可图，只要能有一定的管理费维持公司的日常运转，就可设法渡过暂时的困难，以谋求将来的发展。

5.4 建设工程合同价款的确定

5.4.1 中标人的确定

1. 中标候选人的确定

除招标文件中特别规定了授权评标委员会直接确定中标人外，招标人应依据评标委员会推荐的中标候选人确定中标人，评标委员会提交中标候选人的人数应符合招标文件的要求，应当不超过3人，并标明排列顺序。中标人的投标应符合下列条件之一。

（1）能够最大限度地满足招标文件中规定的各项综合评价标准。

（2）能够满足招标文件的实质性要求，并经评审的投标价格最低，但是投标价格低于成本的除外。

对使用国有资金投资或者国家融资的项目，招标人应当确定排名第一的中标候选人为中标人。排名第一的中标候选人放弃中标，因不可抗力提出不能履行合同，或者招标文件规定应当提交履约保证金而在规定的期限内未能提交的，招标人可以确定排名第二的中标候选人为中标人。排名第二的中标候选人因上述同样原因不能签订合同的，招标人可以确定排名第三的中标候选人为中标人。

招标人可以授权评标委员会直接确定中标人。

招标人不得向中标人提出压低报价、增加工作量、缩短工期或其他违背中标人意愿的要求，即不得以此作为发出中标通知书和签订合同的条件。

2. 评标报告的内容

评标委员会完成评标后，应当向招标人提交书面评标报告，并抄送有关行政监督部门。评标报告应当如实记载以下内容。

（1）基本情况和数据表。

(2) 评标委员会成员名单。

(3) 开标记录。

(4) 符合要求的投标一览表。

(5) 废标情况说明。

(6) 评标标准、评标方法或者评标因素一览表。

(7) 经评审的价格或者评分比较一览表。

(8) 经评审的投标人排序。

(9) 推荐的中标候选人名单与签订合同前要处理的事宜。

(10) 澄清、说明、补正事项纪要。

评标报告由评标委员会全体成员签字。对评标结果有不同意见的评标委员会成员应当以书面方式阐述其不同意见和理由，评标报告应当注明该不同意见。评标委员会成员拒绝在评标报告上签字且不陈述其不同意见和理由的，视为同意评标结论。评标委员会应当对此做出书面说明并记录在案。

3. 公示及发出中标通知

1) 公示中标候选人

为维护公开、公平、公正的市场环境，鼓励各招投标当事人积极参与监督，按照《中华人民共和国招标投标法实施条例》的规定，依法必须进行招标的项目，招标人应当自收到评标报告之日起 3 日内公示中标候选人，公示期不得少于 3 日。投标人或者其他利害关系人对依法必须进行招标的项目的评标结果有异议的，应当在中标候选人公示期间提出。招标人应当自收到异议之日起 3 日内做出答复；做出答复前，应当暂停招标投标活动。

对中标候选人的公示需明确以下几个方面。

(1) 公示范围。公示的项目范围是依法必须进行招标的项目，其他招标项目是否公示，中标候选人由招标人自主决定。公示的对象是全部中标候选人。

(2) 公示媒体。招标人在确定中标人之前，应当将中标候选人在交易场所和指定媒体上公示。

(3) 公示时间(公示期)。公示由招标人统一委托当地招投标中心在开标当天发布。公示期从公示的第二天开始算起，在公示期满后招标人才可以签发中标通知书。

(4) 公示内容。对中标候选人全部名单及排名进行公示，而不是只公示排名第一的中标候选人。同时，对有业绩信誉条件的项目，在投标报名或开标时提供的作为资格条件或业绩信誉情况，应一并进行公示，但不含投标人的各评分要素的得分情况。

(5) 异议处置。公示期间，投标人及其他利害关系人应当先向招标人提出异议，经核查后发现在招投标过程中确有违反相关法律法规且影响评标结果公正性的，招标人应当重新组织评标或招标。招标人拒绝自行纠正或无法自行纠正的，则根据《中华人民共和国招标投标法实施条例》第六十条的规定向行政监督部门提出投诉。对故意虚构事实，扰乱招投标市场秩序的，则按照有关规定进行处理。

2) 发出中标通知书

中标人确定后，招标人应当向中标人发出中标通知书，并同时将中标结果通知所有未中标的投标人。中标通知书对招标人和中标人具有法律效力。中标通知书发出后，招标人改变中标结果，或者中标人放弃中标项目的，应当依法承担法律责任。依据《招标投标法》的规定，依法必须进行招标的项目，招标人应当自确定中标人之日起 15 日内，向有关行政监督部门提交招标投标情况的书面报告。书面报告中至少应包括下列内容。

（1）招标范围。

（2）招标方式和发布招标公告的媒介。

（3）招标文件中投标人须知、技术条款、评标标准和方法、合同主要条款等内容。

（4）评标委员会的组成和评标报告。

（5）中标结果。

5.4.2 合同价款的确定

1. 合同签订的时间及规定

招标人和中标人应当自中标通知书发出之日起 30 天内，根据招标文件和中标人的投标文件订立书面合同。中标人无正当理由拒签合同的，招标人取消其中标资格，其投标保证金不予退还；给招标人造成的损失超过投标保证金数额的，中标人还应当对超过部分予以赔偿。发出中标通知书后，招标人无正当理由拒签合同的，招标人向中标人退还投标保证金；给中标人造成损失的，还应当赔偿损失。招标人与中标人签订合同后 5 个工作日内，应当向中标人和未中标的投标人退还投标保证金。

2. 合同价款的类型

建设工程承包合同的计价方式按照国际通行做法，一般分为总价合同、单价合同。

总价合同是指合同当事人约定以施工图、已标价工程量清单或预算书及有关条件进行合同价格计算、调整和确认的建设工程施工合同，在约定的范围内合同价格不做调整。通常采用这种合同时，必须明确工程承包合同标的物的详细内容及各种技术经济指标，承包商在投标报价时要仔细分析风险因素，需要在报价中考虑风险费用，发包人也要考虑到使承包方承担的风险是可以承受的，以获得合格又有竞争力的投标人。

单价合同是指合同当事人约定以工程量清单及其综合单价进行合同价格计算、调整和确认的建设工程施工合同，在约定的范围内合同单价不做调整。

根据《建筑工程施工发包与承包计价管理办法》规定，合同价可以采用以下方式。

（1）固定价。合同总价或者单价在合同约定的风险范围内不可调整。即在合同实施期间不因资源价格等因素的变化而调整价格。具体包括两种类型，即固定总价合同和固定单价合同。

固定总价合同的价格计算是以设计图纸、工程量及规范为依据，承发包双方就承包工程写上一个固定总价。采用这种合同，总价只有在设计和工程范围发生变更的情况下才能随之作相应的变更。

固定单价合同又可以分为估算工程量单价合同和纯单价合同两种形式。

① 估算工程量单价合同。它是以工程量清单和工程单价表为依据来计算合同价格，也被称作计量估计合同。估算工程量单价合同通常是由发包方提出工程量清单，列出分部分项工程量，由承包方以此为基础填报相应单价，累计计算后得出合同价格。但最后工程结算价应按照实际完成的工程量来计算。

② 纯单价合同。发包人只向承包方给出发包工程的有关分部分项工程及工程范围，

不对工程量做任何规定。这种方式主要适用于没有施工图，工程量不明，却继续开工的紧迫工程。

(2) 可调价。合同总价或者单价在合同实施期内，根据合同约定的办法调整。这种合同形式又可以分为可调总价和可调单价两种形式。

① 可调总价合同的总价可调，一般以设计图纸及规定、规范为基础，在报价及签约时，按招标文件的要求和当时的物价计算合同总价。合同总价是一个相对固定的合同价格，只是在合同条款中增加相应的调价条款，当出现了约定调价的情形时，合同总价就按照约定的调价条款做相应的调整。

② 可调单价合同的单价可调，一般在工程招标文件中规定。在合同中签订的单价，根据合同约定的条款可作调值。

(3) 成本加酬金。成本加酬金是将工程项目的实际投资划分成为直接成本费和承包商完成工作后应得酬金两部分。工程实施过程中发生的直接成本费由发包人实报实销，再按照合同约定的方式另外支付给承包商相应的报酬。这种计价方式主要适用于工程内容及技术经济指标尚未全面确定，投标报价依据尚不充分情况下，发包人因工期要求紧迫，必须发包的工程，或者发包方与承包商之间有高度信任，承包方在某些方面具有独特的技术、特长或经验。

按照酬金的计算方式不同，这种合同形式又可以分为成本加固定百分比酬金、成本加固定酬金、成本加奖惩和最高限额成本加固定最大酬金 4 类。

3. 合同价款类型的选择

实行招标的工程合同价款应由发承包双方依据招标文件和中标人的投标文件在书面合同中约定。合同约定不得违背招投标文件中关于工期、造价、质量等方面的实质性内容。招标文件与中标人投标文件不一致的地方，以投标文件为准。

不实行招标的工程合同价款，在发承包双方认可的合同价款基础上，由发承包双方在合同中约定。

实行工程量清单计价的工程，应采用单价合同。建设规模较小，技术难度较低，工期较短，且施工图设计已审查批准的建设工程可以采用总价合同；紧急抢险、救灾以及施工技术特别复杂的建设工程可以采用成本加酬金合同。

5.4.3 签约合同价与中标价的关系

签约合同价是指合同双方签订合同时在协议书中列明的合同价格，对于以单价合同形式招标的项目，工程量清单中各种价格的总计即为合同价。合同价就是中标价，因为中标价是指评标时经过算术修正的、并在中标通知书中申明招标人接受的投标价格。法理上，经公示后招标人向投标人所发出的中标通知书(投标人向招标人回复确认中标通知书已收到)，中标的中标价就受到法律保护，招标人不得以任何理由反悔。

特别提示

《招标投标法》第四十六条规定："招标人和中标人应当自中标通知书发出之日起三十日内，按照招标文件和中标人的投标文件订立书面合同。招标人和中标人不得再行订立背离合同实质性内容的其他协议。"

综合应用案例

【案例概况】

A市人民医院综合病房大楼建设工程设计为24层，建筑面积37 704m²，工程总造价9 791万元，属A市重点建设工程。该项目采取公开招标的方式，于2019年11月30日和12月1日在相关媒体上刊登了招标公告。公告发出后，有46家国家一级资质建筑企业报名。经招标单位会同有关部门筛选、考察后，有5家公司入围参加竞标。

2020年5月6日，由A市建设工程招标投标监理处组织开标，B建设工程集团中标，并交纳了600万元履约保证金。5月26日，B集团接到了由A市人民医院与负责招标管理的A市建设工程招标投标监理处签发的中标通知书，5月30日举行了由多位当地政府领导参加的隆重的奠基仪式。

B公司在投标过程中，精心选择了自己的施工队伍与项目经理。该公司自2002年起就在B市及A市进行工程施工，建设了十几项大型工程，工程优良率达到了85%以上。A市政府大院、A市商城等A市标志性建筑都出于这个公司之手，而建筑面积达6万多平方米的A市商城，更是集中体现了该公司的实力。对于这个公司的建筑质量及施工能力，该市的城市重点建设办公室副主任说："我们了解这一公司，如果将A市人民医院的工程交付给他们，他们是能够建好，并能够达到优良工程的。"

然而，A市人民医院却迟迟不与B公司签订这项工程的建筑施工合同。2020年7月13日，A市建设工程招标投标管理处还为此发了一份关于催订建设施工合同的信函，函中根据《招标投标法》第四十六条的规定，要求招标人和中标人应在中标通知书发出之日起30日内，按照招标投标文件和中标人的投标文件订立书面合同，并送交有关单位备案。

2020年9月1日，B公司收到这样一份"通知书"，通知书中称：由于中标单位所承诺的项目经理吴某至今仍然担任着C市在建工程项目经理，未能按照要求办妥与C市方面业主的解除手续。根据建设施工企业项目经理资质管理办法与招标投标法及相关规定，经讨论决定取消B建设工程集团有限公司中标资格。落款处盖着A市人民医院、A市建设工程招标投标监理处和A市重大工程项目前期工作及重点工程建设办公室的大红印章。B公司无论如何也没有想到，经过多日精心准备与策划、按照法律程序得到的中标通知书，竟被这样一纸文件宣告作废了。

时隔不久，在公开招标中未中标的C建设集团有限公司却拿到了中标资格。A市人民医院和A市招标投标办有关领导表示，这是他们经调查讨论后几方面共同做出的决定。他们认为，如果项目经理吴某不能按时到位，那么B公司就是欺骗行为，所以根据有关法律，取消了B公司的中标资格。对此，B公司负责此项目的负责人表示，以上述三方的名义取消该公司的中标是行政干预，体现的是政府有关部门领导听取了院方单方面的意见和误导而做出的错误决定。在B公司中标后，讨论废止B公司中标资格的会议，应有B公司参加。而现在的情况是，这一会议从未通知过B公司参加，剥夺了B公司为自己辩护的权利。B公司一直承诺项目经理吴某会按时到位，不存在所谓欺骗行为。

从废除B公司的"通知书"来看，招标人与A市政府有关部门主要理由是该公司项目经理吴某不能按时到位。似乎如果吴某按时到位了，人民医院方面就可以与B公司签订合同了。但媒体记者了解到的情况与这一表面原因却有相当大的差距。

从表面上看，吴某能否按时到位成为这次取消中标是否合法的一个重要问题。A 市人民医院与 A 市政府派人到 C 市进行了调查，调查表明 B 公司吴某确实在该市承建着一些工程。但 B 公司为此出具了一份证明，称 C 市的一项工程已于 2020 年 5 月完工，另几项工程实际上是该工程的一、二期，其中一期已经完工，二期也基本完工。记者采访 A 市人民医院的有关领导时，他们表示了解到的情况不是如此，吴某在该市的两个工程最晚的一项要到 2021 年 6 月才能完工。因此，吴某根本不可能如期到位。

对此，B 公司负责此项工程的负责人表示，吴某在 C 市承担的是一项四级工程，不过是一些小的别墅建设。最重要的是，A 市人民医院与 B 公司一直没有签订施工合同，在没有签订施工合同前，A 市人民医院对吴某没有约束力。另一方面，B 公司还与医院方面意向性地提出了如何处理吴某不到位或是到位后离开工程的处罚决定。其中双方都认可的是如果吴某届时不在工程工地上，每天罚 B 公司一万元人民币；而且在中标后，总额达 200 万元人民币的项目经理到位保证金已存入 A 市人民医院的账户。B 公司这名负责人表示，吴某能否按时到位也可以在签订合同时明确规定，如“吴某不能按时到位，此合同无效”之类的条款。然而，在 B 公司与 A 市人民医院没有签订正式合同的情况下，仅以 B 公司项目经理“有可能不能百分之百的到位”为由，就取消了 B 公司的中标通知书，是毫无道理，同时也是违反法律规定的。

记者在采访中发现了与 B 公司的项目经理吴某相类似的另一个有趣的现象，那就是 B 公司被取消中标资格后，紧接着另一家中标公司——C 建筑集团有限公司的项目经理潘某也有同样的问题。记者了解到，C 公司的项目经理潘某当时担任着 B 市某大厦的项目副经理，同时还担任着另一个大厦的项目工程师的职务。在 C 公司被宣布中标后，该公司出具了一份证明，证明已解除了潘某在那两处工地的职务，可以全身心投入 A 市人民医院的建筑工程。

你对本案例有何看法?

【案例解析】

这是一则招标人和管理部门视招标、投标活动为儿戏的案例。项目招标确定中标单位之后，又节外生枝，从中对打桩和安装工程再发包一次，安装工程的具体情况先不说，对于桩基础的二次发包已成事实，中标单位不同意将中标的工程继续按招标人的意志发包，招标人就不和中标人签合同，就取消中标人的中标资格，如此的招标就没有什么实际意义了。实际上，A 市人民医院没有必要如此费心思进行二次发包，完全可以将本项目分成打桩、土建和安装 3 个合同，分 3 个标段发包或分 3 次招标，结果比现在要好。

下面仅就取消中标资格的做法和拒签合同的行为进行简单分析。

(1) 取消中标资格的做法于法无据。

从案例看，B 公司中标 A 市人民医院的程序和内容不违反法律法规的规定，B 公司由此取得的中标资格应受法律保护。案例中争议的焦点是：中标单位承诺的项目经理不能到位是否能取消 B 公司的中标资格。

首先，要弄清“取消中标资格通知书”的法律依据是什么？在《工程建设项目施工招标投标办法》中的第八十一条规定：“中标通知书发出后，中标人放弃中标项目的，无正当理由不与招标人签订合同的，在签订合同时向招标人提出附加条件或者更改合同实质性内容的，或者拒不提交所要求的履约保证金的，取消其中标资格，投标保证金不予退还；给招标人的损失超过投标保证金数额的，中标人应当对超过部分予以赔偿；没有提交投标保证金的，应当对招标人的损失承担赔偿责任。”没有法律规定允许招标人或政府主管部门可以向中标人发出取消中标资格通知书。

法律规定，政府行政监督管理部门发现招标、投标活动中有违反法律规定的行为，可以认定中标无效，并进行处罚。按案例所介绍的内容，中标单位承诺的项目经理不能到位构不成法律所规定的法定无效中标情形，因此，不可能“取消”B公司的中标资格。即便B公司有违法行为，构成了法律所规定的法定无效中标情形，也不应由招标人发通知，而只能由政府监督部门发行政处罚通知。

(2) A市人民医院应对拒绝与B公司签订合同的行为承担法律责任。

《招标投标法》第四十五条规定：“中标人确定后，招标人应当向中标人发出中标通知书，并同时将中标结果通知所有未中标的投标人，中标通知书对招标人和中标人具有法律效力。中标通知书发出后，招标人改变中标结果的，或者中标人放弃中标项目的，应当依法承担法律责任。”第四十六条规定：“招标人和中标人应当自中标通知书发出之日起三十日内，按照招标文件和中标人的投标文件订立书面合同。招标人和中标人不得再行订立背离合同实质性内容的其他协议。”

从案例看，A市人民医院通过发出一纸“取消中标资格通知书”，否决了自己先前做出的“中标通知书”的承诺；在法定时间内，没有与中标人签订合同。《招标投标法》第五十九条规定：“招标人与中标人不按照招标文件和中标人的投标文件订立合同的，或者招标人、中标人订立背离合同实质性内容的协议的，责令改正；可以处中标项目金额千分之五以上千分之十以下的罚款。”

《工程建设项目施工招标投标办法》第八十条规定：“依法必须进行招标的项目的招标人有下列情形之一的，由有关行政监督部门责令改正，可以处中标项目金额千分之十以下的罚款；给他人造成损失的，依法承担赔偿责任；对单位直接负责的主管人员和其他直接责任人员依法给予处分：(一)无正当理由不发出中标通知书；(二)不按照规定确定中标人；(三)中标通知书发出后无正当理由改变中标结果；(四)无正当理由不与中标人订立合同；(五)在订立合同时向中标人提出附加条件。”

在本案例中，对于发出中标通知书后不签订合同，责任人应当承担法律责任这一点通常情况下是没有争议的，但到底是承担缔约过失责任还是承担违约责任，还存在不同看法。

一种观点认为：根据《中华人民共和国合同法》(以下简称《合同法》)第二十五条规定，承诺生效时合同成立。因此，中标通知书发出时即发生承诺生效、合同成立的法律效力(签订书面合同时合同生效)。招标人改变中标结果、变更中标人，实质上是一种单方撕毁合同的行为；中标人放弃中标项目的，则是一种不履行合同的行为。两种都属于违约行为，所以要承担违约责任。《合同法》第一百零七条规定：“当事人一方不履行合同义务或者履行合同义务不符合约定的，应当承担继续履行、采取补救措施或者赔偿损失等违约责任。”第一百一十三条规定：“当事人一方不履行合同义务或者履行合同义务不符合约定，给对方造成损失的，损失赔偿额应当相当于违约所造成的损失，包括合同履行后可以获得的利益，但不得超过违反合同一方订立合同时预见到或者应当预见到的因违反合同可能造成的损失。”

另一种观点认为：在一般情况下，承诺通知到达要约人时合同成立。但由于《合同法》规定，当事人采用书面形式订立合同的，当双方当事人签字或盖章时合同成立；《招标投标法》又规定，在招标人向中标人发出中标通知书之后依法订立书面合同，所以在招标人向中标人发出中标通知书并且中标通知书送达中标人后、依法订立书面合同之前合同还未成立。因此根据《合同法》第四十二条应当承担缔约过失责任。

缔约过失是《合同法》规定的新内容，它将合同法的重要条款“诚实信用原则”具体落实到条文中，给法律适用带来了极大的便利。缔约过失责任和承担违约责任的差别比较大，前者只是赔偿对方因此遭受的损失；后者若约定有违约金的，则要支付违约金，并可要求一方赔偿另一方合同在履行时可以获得的利益。违约责任要比缔约过失责任重得多。

从本案例介绍的资料看，中标合同不能如期签订的主要原因是招标人节外生枝，违反中标人意志，强令中标人转包(分包)工程内容。按法律规定，应该承担责任的是招标人而非中标人。

本章小结

本章主要介绍了建设工程招投标概念和性质。详细阐述了建设项目招标的范围、种类与方式，建设项目招标控制价的编制方法，建设项目施工投标程序及投标报价，合同价款的确定。招标控制价是《清单计价规范》中的术语，其编制内容为分部分项工程费、措施项目费、其他项目费、规费和税金。我国投标报价模式有定额计价模式和工程量清单计价模式两种。报价策略有不平衡报价、多方案报价等。建设工程承包合同的计价方式按照国际通行做法，一般分为总价合同、单价合同。

一、单选题

1. 紧急抢险、救灾以及施工技术特别复杂的建设工程可以采用(　　)。

A. 不变总价合同　　B. 可调值不变总价合同

C. 固定总价合同　　D. 成本加酬金合同

2. 依据《招标投标法》规定，允许的招标方式有公开招标和(　　)。

A. 秘密招标　　B. 邀请招标　　C. 竞争性谈判　　D. 协议招标

3. 招投标监督机构应会同工程造价管理机构对投诉进行处理，当招标控制价误差(　　)时，应责成招标人修改。

A. ＞±2%　　B. ＞±3%　　C. ＜±4%　　D. ＜±3%

4. 招标控制价的分部分项工程费应由各单位工程的招标工程量清单乘以(　　)汇总而成。

A. 工料单价　　B. 综合单价

C. 定额直接费　　D. 直接费＋人工费

5. 下列关于其他项目清单的说法，正确的是(　　)。

A. 暂列金额是指招标人暂定并包括在合同中的一笔款项，预留时把各专业的暂列金额合计列一项即可

B. 由于计日工是为解决现场发生的零星工作的计价而设立，只要填报单价，估不估暂定数量与实际操作结果完全无关

C. 其他项目清单的具体内容可根据实际情况补充

D. 暂列金额一般按合同约定价款的10%～15%确定

6. 对工程量清单中各项目的单价，按投标人预定的策略作上下浮动，但不变动按中标要求确定的总报价，使中标后能获取较好收益的报价技巧是(　　)。

A. 多方案报价法　　B. 计日工单价的报价

C. 不平衡报价　　D. 可供选择的项目的报价

7. 依法必须进行招标的项目，招标人应当自收到评标报告之日起(　　)内公示中标候选人。

A. 1日　　B. 2日　　C. 3日　　D. 5日

8. 下列情况标书有效的是(　　)。

A. 投标书封面无投标单位或其代理人印鉴　　B. 投标书未密封

C. 投标书逾期送达　　D. 投标单位未参加开标会议

9. 适用于没有施工图，工程量不明，却继续开工的紧迫工程的合同是(　　)。

A. 纯单价合同　　B. 可调单价合同

C. 可调总价合同　　D. 估算工程量单价合同

10. 抢险救灾紧急工程应采用(　　)方式选择实施单位。

A. 公开招标　　B. 邀请招标　　C. 议标　　D. 直接委托

二、多选题

1.《招标投标法》指出，(　　)项目必须实行招标。

A. 大型基础设施、公用事业等关系社会公共利益、公众安全的项目

B. 全部或者部分使用国有资金投资或者国家融资的项目

C. 质量要求高的项目

D. 使用国际组织或者外国政府贷款、援助资金的项目

E. 法律或国务院对必须进行招标的其他项目的范围有规定的则依照其规定

2. 按照工程建设项目的构成分类，建设工程招标可分为(　　)。

A. 建设项目招标　　B. 单项工程招标

C. 单位工程招标　　D. 主体工程招标

E. 附属工程招标

3. 建筑安装工程费用按工程造价形成顺序划分为(　　)。

A. 分部分项工程费　　B. 措施项目费
C. 其他项目费　　D. 规费和税金
E. 设备及工器具购置费

4. 招标控制价的编制依据有(　　)。
A. 国家或省级、行业建设主管部门颁发的计价定额和计价办法
B. 建设工程设计文件及相关资料
C. 拟定的招标文件及招标工程量清单
D. 与建设项目相关的标准、规范、技术资料
E. 投标文件

5. 工程量清单计价的投标报价包括(　　)。
A. 分部分项工程费　　B. 直接费
C. 间接费　　D. 措施项目费
E. 其他项目费

6. 中标人的投标应符合(　　)条件。
A. 投标书未密封
B. 投标价格低于成本
C. 投标单位未参加开标会
D. 能够满足招标文件的实质性要求，并经评审的投标价格最低
E. 能够最大限度满足招标文件中规定的各项综合评价标准

7. 建设工程承包合同的计价方式按照国际通行做法，一般分为(　　)。
A. 综合单价合同　　B. 总价合同
C. 综合总价合同　　D. 单价合同
E. 总承包合同

8. 我国工程建设施工招标的方式有(　　)。
A. 公开招标　　B. 单价招标
C. 总价招标　　D. 成本加酬金招标
E. 邀请招标

9. 按照酬金的计算方式不同，成本加酬金合同形式又可以分为(　　)。
A. 成本加固定百分比酬金　　B. 成本加固定酬金
C. 成本加奖惩　　D. 最高限额成本加固定最大酬金
E. 成本加最低酬金

10. 根据《建筑工程施工发包与承包计价管理办法》规定，合同价可以采用(　　)方式。
A. 固定价　　B. 可调价　　C. 成本加酬金
D. 成本价　　E. 商品价

三、简答题

1. 我国规定的必须招投标的项目范围包括哪些?
2. 工程合同价有哪几种形式?各有何特点和其使用范围有何不同?
3. 建设工程招标的种类有哪些?

4. 招标控制价的作用有哪些?

5. 建设工程施工投标的程序是怎样的?

四、案例题

某市近郊欲新建一条“城市型”公路，总长18km，总宽30m，业主委托某招标代理机构代理施工招标。在发布的招标公告中规定：①投标人必须为国家一级总承包企业，且近三年至少获得两项优质工程奖；②若采用联合体形式投标，必须在投标文件中明确并提交联合体投标协议，注明联合体各自份额，确定主要负责企业。在招标文件中规定采用固定总价合同，要求签订合同后60天以内开工，开工后22个月竣工；工程材料到达现场并经化验合格后可支付该项材料款的60%，每月按工程进度付款，凭现场工程师审定的付款单在60天以内支付。

某承包商欲参与上述项目投标。总成本约为2 300万元，其中材料费约为60%。

预计该工程在施工过程中建筑材料涨价10%的概率为0.3，涨价5%的概率为0.5，不涨价的概率为0.2。

问题：

1. 该工程的招标活动有无不妥之处? 为什么?

2. 按预计发生的成本计算，若希望中标后实现5%的利润，不含税报价应为多少?

3. 若承包商以2 400万元中标，合同工期22个月，试计算因物价变化对利润的影响。

综合实训

一、实训内容

为提高学生实践能力，针对实训现场的建设项目，运用施工招投标的理论知识编写施工招投标文件，确定招标控制价，并进行开标评标中标，最终签订施工合同。

二、实训要求

本实训要求完成以下内容。

1. 编制招标书，并编制招标控制价，进行模拟招标。

2. 根据要求编制投标书，进行评标，确定中标单位。

3. 根据建设项目要求，选择合适的合同形式，签订合同，注意对合同价的控制。

教师可以将本部分实训教学内容分散安排在各节教学过程中，也可以在本章结束后统一安排。教师要指导学生按照教学内容编写，尽量做到规范化、标准化。

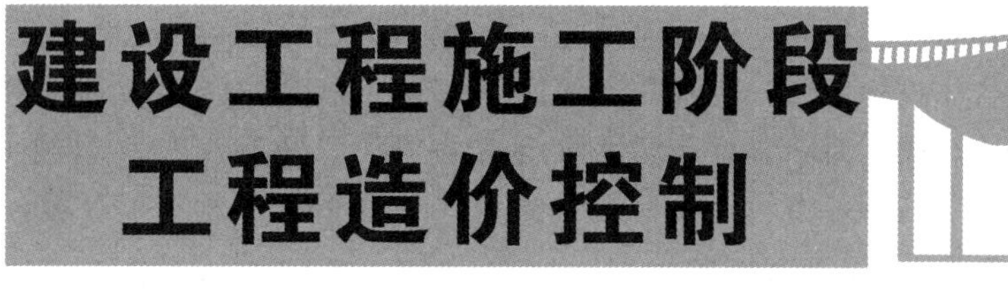

第6章 建设工程施工阶段工程造价控制

学习目标

了解施工阶段特点，掌握工程变更及合同价款调整、工程索赔及建设工程价款结算，熟悉资金使用计划的编制与应用。

学习要求

能力目标	知识要点	权重
了解施工阶段工程造价控制概述	建设工程施工阶段工作特点	15%
掌握工程变更及合同价款调整	工程变更及合同价款调整； 《FIDIC合同条件》下的工程变更的内容	30%
掌握工程索赔	工程索赔的分类及内容	25%
掌握建设工程价款结算	建设工程价款结算的方式和方法	20%
熟悉资金使用计划的编制与应用	投资偏差和进度偏差的概念和公式	10%

引 例

某市商业楼工程项目业主甲与某施工单位乙签订了工程施工合同，明确了合同主体的权利和义务。在施工阶段，乙施工单位应如何确定造价控制目标和如何编制资金使用计划和造价控制措施呢？在施工承包合同中双方协商制定，如果混凝土工程量估算为 2 000m^3，单价为 400 元/m^3；土方工程量估算为 25 000m^3，单价为 30 元/m^3；当混凝土或土方任何一项超过该项原估算工程量 15%时，则超出部分的结算单价可进行调整，调整系数为 0.9。在工程进行一段时间后，业主提出增加一项工作 N，其土方量为4 000m^3，混凝土量为 400m^3，施工单位应得到这笔签证费用是多少？该工程施工到第 4 个月时，监理工程师发现工程质量有缺陷，经查实是混凝土养护不到位导致，此时，工期和费用应该如何考虑计算？

6.1 施工阶段工程造价控制概述

施工阶段工程造价控制相对于建设工程决策阶段的投资估算、设计阶段的投资概算以及招投标阶段的施工图预算，工程结算金额则更为具体。由于工程项目管理是在市场竞争下进行的，因此建设工程施工阶段工程造价控制显得尤为重要。

6.1.1 建设工程施工阶段工作特点

建设工程施工过程中，根据图纸设计将工程设计者的意图建设成为各种建筑的过程，因此建设工程施工阶段的特点如下。

(1) 施工阶段工作量最大。在建设项目周期内，施工期的工作量最大，监理内容最多，工作量最繁重。在工程建设期间，70%～80%的工作量均是在此期间完成。

(2) 施工阶段投入最多。从资金投放量上来说，是资金投放量最大的阶段。该阶段中所需的各种材料、机具、设备、人员全部要进入现场，投入工程建设的实质性工作中去形成工程产品。

(3) 施工阶段持续时间长、动态性强。施工阶段合同数量多，存在频繁和大量的支付关系。由于对合同条款理解上的差异，以及合同中不可避免地存在着含糊不清和矛盾的内容，再加上外部环境变化引起的分歧等，合同纠纷会经常出现，各种索赔事件不断发生，矛盾增多，使得该阶段表现为时间长、动态性较强。

(4) 施工阶段是形成工程建设项目实体的阶段，需要严格地进行系统过程控制。施工是由小到大将工程实体“做出来”的过程。施工之前各阶段工作做得如何，在施工阶段全部要接受检验，各项工作中存在的问题会大量地暴露出来。因为在形成工程实体过程中，前道工序工程质量对后道工序工程质量有直接影响，所以需要进行严格地系统过程控制。

(5) 施工阶段涉及的单位数量多。在施工阶段，不但有项目业主、施工单位、材料供应单位、设备厂家、设计单位等直接参加建设的单位，而且涉及政府工程质量监督管理部门、工程毗邻单位等工程建设项目组织外的有关单位。因此在施工过程中，要做好与各方的组织协调关系。

(6) 施工阶段工程信息内容广泛、时间性强、数量大。在施工阶段，工程状态时刻在变化，各种工程信息和外部环境信息的数量大、类型多、周期短、内容杂。因此，在施工过程中是伴随着控制而进行的计划调整和完善，尽量以执行计划为主，不要更改计划，造成索赔。

(7) 施工阶段存在着众多影响目标实现的因素。在施工阶段往往会遇到众多因素的干扰，影响目标的实现，其中以人员、材料、设备、机械与机具、设计方案、工作方法和工作环境等方面的因素较为突出。面对众多因素干扰，要做好风险管理，减少风险的发生。

6.1.2 施工阶段工程造价控制的任务

施工阶段是实现建设工程价值的主要阶段，也是资金投入最大的阶段。在实践中往往把施工阶段作为工程造价控制的重要阶段。在施工阶段工程造价控制的主要任务是通过工程付款控制、工程变更费用控制、预防并处理好费用索赔、挖掘节约工程造价潜力来实现实际发生费用不超过计划投资。施工阶段工程造价控制的工作内容包括组织、技术、经济、合同等几个方面。

1. 在组织工作方面

(1) 在项目管理班子中落实从工程造价控制角度进行施工跟踪的人员分工、任务分工和职能分工等。

(2) 编制本阶段工程造价的工作计划和详细的工作流程图。

2. 在技术工作方面

(1) 对设计变更进行技术系统比较，严格控制设计变更。

(2) 继续寻找通过设计挖掘节约造价的可能性。

(3) 审核承包人编制的施工组织设计，对主要施工方案进行技术经济分析。

3. 在经济工作方面

(1) 编制资金使用计划，确定、分解工程造价控制目标。

(2) 对工程项目造价控制目标进行风险分析，并确定防范性对策。

(3) 进行工程计量。

(4) 复核工程付款账单，签发付款证书。

(5) 在施工过程中进行工程造价跟踪控制，定期进行造价实际支出值与计划目标与计划目标的比较。发现偏差并分析产生偏差的原因，采取纠偏措施。

(6) 协商确定工程变更的价款。

(7) 审核竣工结算。

(8) 对工程施工过程中的造价支出做好分析与预测，经常或定期向业主提交项目造价控制及其存在的问题。

4. 在合同工作方面

(1) 做好工程施工记录，保存各种文件和图纸，特别是注意有实际变更情况的图纸等，为可能发生的索赔提供依据。

(2) 参与索赔事宜。

(3) 参与合同修改、补充工作，着重考虑它对造价控制的影响。

特别提示

考虑施工阶段工作的特点时，要注意哪些属于经济工作方面，哪些属于组织和技术工作方面。

6.2 工程变更及合同价款调整

6.2.1 工程变更

工程变更是合同实施过程中由发包人提出或由承包人提出，经发包人批准的对合同工程的工作内容、工程数量、质量要求、施工顺序与时间、施工条件、施工工艺或其他特征及合同条件等的改变。工程变更指令发出后，应当迅速落实指令，全面修改相关的各种文件。承包人也应当抓紧落实，如果承包人不能全面落实变更指令，则扩大的损失应当由承包人承担。

1. 工程变更的范围

根据《建设工程施工合同(示范文本)》(GF—2017—0201)(简称《示范文本》)的规定，工程变更的范围和内容包括以下几点。

(1) 增加或减少合同中任何工作，或追加额外的工作。

(2) 取消合同中任何工作，但转由他人实施的工作除外。

(3) 改变合同中任何工作的质量标准或其他特性。

(4) 改变工程的基线、标高、位置和尺寸。

(5) 改变工程的时间安排或实施顺序。

2. 工程变更的程序

1) 发包人的指令变更

(1) 发包人直接发布变更指令。发生合同约定的变更情形时，发包人应在合同规定的期限内向承包人发出书面变更指示。变更指示应说明变更的目的、范围、内容以及变更的工程量及其进度和技术要求，并附有关图纸和文件。承包人收到变更指示后，应按变更指示进行变更工作。发包人在发出变更指示前，可以要求承包人提交一份关于变更工作的实施方案，发包人同意该方案后再向承包人发出变更指示。

(2) 发包人根据承包人的建议发布变更指令。承包人收到发包人按合同约定发出的图纸和文件后，经检查认为其中存在变更情形的，可向发包人提出书面变更建议，但承包人不得仅仅为了施工便利而要求对工程进行设计变更。承包人的变更建议应阐明要求变更的依据，并附必要的图纸和说明。发包人收到承包人的书面建议后，确认存在变更情形的，应在合同规定的期限内做出变更指示。发包人不同意作为变更情形的，应书面答复承包人。

2）承包人的合理化建议导致的变更

承包人对发包人提供的图纸、技术要求以及其他方面提出的合理化建议，均应以书面形式提交给发包人。合理化建议被发包人采纳并构成变更的，发包人应向承包人发出变更指示。发包人同意采用承包人的合理化建议，发生费用和获得收益的分担或分享，由发包人和承包人在合同条款中另行约定。

3. 工程变更的价款调整方法

1）分部分项工程费的调整

工程变更引起分部分项工程项目发生变化的，应按照下列规定调整。

(1）已标价工程量清单中有适用于变更工程项目的，且工程变更导致的该清单项目的工程数量变化不足15%时，采用该项目的单价。直接采用适用的项目单价的前提是其采用的材料、施工工艺和方法相同，也不因此增加关键线路上工程的施工时间。

(2）已标价工程量清单中没有适用，但有类似于变更工程项目的可在合理范围内参照类似项目的单价或总价调整。采用类似的项目单价的前提是其采用的材料、施工工艺和方法基本相似，不增加关键线路上工程的施工时间，可仅就其变更后的差异部分，参考类似的项目单价由承发包双方协商新的项目单价。

(3）已标价工程量清单中没有适用也没有类似于变更工程项目的，由承包人根据变更工程资料、计量规则和计价办法、工程造价管理机构发布的信息(参考)价格和承包人报价浮动率，提出变更工程项目的单价或总价，报发包人确认后调整。承包人报价浮动率可按下列公式计算

实行招标的工程：承包人报价浮动率 $L=(1-中标价/招标控制价)\times100\%$　(6.1)

不实行招标的工程：承包人报价浮动率 $L=(1-报价值/施工图预算)\times100\%$　(6.2)

特别提示

上述公式中的中标价、招标控制价或报价值和施工图预算，均不含安全文明施工费。

(4）已标价工程量清单中没有适用也没有类似于变更工程项目，且工程造价管理机构发布的信息(参考)价格缺价的，由承包人根据变更工程资料、计量规则、计价办法和通过市场调查等有合法依据的市场价格提出变更工程项目的单价或总价，报发包人确认后调整。

2）措施项目费的调整

工程变更引起措施项目发生变化的，承包人提出调整措施项目费的，应事先将拟实施的方案提交发包人确认，并详细说明与原方案措施项目相比的变化情况。拟实施的方案经发包、承包双方确认后执行，并应按照下列规定调整措施项目费。

(1）安全文明施工费，按照实际发生变化的措施项目调整，不得浮动。

(2）采用单价计算的措施项目费，按照实际发生变化的措施项目按前述分部分项工程

费的调整方法确定单价。

(3) 按总价(或系数)计算的措施项目费，除安全文明施工费外，按照实际发生变化的措施项目调整，但应考虑承包人报价浮动因素，即调整金额按照实际调整金额乘以按照式(6.1)或式(6.2)得出的承包人报价浮动率 L 计算。

如果承包人未事先将拟实施的方案提交给发包人确认，则视为工程变更不引起措施项目费的调整或承包人放弃调整措施项目费的权利。

3) 承包人报价偏差的调整

如果工程变更项目出现承包人在工程量清单中填报的综合单价与发包人招标控制价或施工图预算相应清单项目的综合单价可由发承包双方偏差超过15%的，工程变更项目的综合单价可由发承包双方协商调整。具体的调整方法，由双方当事人合同专用条款中约定。

4) 删减工程或工作的补偿

如果发包人提出的工程变更，因承包人原因删减了合同中的某项原定工作或工程，致使承包人发生的费用或(和)得到的收益不能被包括在其他已支付或应支付的项目中，也未被包含在任何替代的工作或工程中，则承包人有权提出并得到合理的费用及利润补偿。

6.2.2 《FIDIC合同条件》下的工程变更

根据《FIDIC合同条件》的约定，在颁发工程接收证书前的任何时间，工程师可通过发布指令或要求承包商提交建议书的方式提出变更；承包商应遵守并执行，除非承包商在规定的时间内向工程师发出通知说明承包商难以取得变更所需的货物；工程师接到此通知后，应取消、确认或改变原指令。业主提供的设计一般较为粗略，有的设计(施工图)是由承包商完成的，因此设计变更少于我国施工合同条件下的施工方法变更。

1. 工程变更的范围

由于工程变更属于合同履行过程中的正常管理工作，工程师可以根据施工进展的实际情况，在认为必要时就可以就以下几个方面发布变更指令。

(1) 对合同中任何工程量的改变。为了便于合同管理，当事人双方应在专用条款内约定工程量变化大可以调整单价的百分比(视工程具体情况，可在15%～25%范围内确定)。

(2) 任何工作质量或其他特性的变更。

(3) 工程任何部分标高、位置和尺寸的改变。

(4) 删减任何合同的约定工作内容。但要交由他人实施的工作除外。

(5) 新增工程按单独合同对待。这种变更指令是增加与合同工作范围性质一致的工作内容，而且不应以变更指令的形式要求承包人使用超过其他目前正在使用或计划使用的施工设备范围去完成新增工程。除非承包人同意此项工作按变更对待，一般应将新增工程按一个单独的合同来对待。

(6) 改变原定的施工顺序或时间安排。

2. 变更程序

颁发工程接收证书前的任何时间，工程师可以通过发布变更指令或以要求承包商递交建议书的任何一种方式提出变更。

1) 指令变更

工程师在业主授权范围内根据施工现场的实际情况，在确属需要时有权发布变更指令。指令的内容应包括详细的变更内容、变更工程量、变更项目的施工技术要求和有关部门的文件图纸，以及变更处理的原则。

2）要求承包商递交建议书后再确定的变更

变更的程序如下。

（1）工程师将计划变更事项通知承包商，并要求承包商递交实施变更的建议书。

（2）承包商应尽快予以答复。一种情况是通知工程师由于受到某些自身原因的限制而无法执行此项变更；另一种情况是承包商依据工程师的指令递交实施此项变更的说明，内容包括以下方面。

① 将要实施的工作的说明书以及该工作实施的进度计划。

② 承包商依据合同规定对进度计划和竣工时间做出任何必要修改的建议，提出工期顺延要求。

③ 承包商对变更估价的建议，提出变更费用要求。

（3）工程师做出是否变更的决定，尽快通知承包商说明批准与否或提出意见。在这一过程中应注意以下问题。

① 承包商在等待答复期间，不应延误任何工作。

② 工程师发出每一项实施变更的指令，应要求承包商记录支出的费用。

③ 承包商提出的变更建议书，只是作为工程师决定是否实施变更的参考。除了工程师做出指示或批准以总价方式支付的情况外，每一项变更应依据计量工程量进行估价和支付。

3. 变更估价

1）变更估价原则

承包商按照工程师的变更要求工作后，往往会涉及对变更工程的估价问题，变更工程的价格或费率往往是双方协商时的焦点。计算变更工程应采用的费率或价格可分为以下3种情况。

（1）变更工作在工程量表中有同种工作内容的单价，应以该费率计算变更工程费用。

（2）工程量表中虽然列有同类工作单价或价格，但对具体变更工作而言已不适用，则应在原单价和价格的基础上制定合理的新单价或价格。

（3）变更工作的内容在工程量表中没有同类工作的费率和价格，应按照与合同单价水平相一致的原则确定新的费率或价格。

2）可以调整合同工作单价的原则

具备以下条件时，允许对某一项工作规定的费率或单价加以调整。

（1）此项工作实际测量的工程量比工程量表或其他报表中规定的工程量的变动大于10%。

（2）工程量的变更与对该项工作规定的具体费率的乘积超过了接受的合同款额的0.01%。

（3）由此工程量的变更直接造成该项工作每单位工程量费用的变动超过1%。

3）删减原定工作后对承包商的补偿

工程师发布删减工作的变更指令后承包商不再实施部分工作，合同价格中包括的直接费部分没有受到损害，但分摊在该部分的间接费、利润和税金实际不能合理回收。此时承包商可以就其损失向工程师发出通知并提供具体的证明资料，工程师与合同双方协商后确定一笔补偿金额加入合同价内。

特别提示

注意《FIDIC 合同条件》下的工程变更和我国建设合同文本下的工程变更的处理程序和处理价格的区别。

知识链接

工程变更处理的主要事项包括以下 3 点。

(1) 变更工作在工程量表中有同种工作内容的单价，应以该费率计算变更工程费用。

(2) 工程量表中虽然列有同类工作单价或价格，但对具体变更工作而言已不适用，则应在原单价和价格的基础上制定合理的新单价或价格。

(3) 变更工作的内容在工程量表中没有同类工作的费率和价格，应按照与合同单价水平相一致的原则，确定新的费率或价格。

应用案例 6－1

某路堤土方工程完成后，发现原设计在排水方面考虑不周，为此业主同意在适当位置增设排水管涵。在工程量清单上有 100 多道类似管涵，但承包商却拒绝直接从中选择适合的作为参考依据。理由是变更设计提出时间较晚，其土方已经完成并准备开始路面施工，新增排水管涵工程不但打乱了其进度计划，而且二次开挖土方难度较大，特别是重新开挖用石灰土处理过的路堤，与开挖天然土不能等同。造价管理者认为承包商的意见可以接受，不宜直接套用清单中的管涵单价。经与承包商协商，决定采用工程量清单上的几何尺寸、地理位置等条件相近的管涵价格作为新增工程的基本单价，但对其中的“土方开挖”一项在原报价基础上按某个系数予以适当提高，提高的费用叠加在基本单价上构成新增工程价格。

6.3 工程索赔

6.3.1 工程索赔的概念和分类

1. 工程索赔的概念

工程索赔是在工程承包合同履行中，当事人一方由于另一方未履行合同所规定的义务或者出现了应当由对方承担的风险而遭受损失时，向另一方提出赔偿要求的行为。在实际工作中，“索赔”是双向的，《示范文本》中的索赔就是双向的，既包括承包人向发包人的索赔，也包括发包人向承包人的索赔。但在工程实践中，发包人索赔数量较小，而且处理方便，可以通过冲账、扣拨工程款、扣保证金等实现对承包人的索赔；而承包人对发包人的索赔比较困难一些。通常情况下，索赔是指承包人(施工单位)在合同实施过程中，对非自身原因造成的工程延期、费用增加而要求发包人给予补偿损失的一种权利要求。

索赔有较广泛的含义，可以概括为以下 3 个方面。

(1) 一方违约使另一方蒙受损失，受损方向对方提出赔偿损失的要求。

(2) 发生应由业主承担责任的特殊风险或遇到不利自然条件等情况，使承包商蒙受较大损失而向业主提出补偿损失要求。

(3) 承包商本人应获得正当利益，由于没能及时得到监理工程师的确认和业主应给予的支付而以正式函件向业主索赔。

特别提示

工程索赔是双向的，承包商提出的索赔习惯称为索赔，发包商提出的索赔称为反索赔。

2. 工程索赔的分类

1) 按索赔的当事人分类

根据索赔的合同当事人不同，可以将工程索赔分为以下两种。

(1) 承包人与发包人之间的索赔。该类索赔发生在建设工程设置合同的双方当事人之间，既包括承包人向发包人的索赔，也包括发包人向承包人的索赔。但是在工程实践中，经常发生的索赔事件，大都是承包人向发包人提出的，书中所提及的索赔，如果未做特别说明，即指此类情形。

(2) 总承包人和分包人之间的索赔。在建设工程分包合同履行过程中，索赔事件发生后，无论是发包人的原因还是总承包人的原因所致，分包人都只能向总承包人提出索赔要求，而不能直接向发包人提出。

2) 按索赔目的和要求分类

根据索赔的目的和要求不同，可以将工程索赔分为工期索赔和费用索赔。

(1) 工期索赔。工期索赔一般是指承包人依据合同约定，对非因自身原因导致的工期延误向发包人提出工期顺延的要求。工期顺延的要求获得批准后，不仅可以免除承包人承担拖期违约赔偿金的责任，而且承包人还有可能因工期提前获得赶工补偿(或奖励)。

(2) 费用索赔。费用索赔的目的是要求补偿承包人(或发包人)经济损失，费用索赔的要求如果获得批准，必然会引起合同价款的调整。

3) 按索赔事件的性质分类

根据索赔事件的性质不同，可以将工程索赔分为以下几种。

(1) 工程延误索赔。因发包人未按合同要求提供施工条件，或因发包人指令工程暂停或不可抗力事件等原因造成工期拖延的，承包人可以向发包人提出索赔；如果由于承包人原因导致工期拖延，发包人可以向承包人提出索赔。

(2) 加速施工索赔。由于发包人指令承包人加快施工速度，缩短工期，引起承包人的人力、物力、财力的额外开支，承包人提出的索赔。

(3) 工程变更索赔。由于发包人指令增加或减少工程量，或增加附加工程、修改设计、变更工程顺序等，造成工期延长和(或)费用增加，承包人就此提出索赔。

(4) 合同终止的索赔。由于发包人违约或发生不可抗力事件等原因造成合同非正常终止，承包人因其遭受经济损失而提出索赔。如果由于承包人的原因导致合同非正常终止，或者合同无法继续履行，发包人可以就此提出索赔。

(5) 不可预见的不利条件索赔。承包人在工程施工期间，施工现场遇到一个有经验的承包人通常不能合理预见的不利施工条件或外界障碍，例如地质条件与发包人提供的资料不符，出现不可预见的地下水、地质断层、溶洞、地下障碍物等，承包人可以就因此遭受的损失提出索赔。

(6) 不可抗力事件的索赔。工程施工期间因不可抗力事件的发生而遭受损失的一方，可以根据合同中对不可抗力风险分担的约定，向对方当事人提出索赔。

(7) 其他索赔。如因货币贬值、汇率变化、物价上涨、政策法令变化等原因引起的索赔。

特别提示

《示范文本》的规定中，按照引起索赔事件的原因不同，对一方当事人提出的索赔可能给予合理补偿工期、费用和(或)利润的情况，分别做出了相应的规定。

引起承包人的索赔事件以及可能得到的合理补偿内容如表6-1所示。

表6-1 《示范文本》中承包人的索赔事件以及可能得到的合理补偿内容

序号	条款号	索赔事件	可补偿内容		
			工期	费用	利润
1	1.6.1	迟延提供图纸	√	√	√
2	1.10.1	施工中发现文物、古迹	√	√	
3	2.3	迟延提供施工场地	√	√	√
4	3.4.5	监理人指令迟延或错误	√	√	
5	4.11	施工中遇到不利物质条件	√	√	
6	5.2.4	提前向承包人提供材料、工程设备		√	
7	5.2.6	发包人提供材料、工程设备不合格或迟延提供或变更交货地点	√	√	√
8	5.4.3	发包人更换其提供的不合格材料、工程设备	√	√	
9	8.3	承包人依据发包人提供的错误资料导致测量放线错误	√	√	√
10	9.2.6	因发包人原因造成承包人人员工伤事故		√	
11	11.3	因发包人原因造成工期延误	√	√	√
12	11.4	异常恶劣的气候条件导致工期延误	√		
13	11.6	承包人提前竣工		√	

续表

序号	条款号	索赔事件	可补偿内容		
			工期	费用	利润
14	12.2	发包人暂停施工造成工期延误	√	√	√
15	12.4.2	工程暂停后因发包人原因无法按时复工	√	√	√
16	13.1.3	因发包人原因导致承包人工程返工	√	√	√
17	13.5.3	监理人对已经覆盖的隐蔽工程要求重新检查且检查结果合格	√	√	√
18	13.6.2	因发包人提供的材料、工程设备造成工程不合格	√	√	√
19	14.1.3	承包人应监理人要求对材料、工程设备和工程重新检验且检验结果合格	√	√	√
20	16.2	基准日后法律的变化		√	
21	18.4.2	发包人在工程竣工前提前占用工程	√	√	√
22	18.6.2	因发包人的原因导致工程试运行失败		√	√
23	19.2.3	工程移交后因发包人原因出现新的缺陷或损坏的修复		√	√
24	19.4	工程移交后因发包人原因出现的缺陷修复后的试验和试运行		√	
25	21 3.1(4)	因不可抗力停工期间应监理人要求照管、清理、修复工程		√	
26	21.3.1(4)	因不可抗力造成工期延误	√		
27	22.2.2	因发包人违约导致承包人暂停施工	√	√	√

6.3.2 索赔的依据和条件

1. 索赔的依据

提出索赔和处理索赔都要依据下列文件或凭证。

(1) 工程施工合同文件。工程施工合同是工程索赔中最关键和最主要的依据，工程施工期间发承包双方关于工程的洽商、变更等书面协议或文件是索赔的重要依据。

(2) 国家法律、法规。国家制定的相关法律、行政法规，是工程索赔的法律依据。工程项目所在地的地方性法规或地方政府规章，也可以作为工程索赔的依据，但应当在施工合同专用条款中约定为工程合同的适用法律。

(3) 国家、部门和地方有关的标准，规范和定额。对于工程建设的强制性标准，是合同双方必须严格执行的；对于非强制性标准，必须在合同中有明确规定的情况下，才能作为索赔的依据。

(4) 工程施工合同履行过程中与索赔事件有关的各种凭证。这是承包人因索赔事件所遭受费用或工期损失的事实依据，它反映了工程的计划情况和实际情况。

2. 索赔成立的条件

承包人工程索赔成立的基本条件包括以下3项。

(1) 索赔事件已造成了承包人直接经济损失或工期延误。

(2) 费用增加或工期延误的索赔事件是非承包人的原因发生的。

(3) 承包人已经安装工程施工合同规定的期限和程序提交了索赔意向通知书及相关证明材料。

6.3.3 索赔费用的计算

1. 索赔费用的组成

对于不同原因引起的索赔，承包人可索赔的具体费用内容是不完全一样的。但归纳起来，索赔费用的要素与工程造价的构成基本类似，一般可归结为人工费、材料费、施工机械使用费、分包费、施工管理费、利息、利润、保险费等。

1) 人工费

人工费的索赔包括由于完成合同之外的额外工作所花费的人工费用，超过法定工作时间加班劳动，法定人工费增长，非因承包人原因导致工效降低所增加的人工费用，非因承包商原因导致工程停工人员窝工费和工资上涨费等。在计算停工损失中的人工费时，通常采取人工单价乘以折算系数计算。

2) 材料费

材料费的索赔包括由于索赔事件的发生造成材料实际用量超过计划用量而增加的材料费，由于发包人原因导致工程延期期间的材料价格上涨费和超期储存费用。材料费中应包括运输费、仓储费以及合理的损耗费用。如果由于承包商管理不善，造成材料损坏失效，则不能列入索赔款项内。

3) 施工机具使用费

施工机具使用费的索赔包括由于完成合同之外的额外工作所增加的机械使用费，非因承包人原因导致工效降低所增加的机械使用费，由于发包人或工程师指令错误或迟延导致机械停工的台班停滞费。在计算机械设备台班停滞费时，不能按机械设备台班费计算，因为台班费中包括设备使用费。如果机械设备是承包人自有设备，一般按台班折旧费计算；如果是承包人租赁的设备，一般按台班租金加上每台班分摊的施工机械进退场费计算。

4) 现场管理费

现场管理费的索赔包括承包人完成合同之外的额外工作，以及由于发包人的原因导致工期延期期间的现场管理费，包括管理人员工资、办公费、通信费、交通费等。

现场管理费索赔金额的计算公式为

$$现场管理费索赔金额=索赔的直接成本费用\times现场管理费率 \tag{6.3}$$

式中：现场管理费率的确定可以选用下面的方法：①合同百分比法，即管理费率比率在合同中规定；②行业平均水平法，即采用公开认可的行业标准费率；③原始估价法，即采用投标报价时确定的费率；④历史数据法，即采用以往相似工程的管理费率。

5) 总部(企业)管理费

总部(企业)管理费的索赔主要指的是由于发包人原因导致工程延期期间所增加的承包人向公司总部提交的管理费，包括总部职工工资、办公大楼折旧、办公用品、财务管理、通信设施以及总部领导人员赴工地检查指导工作等开支。总部管理费索赔金额的计算，目前还没有统一的方法，通常可采用以下几种方法。

(1) 按总部管理费的比率计算。

总部管理费索赔金额=(直接费索赔金额+现场管理费索赔金额)×总部管理费比率(%)　(6.4)

式中：总部管理费的比率可以按照投标书中的总部管理费比率计算(一般为3%～8%)，也可以按照承包人公司总部统一规定的管理费比率计算。

(2) 按已获补偿的工程延期天数为基础计算。该方法是在承包人已经获得工程延期索赔的批准后，进一步获得总部管理费索赔的计算方法，计算步骤如下。

① 计算被延期工程应当分摊的总部管理费。

$$延期工程应分摊的总部管理费=同期公司计划总部管理费\times\frac{延期工程合同价格}{同期公司所有工程合同总价} \quad (6.5)$$

② 计算被延期工程的日平均总部管理费。

延期工程的日平均总部管理费=延期工程应分摊的总部管理费/延期工程计划工期　(6.6)

③ 计算索赔的总部管理费。

索赔总部管理费=延期工程的日平均总部管理费×工程延期的天数　(6.7)

6) 保险费

因发包人原因导致工程延期时，承包人必须办理工程保险、施工人员意外伤害保险等各项保险的延期手续，对于由此而增加的费用，承包人可以提出索赔。

7) 保函手续费

因发包人原因导致工程延期时，承包人必须按照相关履约保函申请延期手续，对于因此而增加的手续费，承包人可以提出索赔。

8) 利息

利息的索赔包括发包人拖延支付工程款利息，发包人迟延退还工程保留金的利息，承包人垫资施工的垫资利息，发包人错误扣款的利息等。至于具体的利率标准，双方可以在合同中明确约定，没有约定或约定不明的，可以按照中国人民银行发布的同期同类贷款利率计算。

9) 利润

一般来说，由于工程范围的变更、发包人提供的文件有缺陷或错误、发包人未能提供施工场地，以及因发包人违约导致即合同终止等事件引起的索赔，承包人都可以列入利润。比较特殊的是，根据《示范文本》第11.3款的规定，对于因发包人原因暂停施工导致的工期延误，承包人有权要求发包人支付合理的利润。索赔利润的计算通常是与原报价单中的利润百分率保持一致。但是应当注意的是，由于工程量清单中的单价是综合单价，已经包含了人工费、材料费、施工机械使用费、企业管理费、利润以及一定范围内的风险费用，在索赔计算中不应重复计算。

同时，由于一些引起索赔的事件，同时也可能是合同中约定的合同价款调整因素(如工程变更、法律法规的变化以及物价波动等)，因此，对于已经进行了合同价款调整的索赔件，承包人在费用索赔的计算时，不能重复计算。

10) 分包费用

由于发包人的原因导致分包工程费用增加时，分包人只能向总承包人提出索赔，但分包人的索赔款项应当列入总承包人对发包人的索赔款项中。分包费用索赔指的是分包人的索赔费用，一般也包括与上述费用类似的内容索赔。

2. 索赔费用的计算方法

索赔费用的计算应以赔偿实际损失为原则，包括直接损失和间接损失。索赔费用的计算方法通常有三种，即实际费用法、总费用法和修正的总费用法。

(1) 实际费用法。实际费用法又称分项法，即根据索赔事件所造成的损失或成本增加，按费用项目逐项进行分析、计算索赔金额的方法。这种方法比较复杂，但能客观地反映施工单位的实际损失，比较合理，易于被当事人接受，在国际工程中被广泛采用。

由于索赔费用组成的多样化，不同原因引起的索赔，承包人可索赔的具体费用内容有所不同，必须具体问题具体分析。

(2) 总费用法。总费用法也被称为总成本法，就是当发生多次索赔事件后，重新计算工程的实际总费用，再从该实际总费用中减去投标报价时的估算总费用，即为索赔金额。总费用法计算索赔金额的公式为

$$\text{索赔金额}=\text{实际总费用}-\text{投标报价估算总费用} \tag{6.8}$$

但是，在总费用法的计算方法中，没有考虑实际总费用中可能包括由于承包商的原因(如施工组织不善)而增加的费用，投标报价估算总费用也可能由于承包人为谋取中标而导致过低的报价，因此，总费用法并不十分科学。只有在难于精确地确定某些索赔事件导致的各项费用增加额时，总费用法才得以采用。

(3) 修正的总费用法。修正的总费用法是对总费用法的改进，即在总费用计算的原则上，去掉一些不合理的因素，使其更为合理。修正的内容如下。

① 将计算索赔款的时段局限于受到索赔事件影响的时间，而不是整个施工期。

② 只计算受到索赔事件影响时段内的某项工作所受影响的损失，而不是计算该时段内所有施工工作所受的损失。

③ 与该项工作无关的费用不列入总费用中。

④ 对投标报价费用重新进行核算，即按受影响时段内该项工作的实际单价进行核算，乘以实际完成的该项工作的工程量，得出调整后的报价费用。

按修正后的总费用计算索赔金额的公式为

$$\text{索赔金额}=\text{某项工作调整后的实际总费用}-\text{该项工作的报价费用} \tag{6.9}$$

修正的总费用法与总费用法相比，有了实质性的改进，它的准确程度已接近于实际费用法。

应用案例 6－2

某施工合同约定，施工现场主导施工机械一台，由施工企业租得，台班单价为300元/台班，租赁费为100元/台班，人工费为40元/工日，窝工补贴为10元/工日，以人工费为基数的综合费率为35%。在施工过程中，发生了如下事件：①出现异常恶劣天气导致工程停工2天，人员窝工30个工日；②因恶劣天气导致场外道路中断，抢修道路用工20个工日；③场外大面积停电、停工2天，人员窝工10个工日。为此，施工企业可向业主索赔费用为多少？

解：各事件处理结果如下。

(1) 异常恶劣天气导致的停工通常不能进行费用索赔。

(2) 抢修道路用工的索赔额=20×40×(1+35%)=1 080(元)

(3) 停电导致的索赔额=2×100+10×10=300(元)

总索赔费用=1 080+300=1 380(元)

6.3.4 工期索赔应注意的问题及计算

1. 工期索赔中应当注意的问题

(1) 划清施工进度拖延的责任。因承包人的原因造成施工进度滞后，属于不可原谅的延期；只有承包人不应承担任何责任的延误，才是可原谅的延期。有时工程延期的原因中可能包含双方责任，工程师应进行详细分析，分清责任比例，只有可原谅延期部分才能批准顺延合同工期。可原谅延期又可细分为可原谅并给予补偿费用的延期和可原谅但不给予补偿费用的延期；后者是指非承包人责任的，影响并未导致施工成本的额外支出，大多属于发包人应承担风险责任事件的影响，如异常恶劣的气候条件影响的停工等。

(2) 被延误的工作应是处于施工进度计划关键线路上的施工内容。只有位于关键线路的工作内容滞后，才会影响到竣工日期。但有时也应注意，既要看被延误的工作是否在批准进度计划的关键线路上，又要详细分析这一延误对后续工作的可能影响。若对非关键路线工作的影响时间较长，超过了该工作可用于自由支配的时间，也会导致进度计划中非关键线路转化为关键线路，其滞后将影响总工期的拖延，此时应充分考虑该工作的自由时间，给予相应的工期顺延，并要求承包人修改施工进度计划。

2. 工期赔偿的计算

工期索赔的计算主要有网络图分析和比例计算法两种。

(1) 网络图分析法。该方法是利用进度计划的网络图，分析其关键线路。如果延误的工作为关键工作，则总延误的时间为批准延续的工期；如果延误的工作为非关键工作，当该工作由于延误超过时差限制而成为关键工作时，可以批准延误时间与时差的差值；若该工作延误后仍为非关键工作，则不存在工期索赔问题。

(2) 比例计算法。该方法主要应用于工程量有增加时工期索赔的计算，公式为

$$\text{工期索赔值}=\frac{\text{额外增加的工程量的价格}}{\text{原合同总价}}\times\text{原合同总工期} \tag{6.10}$$

应用案例 6-3

某工程原合同规定分两阶段进行施工，土建工程 21 个月，安装工程 12 个月。假定以一定的劳动力需要量为相对单位，则合同规定的土建工程量可折算为 310 个相对单位，安装工程量折算为 70 个相对单位。合同规定，在工程量增减 10%的范围内，作为承包商的工期风险，不能要求工期补偿。在工程施工过程中，土建和安装的工程量都有较大幅度的增加。实际土建工程量增加到 430 个相对单位，实际安装工程量增加到 117 个相对单位。求承包商可以提出的工期索赔额。

解： 承包商提出的工期索赔额如下。

不索赔的土建工程量的上限=310×1.1=341 个相对单位

不索赔的安装工程量的上限＝70×1.1＝77个相对单位

由于工程量增加而造成的工期延长如下。

土建工程工期延长＝21×(430/341－1)＝5.5(月)

安装工程工期延长＝12×(117/77－1)＝6.2(月)

3. 共同延误的处理

在实际施工过程中，工期拖期很少是只由一方造成的，往往是两三种原因同时发生(或相互作用)而形成的，故称为“共同延误”。在这种情况下，要具体分析哪一种情况延误是有效的，应依据以下原则。

(1) 首先判断造成拖期的哪一种原因是最先发生的，即确定“初始延误”者，它应对工程拖期负责。在初始延误产生作用期间，其他并发的延误者不承担拖期责任。

(2) 如果初始延误者是发包人原因，则在发包人原因造成的延误期内，承包人既可得到工期延长，又可得到经济补偿。

(3) 如果初始延误者是客观原因，则在客观因素发生影响的延误期内，承包人可以得到工期延长，但很难得到费用补偿。

(4) 如果初始延误者是承包人的原因，则在承包人原因造成的延误期内，承包人既不能得到工期延长，也不能得到费用补偿。

特别提示

在处理工程索赔时，一定要注意谁是初始延误者或谁是初始责任者。

另外要注意的是，如果连一个有经验的承包商都无法合理预见时，不应该给予索赔。

知识链接

处理工程索赔的主要注意事项

(1) 非自身的责任才可进行工程索赔。

(2) 费用索赔时伴随工期索赔，工期索赔是否在关键线路上。

(3) 不可抗力事件主要是指当事人无法控制的事件。事件发生后当事人不能合理避免或克服的，即合同当事人不能预见、不能避免且不能克服的客观情况。

(4) 不可抗力后的责任处理如下。

① 工程本身的损害、第三方人员伤亡和财产损失，以及运至施工现场用于施工的材料和待安装的设备的损害，由发包人承担。

② 承发包双方人员伤亡由其所在单位负责，并承担相应费用。

③ 承包人机械设备损坏及停工损失由承包人承担。

④ 停工期间，承包人应工程师要求留在施工场地的必要的管理人员和保卫人员的费用由发包人承担。

⑤ 工程所需清理、修复的费用由发包人承担。

⑥ 延误的工期相应顺延。

6.4 建设工程价款结算

工程价款结算是指承包商在工程实施过程中，依据承包合同中有关付款条款的规定和已经完成的工程量，并按照规定的程序向业主收取工程款的一项经济活动。

6.4.1 工程计量

1. 工程计量的原则与范围

1）工程计量的概念

所谓工程计量，就是发承包双方根据合同约定，对承包人完成合同工程的数量进行的计算和确认。具体地说，就是双方根据设计图纸、技术规范以及施工合同约定的计量方式和计算方法，对承包人已经完成的质量合格的工程实体数量进行测量与计算，并以物理计量单位或自然计量单位进行表示、确认的过程。

招标工程量清单中所列的数量，通常是根据设计图纸计算的数量，是对合同工程的估计工程量。工程施工过程中，通常会由于一些原因导致承包人实际完成工程量与工程量清单中所列工程量的不一致，比如：招标工程量清单缺项、漏项或项目特征描述与实际不符，工程变更，现场施工条件的变化，现场签证，暂列金额中的专业工程发包等。因此，在工程合同价款结算前，必须对承包人履行合同义务所完成的实际工程进行准确的计量。

2）工程计量的原则

工程计量的原则包括下列 3 个方面。

(1) 不符合合同文件要求的工程不予计量。即工程必须满足设计图纸、技术规范等合同文件对其在工程质量上的要求，同时有关的工程质量验收资料齐全、手续完备，满足合同文件对其在工程管理上的要求。

(2) 按合同文件所规定的方法、范围、内容和单位进行计量。工程计量的方法、范围、内容和单位受合同文件所约束，其中工程量清单（说明）、技术规范、合同条款均会从不同角度、不同侧面涉及这方面的内容。在计量中要严格遵循这些文件的规定，并且一定要结合起来使用。

(3) 因承包人原因造成的超出合同工程范围施工或返工的工程量，发包人不予计量。

3）工程计量的范围与依据

(1) 工程计量的范围。工程计量的范围包括工程量清单及工程变更所修订的工程量清单的内容；合同文件中规定的各种费用支付项目，如费用索赔、各种预付款、价格调整、违约金等。

(2) 工程计量的依据。工程计量的依据包括工程量清单及说明、合同图纸、工程变更令及其修订的工程量清单、合同条件、技术规范、有关计量的补充协议、质量合格证书等。

2. 工程计量的方法

工程量必须按照相关工程现行国家计量规范规定的工程量计算规则计算。工程计量可选择按月或按工程形象进度分段计量，具体计量周期在合同中约定。因承包人原因造成的超出合同工程范围施工或返工的工程量，发包人不予计量。通常区分单价合同和总价合同规定不同的计量方法，成本加酬金合同按照单价合同的计量规定进行计量。

1）单价合同计量

单价合同工程量必须以承包人完成合同工程应予计量的按照现行国家计量规范规定的工程量计算规则计算得到的工程量确定。施工中工程计量时，若发现招标工程量清单中出现缺项、工程量偏差，或因工程变更引起工程量的增减，应按承包人在履行合同义务中完成的工程量计算。具体的计量方法如下。

(1) 承包人应当按照合同约定的计量周期和时间，向发包人提交当期已完工程量报告。发包人应在收到报告后7天内核实，并将核实计量结果通知承包人。发包人未在约定时间内进行核实的，则承包人提交的计量报告中所列的工程量视为承包人实际完成的工程量。

(2) 发包人认为需要进行现场计量核实时，应在计量前24小时通知承包人，承包人应为计量提供便利条件并派人参加。双方均同意核实结果时，则双方应在上述记录上签字确认。承包人收到通知后不派人参加计量，视为认可发包人的计量核实结果。发包人不按照约定时间通知承包人，致使承包人未能派人参加计量，计量核实结果无效。

(3) 如承包人认为发包人核实后的计量结果有误，应在收到计量结果通知后的7天内向发包人提出书面意见，并附上其认为正确的计量结果和详细的计算资料。发包人收到书面意见后，应在7天内对承包人的计量结果进行复核后通知承包人。承包人对复核计量结果仍有异议的. 按照合同约定的争议解决办法处理。

(4) 承包人完成已标价工程量清单中每个项目的工程量后，发包人应要求承包人派人共同对每个项目的历次计量报表进行汇总，以核实最终结算工程量。发承包双方应在汇总表上签字确认。

2）总价合同计量

采用经审定批准的施工图纸及其预算方式发包形成的总价合同，除按照工程变更规定引起的工程量增减外，总价合同各项目的工程量是承包人用于结算的最终工程量。总价合同约定的项目计量应以合同工程经审定批准的施工图纸为依据，发承包双方应在合同中约定工程计量的形象目标或时间节点进行计量。具体的计量方法如下。

(1) 承包人应在合同约定的每个计量周期内，对已完成的工程进行计量，并向发包人提交达到工程形象目标完成的工程量和有关计量资料的报告。

(2) 发包人应在收到报告后7天内对承包人提交的上述资料进行复核，以确定实际完成的工程量和工程形象目标。对其有异议的，应通知承包人进行共同复核。

6.4.2 工程价款的结算方法

我国现行工程价款结算根据不同情况，可采取多种方式。

(1) 按月结算。实行旬末或月中预支，月中结算，竣工后清理。

(2) 竣工后一次结算。建设项目或单项工程全部建筑安装工程建设期在12个月以内，或工程承包合同价在100万元以下的，可实行工程价款每月月中预支、竣工后一次结算，即合同完成后承包人与发包人进行合同价款结算，确认的工程价款为承发包双方结算的合同价款总额。

(3) 分段结算。当年开工当年不能竣工的单项工程或单位工程，按照工程形象进度划分不同阶段进行结算。分段标准由各部门、省、自治区、直辖市规定。

(4) 目标结算方式。在工程合同中，将承包工程的内容分解成不同控制面(验收单元)，当承包方完成单元工程内容并经工程师验收合格后，业主支付单元工程内容的工程价款。控制面的设定合同中应有明确的描述。在目标结算方式下，承包方要想获得工程款，必须按照合同约定的质量标准完成控制面工程内容；要想尽快获得工程款，承包商必须充分发挥自己的组织实施力，在保证质量前提下，加快施工进度。

(5) 双方约定的其他结算方式。

6.4.3 工程预付款及其扣回

施工企业承包工程，一般实行包工包料，这就需要有一定数量的备料。在工程承包合同条款中，规定在开工前发包方拨付给承包单位一定限额的工程预付备料款。预付工程款的时间和数额在合同专用条款中约定，工程开工后，按约定时间和比例逐次扣回。预付工程款的拨付时间应不迟于约定的开工前 7 天，发包人不按约定预付，承包人在约定时间 7 天后向发包人发出要求预付的通知，发包人收到通知后仍不能按要求预付的，承包人可在发出通知后 7 天停止施工，发包方应从约定应付之日起向承包方支付应付款的贷款利息，并承担违约责任。

特别提示

工程预付款仅用于承包方支付施工开始时与本工程有关的动员费用。如承包方滥用此款，发包方有权立即收回。

1. 预付工程款的限额

决定预付工程款限额的因素有：主要材料占工程造价比重、材料储备期、施工工期等。预付备料款计算方法有以下几种。

1) 施工单位常年应备的备料款限额

$$\text{备料款限额}=\frac{\text{年度承包工程总值}\times\text{主要材料所占比重}}{\text{年底施工工日天数}}\times\text{材料储备天数} \quad (6.11)$$

应用案例 6-4

某工程合同总额 350 万，主要材料、构件所占比重为 60%，年度施工天数为 200 天，材料储备天数 80 天，则预付备料款限额多少？

解： 预付备料款限额 $=\frac{350\times60\%}{200}\times80=84$(万元)

2) 备料款数额

$$\text{备料款数额}=\text{年度建筑安装工程合同价}\times\text{预付备料款比例额度} \quad (6.12)$$

备料款的比例额度根据工程类型、合同工期、承包方式、供应体制等不同而定。建筑工程不应超过当年建筑工作量(包括水、电、暖)的 30%，安装工程按年安装工程量的

10%计算，材料占比重较大的安装工程按年产值15%左右拨付。对于只包定额工日的工程项目，可以不付备料款。

2. 预付款的扣回

发包人拨付给承包方的备料款属于预支的性质。工程实施后，随着工程所需材料储备的逐步减少，应以抵充工程款的方式陆续扣回，即在承包方应得的工程进度款中扣回。扣回的时间称为起扣点，起扣点计算方法有两种。

(1) 按公式计算。这种方法原则上是以未完工程所需材料的价值等于预付备料款时起扣。从每次结算的工程款中按材料比重抵扣工程价款，竣工前全部扣清。

$$\text{未完工程材料款}=\text{预付备料款} \tag{6.13}$$

$$\text{未完工程材料款}=\text{未完工程价值}\times\text{主材比重}=(\text{合同总价}-\text{已完工程价值})\times\text{主材比重} \tag{6.14}$$

$$\text{预付备料款}=(\text{合同总价}-\text{已完工程价值})\times\text{主材比重} \tag{6.15}$$

$$\text{已完工程价值(起扣点)}=\text{合同总价}-\frac{\text{预付备料款}}{\text{主材比重}} \tag{6.16}$$

应用案例 6-5

某工程合同价总额200万元，工程预付款24万元，主要材料、构件所占比重60%，则起扣点为多少?

解： 起扣点 $200-\dfrac{24}{60\%}=160$(万元)

(2) 在承包方完成金额累计达到合同总价一定比例(双方合同约定)后，由发包方从每次应付给承包方的工程款中扣回工程预付款，在合同规定的完工期前将预付款还清。

6.4.4 工程进度款结算

特别提示

施工企业在施工过程中，根据合同所约定的结算方式，按月或进度或控制界面，完成的工程量计算各项费用，向业主办理工程进度款结算。

以按月结算为例，业主在月中向施工企业预支半月工程款，施工企业在月末根据实际完成工程量向业主提供已完工程月报表和工程价款结算账单，经业主和工程师确认，收取当月工程价款，并通过银行结算，即承包商提交已完工程量报告→工程师确认→业主审批认可→支付工程进度款。

在工程进度款支付过程中，应遵循如下原则。

1. 工程量的确认

(1) 承包人应按专用条款约定的时间向工程师提交已完工程量报告。工程师接到报告后7天内按设计图纸核实已完工程量(计量)，计量前24小时通知承包方，承包方为计量提供便利条件并派人参加。承包商收到通知不参加计量的，计量结果有效，并作为工程价款支付的依据。

(2) 工程师收到承包人报告后7天内未计量，从第8天起，承包人报告中开列的工程量即视为被确认，作为工程价款支付的依据。工程师不按约定时间通知承包人，致使承包人未能参加计量，计量结果无效。

(3) 承包人超出设计图纸范围和因承包人原因造成返工的工程量，工程师不予计量。例如，在地基工程施工中，当地基底面处理到施工图所规定的处理范围边缘时，承包商为了保证夯击质量，将夯击范围比施工图纸规定范围适当扩大，此扩大部分不予计量。因为这部分的施工是承包商为保证质量而采取的技术措施，费用由施工单位自己承担。

2. 工程进度款支付

(1) 在计量结果确认后14天内，发包人应向承包人支付工程款(进度款)，并按约定可将应扣回的预付款与工程款同期结算。

(2) 符合规定范围合同价款的调整，工程变更调整的合同价款及其他条款中约定的追加合同价款应与工程款同期支付。

(3) 发包人超过约定时间不支付工程款，承包人可向发包人发出要求付款通知，发包人收到通知仍不能按要求付款的，可与承包人签订延期付款协议，经承包人同意后延期支付。协议应明确延期支付的时间和从计量结果确认后第15天起计算应支付的贷款利息。

(4) 发包人不按合同约定支付工程款，双方又未达成延期付款协议，导致施工无法进行，承包人可停止施工，由发包人承担违约责任。

6.4.5 工程竣工结算

工程竣工结算是指施工企业按照合同规定的内容全部完成所承包的工程，经验收质量合格，并符合合同要求之后，向发包单位进行的最终工程价款结算。

(1) 工程竣工验收报告经发包方认可后28天内，承包方向发包方递交竣工结算报告及完整的结算资料，双方按照协议书约定合同价款及专用条款约定的合同价款调整内容，进行工程竣工结算。

(2) 发包方收到承包方递交的竣工结算资料后28天内核实，给予确认或者提出修改意见，承包方收到竣工结算价款后14天内将竣工工程交付发包方。

(3) 发包方收到竣工结算报告及结算资料后28天内无正当理由不支付工程竣工结算价款的，从第29天起按承包方同期向银行贷款利率支付拖欠工程价款的利息并承担违约责任。

(4) 发包方收到竣工结算报告及结算资料后28天内不支付工程竣工结算价款，承包方可以催告发包方支付结算价款。发包方在收到竣工结算报告及结算资料56天内仍不支付的，承包方可以与发包方协议将该工程折价，也可以由承包方申请法院将该工程拍卖，承包方就该工程折价或拍卖的价款中优先受偿。

(5) 工程竣工验收报告经发包人认可28天后，承包人未向发包人递交竣工结算报告及完整的结算资料，造成工程竣工结算不能正常进行或工程竣工结算价款不能及时支付时，发包人要求交付工程的，承包人应当交付，发包人不要求交付工程的，承包人承担保管责任。

$$\text{竣工结算工程价款}=\text{合同价款}+\begin{matrix}\text{施工过程中预算}\\\text{或合同价款调整数额}\end{matrix}-\text{预付及已结算工程价款}-\text{保修金}$$

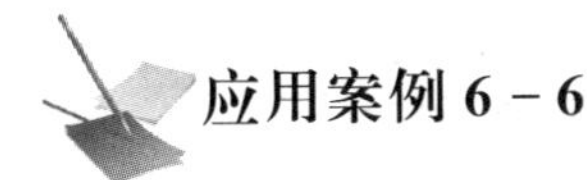

应用案例 6－6

某工程合同价款总额为300万元，施工合同规定预付备料款为合同价款的25%，主要材料为工程价款的62.5%，在每月工程款中扣留5%保修金，每月实际完成工作量见表6－2。

表6－2 每月实际完成工作量

月份	1	2	3	4	5	6
完成工作量/万元	20	50	70	75	60	25

求预付备料款、每月结算工程款。

解：相关计算如下。

预付备料款＝300×25% ＝75(万元)

起扣点＝300－75/62.5% ＝180(万元)

1月份：累计完成20万元，结算工程款＝20－20×5% ＝19(万元)

2月份：累计完成70万元，结算工程款＝50－50×5% ＝47.5(万元)

3月份：累计完成140万元，结算工程款＝70×(1－5%) ＝66.5(万元)

4月份：累计完成215万元，超过起扣点180万元

结算工程款＝75－(215－180) ×62.5%－75×5% ＝49.375(万元)

5月份：累计完成275万元

结算工程款＝60－60×62.5%－60×5% ＝19.5(万元)

6月份：累计完成300万元

结算工程款＝25×(1－62.5%)－25×5% ＝8.125(万元)

6.4.6 工程价款的动态结算

工程建设项目周期长，在整个建设期内会受到物价浮动等多种因素的影响，其中主要是人工、材料、施工机械等动态影响。

特别提示

工程价款结算时要充分考虑动态因素，把多种因素纳入结算过程，使工程价款结算能反映工程项目的实际消耗费用。

1. 采用价格指数调整价格差额

采用价格指数调整价格差额的方法，主要适用于施工中所用的材料品种较少，但每种材料使用量较大的土木工程，如公路、水坝等。

1）价格调整公式

因人工、材料、工程设备和施工机械台班等价格波动影响合同价款时，根据投标函附录中的价格指数和权重表约定的数据，按式(6.17)计算差额并调整合同价款

$$\Delta P = P_0\left[A + \left(B_1 + \frac{F_{t1}}{F_{01}} + B_2 \times \frac{F_{t2}}{F_{02}} + B_3 \times \frac{F_{t3}}{F_{03}} + \cdots + B_n + \frac{F_{tn}}{F_{0n}}\right) - 1\right] \quad (6.17)$$

式中： ΔP——需调整的价格差额；

p_0——根据进度付款、竣工付款和最终结清等付款证书中，承包人应得到的已完成工程量的金额；此项金额应不包括价格调整、不计质量保证金的扣留和支付、预付款的支付和扣回；变更及其他金额已按现行价格计价的，也不计在内；

A——定值权重(即不调部分的权重)；

B_1，B_2，$B_3 \cdots B_n$——各可调因子的变值权重(即可调部分的权重)为各可调因子在投标函投标总报价中所占的比例；

F_{t1}，F_{t2}，$F_{t3} \cdots F_{tn}$——各可调因子的现行价格指数，指根据进度付款、竣工付款和最终结清等约定的付款证书相关周期最后一天的前42天的各可调因子的价格指数；

F_{01}，F_{02}，$F_{03} \cdots F_{0n}$——各可调因子的基本价格指数，指基准日的各可调因子的价格指数。

当确定定值部分和可调部分因子权重时，应注意由于以下原因引起的合同价款调整，其风险应由发包人承担。

(1) 省级或行业建设主管部门发布的人工费调整，但承包人对人工费或人工单价的报价高于发布的除外。

(2) 由政府定价或政府指导价管理的原材料等价格进行了调整的。

以上价格调整公式中的各可调因子、定值和变值权重，以及基本价格指数及其来源在投标函附录价格指数和权重表中约定。价格指数应首先采用工程造价管理机构提供的价格指数，缺乏上述价格指数时，可采用工程造价管理机构提供的价格代替。

在计算调整差额时得不到现行价格指数的，可暂用上一次价格指数计算，并在以后的付款中再按实际价格指数进行调整。

2) 权重的调整

按变更范围和内容所约定的变更，导致原定合同中的权重不合理时，由承包人和发包人协商后进行调整。

3) 工期延误后的价格调整

由于发包人原因导致工期延误的，则对于计划进度日期(或竣工日期)后续施工的工程，在使用价格调整公式时，应采用计划进度日期(或竣工日期)与实际进度日期(或竣工日期)的两个价格指数中较高者作为现行价格指数。

由于承包人原因导致工期延误的，则对于计划进度日期(或竣工日期)后续施工的工程，在使用价格调整公式时，应采用计划进度日期(或竣工日期)与实际进度日期(或竣工日期)的两个价格指数中较低者作为现行价格指数。

应用案例 6-7

某直辖市城区道路扩建项目进行施工招标，投标截止日期为2020年8月1日。通过评标确定中标人后，签订的施工合同总价为80 000万元，工程于2020年9月20日开工。施工合同中约定。①预付款为合同总价的5%，分10次按相同比例从每月应支付的工程进度款中扣还。②工程进度款按月支付，进度款金额包括：当月完成的清单子目的合同价款；当月确认的变更、索赔金额；当月价格调整金额；扣除合同约定应当抵扣的预付款和扣留的质量保证金。③质量保证金从月进度付款中按5%扣留，最高扣至合同总价的5%。④工程价款结算时人工单价、钢材、水泥、沥青、砂石料以及机械使用费采用价格指数法给承包商以调价补偿，各项权重系数及价格指数如表6-3所列。根据表6-4所列工程前4个月的完成情况，计算11月份应当实际支付给承包人的工程款数额。

表6-3 工程调价因子权重系数及造价指数

	人工	钢材	水泥	沥青	砂石料	机械使用费	定值部分
权重系数	0.12	0.10	0.08	0.15	0.12	0.10	0.33
2020年7月指数/(元/日)	91.7	78.95	106.97	99.92	114.57	115.18	—
2020年8月指数/(元/日)	91.7	82.44	106.80	99.13	114.26	115.39	—
2020年9月指数/(元/日)	91.7	86.53	108.11	99.09	114.03	115.41	—
2020年10月指数/(元/日)	95.96	85.84	106.88	99.38	113.01	114.94	—
2020年11月指数/(元/日)	95.96	66.75	107.27	99.66	116.08	114.91	—
2020年12月指数/(元/日)	101.47	87.80	128.37	99.85	126.26	116.41	—

表6-4 2019年9—12月份工程完成情况 （单位：万元）

支付项目	月份			
	9月份	10月份	11月份	12月份
截至当月完成的清单子目价款	1 200	3 510	6 950	9 840
当月确认的变更金额（调价前）	0	60	−110	100
当月确认的索赔金额（调价前）	0	10	30	50

解：(1)计算11月份完成的清单子目的合同价款：6 950−3 510=3 440(万元)

(2) 计算11月份的价格调整金额。

$$价格调整金额=(3\ 440-110+30)\times\left[\left(0.33+0.12\times\frac{95.96}{91.7}+0.10\times\frac{86.75}{78.95}+0.08\times\frac{107.27}{106.97}+0.15\times\frac{99.66}{99.92}+0.12\times\frac{116.08}{114.57}+0.10\times\frac{114.91}{115.18}\right)-1\right]$$

$$=3\ 360\times[(0.33+0.125\ 6+0.109\ 9+0.080\ 2+0.149\ 6+0.121\ 6+0.099\ 8)-1]$$

$$=3\ 360\times0.016\ 7=56.11(万元)$$

说明：①由于当月的变更和索赔金额不是按照现行价格计算的，所以应当计算在调价基数内；②基准日为2011年7月3日，所以应当选取7月份的价格指数作为各可调因子的基本价格指数；③人工费缺少价格指数，可以用相应的人工单价代替。

(3) 计算11月份应当实际支付的金额。

① 11月份的应扣预付款：80 000×5%÷10=400(万元)

② 11月份的应扣质量保证金：(3 440−110+30+56.11)×5%=170.81(万元)

③ 11月份应当实际支付的进度款金额=(3 440−110+30+56.11−400−170.81)=2 845.30(万元)

2. 采用造价信息调整价格差额

采用造价信息调整价格差额的方法，主要适用于使用的材料品种较多，相对而言每种材料使用量较小的房屋建筑与装饰工程。

施工合同履行期间，因人工、材料、工程设备和施工机械台班价格波动影响合同价格时，人工和施工机械使用费按照国家或省、自治区、直辖市建设行政管理部门，行业建设管理部门或其授权的工程造价管理机构发布的人工成本信息，施工机械台班单价或施工机械使用费系数进行调整；需要进行价格调整的材料，其单价和采购数应由发包人复核，发包人确认需调整的材料单价及数量，作为调整合同价款差额的依据。

1）人工单价的调整

人工单价发生变化时，发承包双方应按省级或行业建设主管部门或其授权的工程造价管理机构发布的人工成本文件调整合同价款。

2）材料和工程设备价格的调整

材料、工程设备价格变化的价款调整，按照承包人提供主要材料和工程设备一览表，根据发承包双方约定的风险范围，按以下规定进行调整。

(1) 如果承包人投标报价中材料单价低于基准单价，工程施工期间材料单价涨幅以基准单价为基础超过合同约定的风险幅度值时，或材料单价跌幅以投标报价为基础超过合同约定的风险幅度值时，其超过部分按实调整。

(2) 如果承包人投标报价中材料单价高于基准单价，工程施工期间材料单价跌幅以基准单价为基础超过合同约定的风险幅度值时，或材料单价涨幅以投标报价为基础超过合同约定的风险幅度值时，其超过部分按实调整。

(3) 如果承包人投标报价中材料单价等于基准单价，工程施工期间材料单价涨、跌幅以基准单价为基础超过合同约定的风险幅度值时，其超过部分按实调整。

(4) 承包人应当在采购材料前将采购数量和新的材料单价报发包人核对，确认用于本合同工程时，发包人应当确认采购材料的数量和单价。发包人在收到承包人报送的确认资料后3个工作日不予答复的，视为已经认可，作为调整合同价款的依据。如果承包人未报经发包人核对即自行采购材料，再报发包人确认调整合同价款的，如发包人不同意，则不做调整。

3）施工机械台班单价的调整

施工机械台班单价或施工机械使用费发生变化超过省级或行业建设主管部门或其授权的工程造价管理机构规定的范围时，按照其规定调整合同价款。

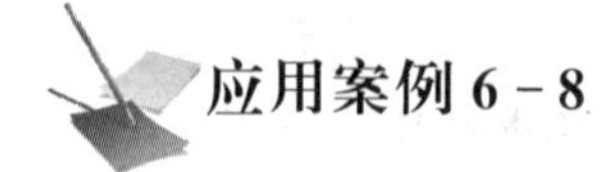

应用案例 6-8

某工程采用《FIDIC合同条件》，合同金额500万元，根据承包合同，采用调值公式调值，调价因素为A、B、C三项，其在合同中比率分别为20%、10%、25%，这三种因素基期的价格指数分别为105%、102%、110%，结算期的价格指数分别为107%、106%、115%，则调值后的合同价款为多少？

解：调值后的合同价款$=500\times\left(45\%+20\%\times\frac{107}{105}+10\%\times\frac{108}{102}+25\%\times\frac{115}{110}\right)=$

509.54(万元)

经调整实际结算价格为509.54万元，比原合同多9.54万元。

应用案例6-9

2019年3月实际完成的某土方工程，按2018年签约时的价格计算工程价款为10万元，该工程固定系数为0.2，各参加调值的因素除人工费的价格指数增长了10%外，其他都未发生变化，人工占调值部分的50%，按调值公式完成该土方工程结算的工程款为多少?

解： 工程款 $=100\ 000\times\left(0.2+0.4\times\frac{110}{100}+0.4\times\frac{100}{100}\right)=104\ 000$(元)

注：调值部分为0.8，其中人工为50%，即0.4。

应用案例6-10

某土建工程，合同规定结算款100万元，合同原始报价日期为2018年3月，工程于2019年5月建成交付使用，工程人工费、材料费构成比例以及有关造价指数见表6-5，计算实际结算款。

表6-5 费用构成比例及有关造价指数

项目	人工费	钢材	水泥	集料	红砖	砂	木材	不调值费用
比例/(%)	45	11	11	5	6	3	4	15
2018年3月指数	100	100.8	102	93.6	100.2	95.4	93.4	
2019年5月指数	110.1	98	112.9	95.9	98.9	91.1	117.9	

解： 实际结算价款 $=100\times\left(0.15+0.45\times\frac{110.1}{100}+0.11\times\frac{98}{100.8}+0.11\times\frac{112.9}{102.0}+0.5\times\frac{95.9}{93.6}+0.06\times\frac{98.9}{100.2}+0.03\times\frac{91.1}{95.4}+0.04\times\frac{117.9}{93.4}\right)$

$=100\times1.064=106.4$(万元)

应用案例6-11

某工程项目，合同总价为186万元，该工程由三部分组成，其中土方工程费为18.6万元，砌体工程费为74.4万元，钢筋混凝土工程费为93万元。合同规定采用动态结算公式进行结算，本工程人工费和材料费占工程价款的85%，在人工和材料费中，各项组成费用的比例见表6-6。

表 6-6 各项组成费用的比例

费用名称	土方/(%)	砌砖/(%)	钢筋混凝土/(%)
人工费	50	38	36
钢材		3	25
水泥		10	18
砂石		5	12
燃料	24		4
工具	26		
砖		42	
木材			5

该合同投标报价为 2019 年 2 月，在 2019 年 12 月，承包商完成的工程量价款为 24.4 万元。2019 年 2 月及 12 月的工资物价指数，见表 6-7。

表 6-7 工资物价指数

费用名称	代号	2019 年 2 月指数	代号	2019 年 12 月指数
人工费	Ao	100	A	121
钢材	Bo	146	B	173
水泥	Co	147	C	165
砂石	Do	129	D	142
燃料	Eo	152	E	181
工具	Fo	144	F	172
砖	Go	149	G	177
木材	Ho	148	H	168

通过调价后，2019 年 12 月的工程款为多少?

解：三个组成部分的工程费占工程总价的比例如下。

土方工程占：18.6/186 =10%

钢筋混凝土工程占：93/186 =50%

砌体工程占：74.4/186 =40%

参加调值的各项费用占工程总价的比例如下。

人工费：(50% ×10%+ 38%×40%+ 36% ×50%)×85% =32.5%

钢材：(5%×40% +25% ×50%)×85% =12.3%

水泥：(10%×40% +18% ×50%)×85% =11.1%

砂石：(5%×40% +12% ×50%)×85% =6.8%

燃料：(24%×10%+ 4% ×50%)×85% =3.7%

工具：26 ×10% ×85% =2.2%

砖：42%×40% ×85% =14.3%

木材：5%×50% ×85% =2.1%

不可调值费用占工程价款的比例为 15%，调值后 2019 年 12 月的工程款为

$$P=24.4\times\left(0.15+0.325\times\frac{121}{100}+0.123\times\frac{173}{146}+0.111\times\frac{165}{147}+0.068\times\frac{142}{129}+0.037\times\frac{181}{152}+0.022\times\frac{172}{144}+0.143\times\frac{177}{149}+0.021\times\frac{168}{148}\right)=28.121(\text{万元})$$

特别提示

在进行工程结算时，注意合同规定和起扣点要求。

知识链接

工程价款结算的主要注意事项如下。

① 工程价款结算的方式。

② 工程价款约定的主要内容。

③ 工程预付款支付及扣回。

④ 工程进度款的支付。

⑤ 工程保证金的预留和返还。

6.5 资金使用计划的编制与应用

6.5.1 资金使用计划的编制方法

1. 施工阶段资金使用计划编制的作用

施工阶段既是建设工程周期长、规模大、造价高，又是资金投入量最直接、最大，效果最明显的阶段。施工阶段资金使用计划的编制与控制在整个建设管理中处于重要的地位，它对工程造价有着重要的影响，其表现如下。

(1) 通过编制资金计划，合理地确定工程造价施工阶段目标值，使工程造价控制有所依据，并为资金的筹集与协调打下基础。有了明确的目标值后，就能将工程实际支出与目标值进行比较，找出偏差，分析原因，采取措施纠正偏差。

(2) 通过资金使用计划，预测未来工程项目的资金使用和进度控制，消除不必要的资金浪费。

(3) 在建设项目的进行中，通过资金使用计划执行，有效地控制工程造价上升，最大限度地节约投资。

2. 资金使用计划编制

1) 按不同子项目编制资金使用计划

一个建设项目往往由多个单项工程组成，每个单项工程可能由多个单位工程组成，而单位工程由若干个分部分项工程组成。

对工程项目划分的粗细程度，根据具体实际需要而定，一般情况下，投资目标分解到各单项工程、单位工程。

投资计划分解到单项工程、单位工程的同时，还应分解到建筑工程费、安装工程费、设备购置、工程建设其他费等，这样有助于检查各项具体投资支出对象落实情况。

2）按时间进度编制资金使用计划

特别提示

建设项目的投资总是分阶段、分期支出的，按时间进度编制资金使用计划将总目标按使用时间分解来确定分目标值。

按时间进度编制的资金使用计划通常采用横道图、时标网络图、S形曲线、香蕉图等形式。

(1) 横道图是用不同的横道图标识已完工程计划投资、实际投资及拟完工程计划投资，横道图的长度与其数据成正比。横道图的优点是形象直观，但信息量少，一般用于管理的较高层次。

(2) 时标网络图是在确定施工计划网络图基础上，将施工进度与工期相结合而形成的网络图。

(3) S形曲线即时间—投资累计曲线。

时标网络图和横标图将在偏差分析中详细介绍，本节主要介绍S形曲线。S形曲线绘制步骤包括以下几步。

① 确定工程进度计划。

② 根据每单位时间内完成的实物工程量或投入的人力、物力和财力，计算单位时间(月或旬)的投资，见表6-8。

表6-8　单位时间的投资

时间/月	1	2	3	4	5	6	7	8	9	10	11	12
投资/万元	100	200	300	500	600	800	800	700	600	400	300	200

③ 将各单位时间计划完成的投资额累计，得到计划累计完成的投资额，见表6-9。

表6-9　计划累计完成的投资

时间/月	1	2	3	4	5	6	7	8	9	10	11	12
投资/万元	100	200	300	500	600	800	800	700	600	400	300	200
计划累计投资/万元	100	300	600	1 100	1 700	2 500	3 300	4 000	4 600	5 000	5 300	5 500

④ 绘制S形曲线如图6.1所示。

每一条S形曲线对应于某一特定的工程进度计划。

(4) 香蕉图绘制方法同S形曲线，不同在于分别绘制按最早开工时间和最迟开工时间的曲线，两条曲线形成类似香蕉的曲线图，如图6.2所示。

S形曲线必然包括在香蕉图曲线内。

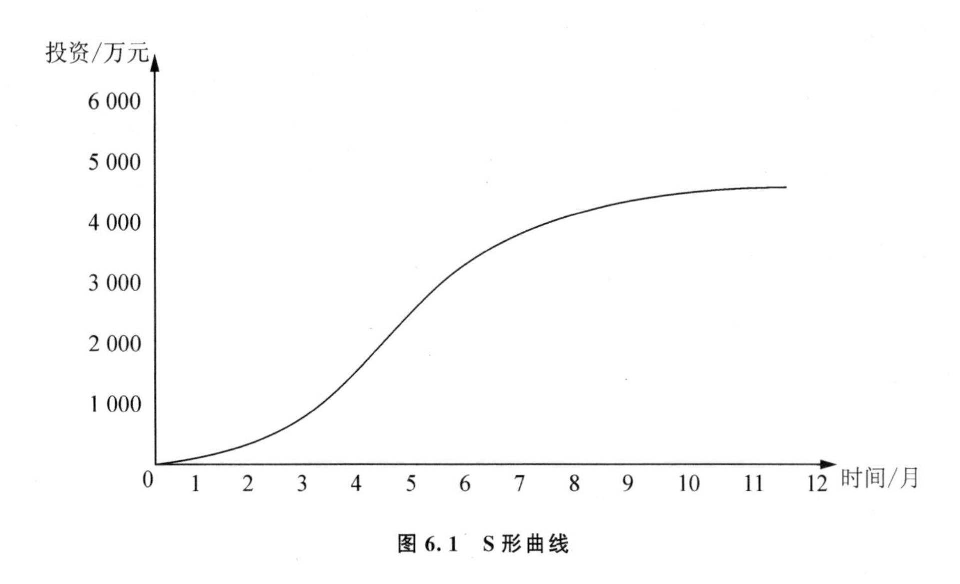

图 6.1　S形曲线

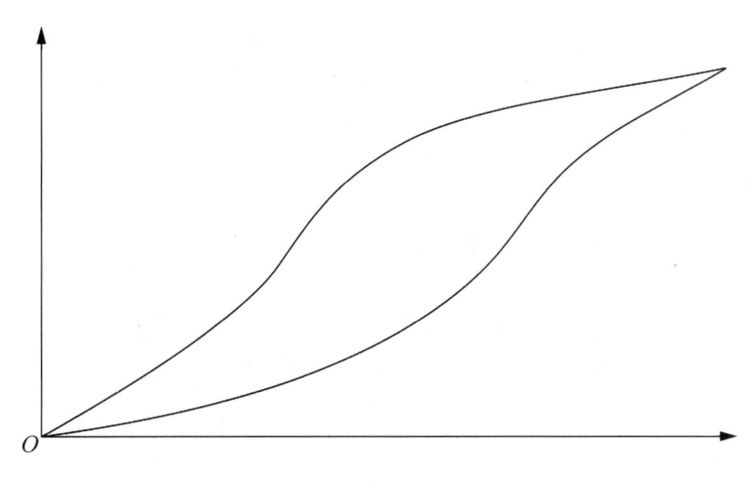

图 6.2　香蕉图

6.5.2　投资偏差的分析

1. 偏差

在项目实施过程中，由于各种因素的影响，实际情况往往会与计划出现偏差，把投资的实际值与计划值的差异称为投资偏差，把实际工程进度与计划工程进度的差异称为进度偏差。

投资偏差＝已完工程实际投资－已完工程计划投资　(6.18)

进度偏差＝已完工程实际时间－已完工程计划时间　(6.19)

进度偏差也可表示为

进度偏差＝拟完工程计划投资－已完工程计划投资　(6.20)

式中：拟完工程计划投资——按原进度计划工作内容的计划投资。

特别提示

拟完工程计划投资是指“计划进度下的计划投资”，已完工程计划投资是指“实际进度下的计划投资”，已完工程实际投资是指“实际进度下的实际投资”。

应用案例 6-12

某工作计划完成工作量 $200m^3$，计划进度 $20m^3$/天，计划投资 10 元/m^3，到第 4 天实际完成 $90m^3$，实际投资 1 000 元。计划完成 $20\times4=80(m^3)$，则计算投资偏差与进度偏差。

解： 拟完工程计划投资＝80×10 ＝800(元)

已完工程计划投资＝90×10 ＝900(元)

已完工程实际投资：1 000(元)

投资偏差＝1 000－900 ＝100(元)

进度偏差＝800－900 ＝－100(元)

其中：进度偏差为正表示工程拖延，为负表示工期提前；投资偏差为正表示投资增加，为负表示投资节约。

2. 偏差分析

常用的偏差分析方法有横道图分析法、时标网络图法、表格法、曲线法。

1）横道图分析法

在实际工程中，有时需要在根据拟完工程计划投资和已完工程实际投资确定已完工程计划投资后，再确定投资偏差、进度偏差。

应用案例 6-13

某计划进度与实际进度横道图如图 6.3 所示，图中粗实线表示计划进度（上方的数据表示每周计划投资），点画线表示实际进度(上方的数据表示每周实际投资)，假定各分项工程每周计划完成的工程量相等，则试计算进度偏差。

解： 由横道图知拟完工程计划投资和已完工程实际投资，首先求已完工程计划投资。已完工程计划投资的进度应与已完工程实际投资一致，在图 6.3 画出进度线的位置如虚线所示，其投资总额应与计划投资总额相同。例：D 分项工程，进度线同已完的实际进度 7 至 11 周，拟完工程计划投资：4×5 ＝20(万元)，已完工程计划投资为 20÷5＝4(万元/周)，如图 6.3 中虚线，其余类推。

根据上述分析，将每周的拟完工程计划投资、已完工程计划投资、已完工程实际投资进行统计见表 6-10。

由表 6-10 可以求出每周的投资偏差和进度偏差相关计算如下。

第 6 周周末，投资偏差＝已完工程实际投资－已完工程计划投资＝39－40＝－1(万元)

说明节约 1 万元。

进度偏差＝拟完工程计划投资－已完工程计划投资＝67－40 ＝27(万元)

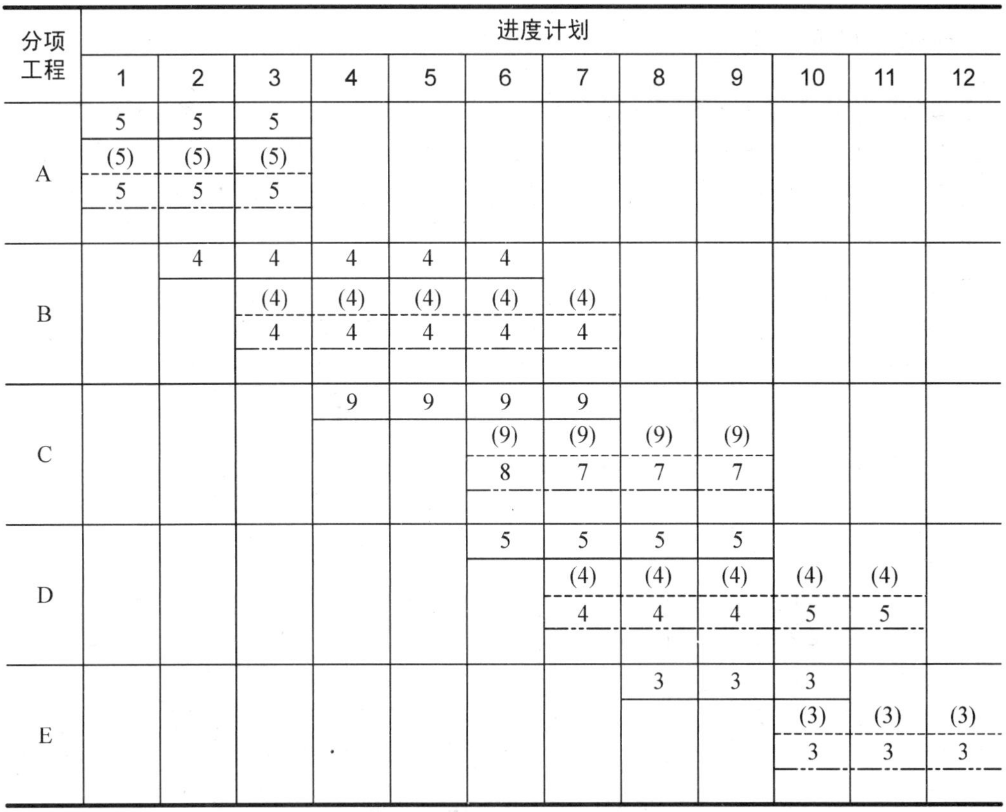

分项工程	进度计划											
	1	2	3	4	5	6	7	8	9	10	11	12
A	5 (5) 5	5 (5) 5	5 (5) 5									
B		4	4 (4) 4	4 (4) 4	4 (4) 4	4 (4) 4	(4) 4					
C				9	9	9 (9) 8	9 (9) 7	(9) 7	(9) 7			
D						5	5 (4) 4	5 (4) 4	5 (4) 4	(4) 5	(4) 5	
E								3	3	3 (3) 3	(3) 3	(3) 3

图 6.3 某计划进度与实际进度横道图

说明进度拖后超支 27 万元。

表 6-10 每周投资数据统计　　单位:万元

项　目	投资数据											
	1	2	3	4	5	6	7	8	9	10	11	12
每周拟完工程计划投资	5	9	9	13	13	18	14	8	8	3		
累计拟完工程计划投资	5	14	23	36	49	67	81	89	97	100		
每周已完工程实际投资	5	5	9	4	4	12	15	11	11	8	8	3
累计已完工程实际投资	5	10	19	23	27	39	54	65	76	84	92	95
每周已完工程计划投资	5	5	9	4	4	13	17	13	13	7	7	3
累计已完工程计划投资	5	10	19	23	27	40	57	70	83	90	97	100

2）时标网络图法

双代号网络图以水平时间坐标尺度表示工作时间，时标的时间单位根据需要可以是天、周、月等。时标网络计划中，实箭线表示工作，实箭线的长度表示工作持续时间，虚箭线表示虚工作，波浪线表示工作与其今后工作的时间间隔。

应用案例 6-14

某工程的早时标网络图如图 6.4 所示，工程进展到第 5、第 10、第 15 个月月底时，分别检查了工程进度，相应绘制了 3 条前锋线，见图 6.4 中的点画线。此工程每月投资数据统计见表 6-11。分析第 5 个月和第 10 个月月底的投资偏差、进度偏差，并根据第 5 个月、第 10 个月的实际进度前锋线分析工程进度情况。

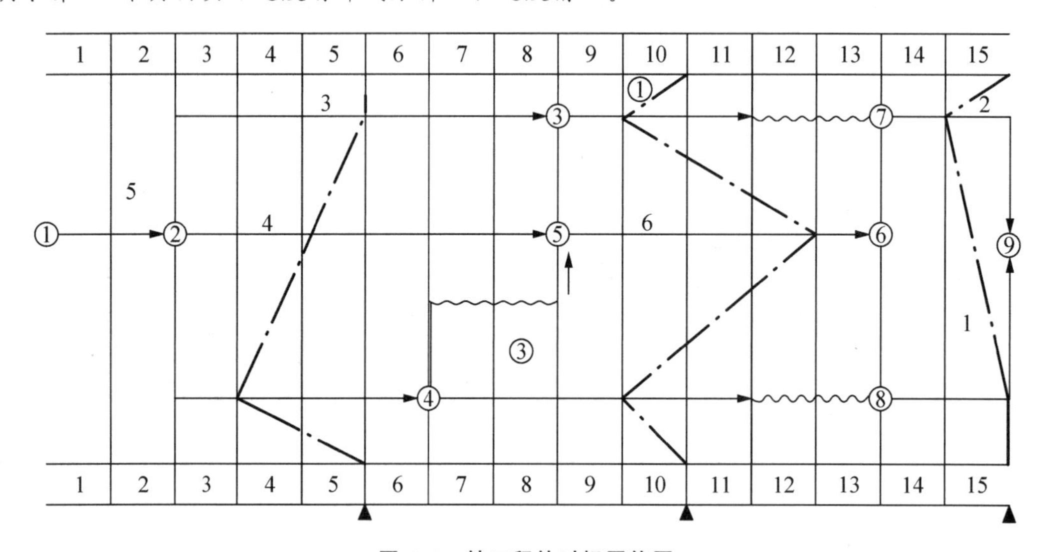

图 6.4 某工程的时标网络图

表 6-11 某工程每月投资数据统计 单位：万元

月份	1	2	3	4	5	6	7	8	9	10	11	12	13	14	15
累计拟完工程计划投资	5	10	20	30	40	50	60	70	80	90	100	106	112	115	118
累计已完工程实际投资	5	15	25	35	45	53	61	69	77	85	94	103	112	116	120

解： 第 5 个月月底：已完工程计划投资=2×5+3×3+4×2+3 =30(万元)

投资偏差=已完工程实际投资－已完工程计划投资=45－30 =15(万元)

说明投资增加 15 万元。

进度偏差=拟完工程计划投资－已完工程计划投资=40－30 =10(万元)

说明进度拖延超支 10 万元。

第 10 个月：已完工程计划投资=5×2+3×6+4×6+3×4+1 +6×4+3×3 =98(万元)

投资偏差=已完工程实际投资－已完工程计划投资=85－98 =－13(万元)

说明投资节约 13 万元。

进度偏差=拟完工程计划投资－已完工程计划投资=90－98 =－8(万元)

说明进度提前 8 万元。

3）表格法

表格法偏差分析见表 6-12。

表 6-12　表格法偏差分析　　单位:万元

序号				
(1)	项目编码	011	012	013
(2)	项目名称	土方工程	打桩工程	基础工程
(3)	计划单价			
(4)	拟完工程量			
(5)=(3)×(4)	拟完工程计划投资	50	66	80
(6)	已完工程量			
(7)=(6)×(4)	已完工程计划投资	60	100	60
(8)	实际单价			
(9)=(6)×(8)	已完工程实际投资	70	80	80
(10)=(9)-(7)	投资偏差	10	-20	20
(11)=(5)-(7)	进度偏差	-10	-34	20

4) 曲线法

曲线法是用时间—投资累计曲线(S形曲线)进行分析的一种方法，通常有3条曲线，即已完工程实际投资曲线、已完工程计划投资、拟完工在计划投资曲线。如图6.5所示，已完实际投资与已完计划投资两条曲线之间的竖向距离表示投资偏差，拟完计划投资与已完计划投资曲线之间的水平距离表示进度偏差。

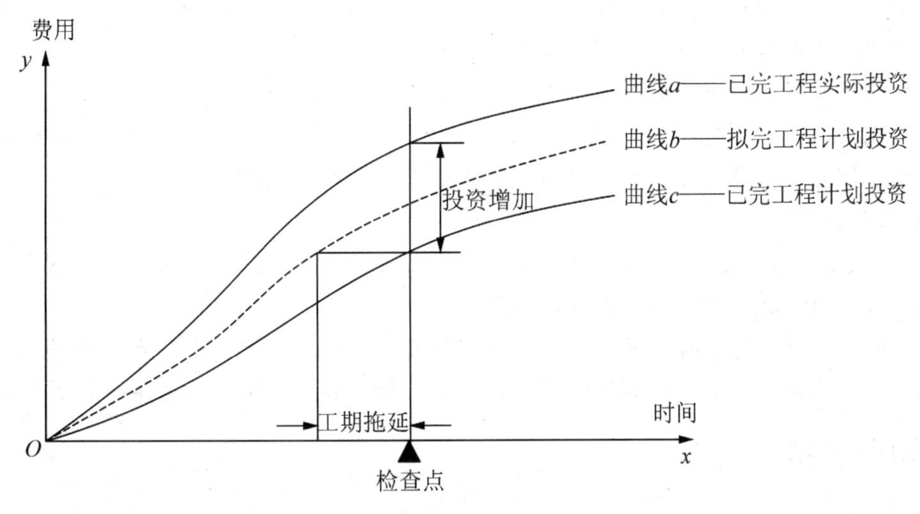

图 6.5　曲线法偏差分析

6.5.3 投资偏差产生的原因及纠正措施

1. 引起投资偏差的原因

(1) 客观原因。包括人工、材料费涨价、自然条件变化、国家政策法规变化等。

(2) 业主原因。投资规划不当、建设手续不健全、因业主原因变更工程、业主未及时付款等。

(3) 设计原因。设计错误、设计变更、设计标准变更等。

特别提示

客观原因是无法避免的，施工原因造成的损失由施工单位负责，纠偏的主要对象是由于业主和设计原因造成的投资偏差。

(4) 施工原因。施工组织设计不合理、质量事故等。

2. 偏差类型

偏差分为4种类型。

(1) 投资增加且工期拖延。这种类型是纠正偏差的主要对象。

(2) 投资增加但工期提前。这种情况下要适当考虑工期提前带来的效益；如果增加的资金值超过增加的效益时，要采取纠偏措施，若这种收益与增加的投资大致相当甚至高于投资增加额，则未必需要采取纠偏措施。

(3) 工期拖延但投资节约。这种情况下是否采取纠偏措施要根据实际需要。

(4) 工期提前且投资节约。这种情况是最理想的，不需要采取任何纠偏措施。

3. 纠偏措施

通常把纠偏措施分为组织措施、经济措施、技术措施和合同措施。

(1) 组织措施。是指从投资控制的组织管理方面采取的措施。例如，落实投资控制的组织机构和人员，明确各级投资控制人员的任务、职能分工、权利和责任，改善投资控制工作流程等。组织措施是其他措施的前提和保障。

(2) 经济措施。经济措施不能只理解为审核工程量及相应支付价款，应从全局出发来考虑，如检查投资目标分解的合理性，资金使用计划的保障性，施工进度计划的协调性。另外，通过偏差分析和未完工程预测可以发现潜在的问题，及时采取预防措施，从而取得造价控制的主动权。

(3) 技术措施。不同的技术措施往往会有不同的经济效果。运用技术措施纠偏，对不同的技术方案进行技术经济分析后加以选择。

(4) 合同措施。合用措施在纠偏方面指索赔管理。在施工过程中，索赔事件的发生是难免的，发生索赔事件后要认真审查索赔依据是否符合合同规定，计算是否合理等。

知识链接

处理资金使用计划的编制和应用的主要注意事项如下。

(1) 施工阶段资金使用计划的编制方法。

(2) 施工阶段投资偏差分析中应注意拟完工程计划投资、已完工程计划投资和已完工程实际投资。

(3) 常用偏差分析的方法有：横道图、时标网络图、表格法和曲线法。

(4) 产生投资偏差的原因：客观原因、业主原因、设计原因和施工原因。

(5) 纠偏的控制措施：组织措施、经济措施、技术措施和合同措施。

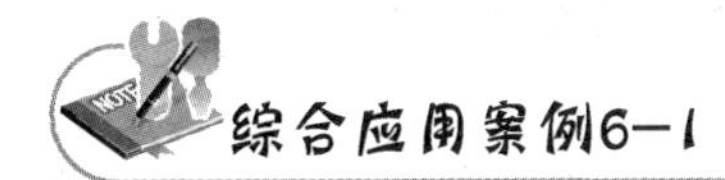

综合应用案例6-1

【案例概况】

某海滨城市为发展旅游业，经批准兴建一座三星级大酒店。该项目甲方于2016年10月10日分别与某建筑工程公司(乙方)和某外资装饰工程公司(丙方)签订了主体建筑工程施工合同和装饰工程施工合同。

合同约定主体建筑工程于2016年11月10日正式开工，竣工日期为2018年4月25日。因主体工程与装饰工程分别为两个独立的合同，由两个承包商分别承建，为了保证工期，当事人约定：主体建筑工程与装饰工程施工采取立体交叉作业，即主体完成3层，装饰工程承包者立即进入装饰作业。为保证装饰工程达到三星级水平，业主委托监理公司实施"装饰工程监理"。

在工程施工过程中，甲方要求乙方将竣工日期提前至2018年3月8日，双方协商修订施工方案后达成协议。大酒店于2018年3月10日剪彩开业。

2020年8月1日，乙方因甲方少付工程款向法院提起诉讼。乙方诉称：甲方于2018年3月8日签发了竣工验收报告，并已开张营业，至今已达2年有余。但在结算工程款时，甲方本应付工程总价款1 600万元人民币，只付了1 400万元人民币。特请求法庭判决被告(甲方)支付剩余的200万元及其在拖延期间的利息。

2020年10月10日庭审中，甲方辩称：乙方主体建筑工程施工质量有问题，如大堂、电梯间门洞、大厅墙面、游泳池等主体施工质量不合格，因此装饰商应该进行返工，并提出索赔，经监理工程师签字报业主代表认可，共需支付20万美元，折合人民币125万元，此项费用应由乙方承担。另外还有其他质量问题，并因此造成客房、机房设备、设施损失共计人民币75万元。两项共计损失200万元人民币，应从总工程款中扣除，故支付乙方主体工程款总额为1 400万元人民币。

乙方辩称：甲方称工程主体不合格不属实，并向法庭呈交了业主及有关方面签字的合格竣工验收报告及业主致乙方的感谢信等证据。

甲方又辩称：竣工验收报告及感谢信，是在乙方法定代表人宴请我方(甲方)时，提出了为企业晋级的情况下，我方代表才签的字。此外，甲方代理人又向法庭呈交业主向日本某装饰工程公司提出的索赔20万美元(经监理工程师和业主代表签字)的清单56件。

乙方再辩称：甲方代表发言纯属戏言，怎能以签署竣工验收报告为儿戏，请求法庭以文字为证。

乙方又指出：甲方委托的监理工程师监理的装饰合同，支付给装饰公司的费用凭单，并无我方(乙方)代表的签字认可，因此不承担责任。

乙方最后请求法庭关注：甲方从未向乙方提出过工程存在质量问题。

问题：

(1) 乙方和甲方之间的合同是否有效？

(2) 主体工程施工质量不合格时，业主应采取哪些正当措施？

(3) 装饰合同执行中的索赔，是否对乙方具有约束力？怎样才具有约束力？

(4) 该项工程竣工结算中，甲方从未向乙方提出质量问题，直至乙方于2020年8月1

日向人民法院提出诉讼后，甲方在答辩中才提出质量问题，对此是否应依法给予保护。

分析要点如下。

该案例主要考核如何依法进行建设工程合同纠纷的处理。该案例所涉及的法律法规有：《合同法》《示范文本》《建设工程质量管理条例》等。该案例的分析要求熟悉相应的法律及法规条款。

【案例解析】

问题(1)：合同双方当事人符合建筑工程施工合同主体资格的要求，并且合同内容合法，所以乙方和甲方之间的合同有效。

问题(2)：根据《建筑工程质量管理条例》的规定，业主应及时通知承包商进行修理。承包商在接到修理通知 2 周内到达现场。若未能按期到达的，业主应再次通知承包商，承包商自接到再次通知书 1 周内仍不能到达的，业主可委托其他单位或个人修理，所需费用由承包商承担。

问题(3)：根据《示范文本》的规定，业主应在索赔事件发生 28 天内向承包商发出索赔通知，否则承包商可不接受业主索赔要求。本案例中装饰工程的索赔对承包商无约束力。

问题(4)：根据《建设工程质量管理条例》的规定，因建设工程质量存在缺陷造成损害要求赔偿的诉讼时效为 1 年，从当事人知道或应当知道权利被分割时算起。本案例业主一直未就质量问题提出异议，直至 2020 年 10 月 10 日庭审，所以不予保护。

综合应用案例6-2

【案例概况】

某建设工程是外资项目，业主与承包商按照《FIDIC 合同条件》签订了施工合同。施工合同“专用条件”部分规定：钢材、木材、水泥由业主供货到现场仓库，其他材料由承包商自行采购。

当工程施工至第 5 层框架柱钢筋绑扎时，业主提供的钢筋未到使该项作业从 2020 年 10 月 3 日至 10 月 16 日停工(该项作业的总时差为零)。

10 月 7 日至 10 月 9 日因停电、停水使第 3 层的砌砖停工(该项作业的总时差为 4 天)。

10 月 14 日至 10 月 17 日因砂浆搅拌机发生故障使第 1 层抹灰延迟开工(该项作业的总时差为 4 天)。

为此，承包商于 10 月 18 日向工程师提交了一份索赔意向书，并于 10 月 25 日送交了一份工期、费用索赔计算书和索赔依据的详细材料。其计算书如下。

1. 工期索赔

(1) 框架柱扎筋 10 月 3 日至 10 月 16 日停工：计 14 天。

(2) 砌砖 10 月 7 日至 10 月 9 日停工：计 3 天。

(3) 抹灰 10 月 14 日至 10 月 17 日迟开工：计 3 天。

总计请求展延工程：20 天。

2. 费用索赔

(1) 窝工机械设备费如下。

1 台塔式起重机：14×234 ＝3 276(元)

1台混凝土搅拌机：14×55 =770(元)

1台砂浆搅拌机：6×24=144(元)

小计：4 190元

(2) 窝工人工费如下。

扎筋窝工：9 873.50(元)

砌砖窝工：30×20.15×3 =1 813.50(元)

抹灰窝工：35×20.15×3 =2 115.75(元)

小计：13 802.75元

(3) 保函费延期补偿：490元

(4) 管理费增加：18 066.25元

(5) 利润损失：(4 190 +13 802.75+490+18 066.25)×5%≈1 827.45(元)

经济索赔合计：38 376.45元

问题：

(1) 承包商提出的工期索赔是否正确？应予批准的工期索赔为多少天？

(2) 假定经双方协商一致，窝工机械设备费索赔按台班单价的65%计算；对窝工人工应考虑合理安排工人从事其他作业后的降效损失，窝工人工费索赔按每工日10元计算；保函费计算方式合理；管理费、利润损失不予补偿。试确定经济索赔额。

【案例解析】

该案例主要考核工程索赔成立的条件与索赔责任的划分，工期索赔、费用索赔计算与审核。分析该案例时，要注意网络计划关键线路，工作的总时差、自由时差的概念及对工期的影响，因非承包商原因造成窝工的人工与机械设备增加费的确定方法。

问题(1)：承包商提出的工期索赔不正确。

① 框架柱钢筋绑扎停工14天，应予工程补偿。这是由于业主原因造成的，且该项作业位于关键线路上。

② 砌砖停工，不予工期补偿。因为该项停工虽属于业主原因造成的，但该项作业不在关键线路上，且未超过工作总时差。

③ 抹灰停工，不予工期补偿，因为该项停工属于承包商自身原因造成的。

同意工期补偿：14+0+0=14(天)

问题(2)：经济索赔审定如下。

① 窝工机械费方面。

塔式起重机1台：14×234×65%=2 129.4(元)(按惯例闲置机械只应计取折旧费)

混凝土搅拌机1台：14×55×65% =500.5(元)(按惯例闲置机械只应计取折旧费)

砂浆搅拌机：3×24×65%=46.8(元)(停电闲置可按折旧计取)

因故障砂浆搅拌机停机3天应由承包商自行负责损失，故不予补偿。

小计：2 129.4+500.5+46.8=2 676.7(元)

② 窝工人工费方面。

扎筋窝工：35×10×14 =4 900(元)(业主原因造成，但窝工工人已做其他工作，所以只补偿工效差)

砌砖窝工：30×10×3 =900(元)(业主原因造成，只考虑降效费用)

抹灰窝工：不应予以补偿，因是承包商责任。

小计：4 900+900 =5 800(元)

③ 保函费补偿方面。

保函费补偿共计 345 元。

④ 管理费增加方面。

一般不予补偿。

⑤ 利润补偿方面。

通常因暂时停工不予补偿利润损失。

经济补偿合计：2 676.7+5 800+345=8 821.7(元)

综合应用案例6-3

【案例概况】

某工程项目，业主与承包商签订的施工合同为 600 万元，工期为 3 月至 10 月共 8 个月，合同规定如下。

(1) 工程备料款为合同价的 25%，主材比重 62.5%。

(2) 保留金为合同价的 5%，从第一次支付开始，每月按实际完成工程量价款的 10%扣留。

(3) 业主提供的材料和设备在发生当月的工程款中扣回。

(4) 施工中发生经确认的工程变更，在当月的进度款中予以增减。

(5) 当承包商每月累计实际完成工程量价款少于累计计划完成工程量价款占该月实际完成工程量价款的 20%及以上时，业主按当月实际完成工程量价款的 10%扣留，该扣留项当承包商赶上计划进度时退还。但发生非承包商原因停止时，这里的累计实际完成工程量价款按每停工 1 天计 2.5 万元。

(6) 若发生工期延误，每延误 1 天，责任方向对方赔偿合同价的 0.12%的费用，该款项在竣工时办理。

在施工过程中 3 月份由于业主要求设计变更，工期延误 10 天，共增加费用 25 万元；8 月份发生台风，停工 7 天；9 月份由于承包商的质量问题，造成返工，工期延误 13 天；最终工程于 11 月底完成，实际施工 9 个月。

经工程师认定的承包商在各月计划和实际完成的工程量价款及由业主直供的材料、设备的价值见表 6-13，表中未计入由于工程变更等原因造成的工程款的增减数额。

表 6-13 各月计划和实际完成工程量价款 单位：万元

月 份	3	4	5	6	7	8	9	10	11
计划完成工程量价款	60	80	100	70	90	30	100	70	
实际完成工程量价款	30	70	90	85	80	28	90	85	43
业主直供材料设备价	0	18	21	6	24	0	0	0	0

问题：

(1) 备料款的起扣点是多少？

(2) 工程师每月实际签发的付款凭证金额为多少？

(3) 业主实际支付多少？若本项目的建筑安装工程业主计划投资为 615 万元，则投资偏差为多少？

【案例解析】

(1) 备料款＝600×25％ ＝150(万元)

备料款起扣点＝600－150/62.5％ ＝360(万元)

(2) 每月累计计划与实际完成工程量价款见表6－14。

表6－14 每月累计计划与实际完成工程量价款 单位:万元

月份	3	4	5	6	7	8	9	10	11
计划完成工程量价款	60	80	100	70	90	30	100	70	
累计计划完成工程量价款	60	140	240	310	400	430	530	600	600
实际完成工程量价款	30	70	90	85	80	28	90	85	42
累计实际完成工程量价款	55	125	215	300	380	425.5	515.5	600.5	642.5
投资偏差	－5	－15	25	－10	－20	－4.5	－14.5	0.5	42.5

表6－13中，3月份的累计实际完成工程量价款，应加上设计变更增加的25万元，即30＋25＝55(万元)

8月份应加上台风7天停工的计算款额：2.5×7＝17.5(万元)

累计完成工程量：28＋380＋17.5＝425.5(万元)

保修金总额：600×5％ ＝30(万元)

各月签发的付款凭证金额如下。

3月份：

应签证的工程款＝30＋25＝55(万元)

签发付款凭证金额＝55－30×10％ ＝52(万元)

4月份：

签发付款凭证金额＝70－70×10％－18－70×10％＝38(万元)

5月份：

签发付款凭证金额＝90－90×10％－21－90 ×10％＝51(万元)

6月份：

签发付款凭证金额＝85－85×10％－6＝70.5(万元)。

到本月为止，保留金共扣27.5万元，下月还需扣留2.5万元。

7月份：

签发付款凭证金额＝80－2.5－24－80×10％＝45.5(万元)

8月份：

累计完成合同价383万元，扣回备料款

签发付款凭证金额＝28－(383－360)×62.5％＝13.625(万元)

9月份：

签发付款凭证金额＝90－90×62.5％ ＝33.75(万元)

10月份：

本月进度赶上计划进度，应返还4月、5月、7月扣留的工程款

签发付款凭证金额＝85－85×62.5％＋(70＋90＋80)×10％ ＝55.875(万元)

11 月份：

本月为工程延误期，按合同规定，设计变更，承包商可以向业主索赔延误工期 10 天，台风为不可抗力，业主不赔偿费用损失，工期顺延 7 天，承包商质量问题返工损失，应由承包商承担。索赔工期10+7=17 天，实际总工期 9 个月，拖延了 13 天，罚款 13×600×0.12%。

签发付款凭证金额=42−42×62.5%−600×0.12%×13=−6.39(万元)

(3) 本项目业主实际支出为：600+25−600×0.12%×13=615.64(万元)

投资偏差=615.64−615 =−0.64(万元)

本章小结

本章对建设工程施工阶段工程造价管理进行了较详细的阐述，包括施工阶段特点，工程变更及合同价款调整、工程索赔及建设工程价款结算，资金使用计划的编制与应用。

施工阶段特点有：施工阶段工作量最大，施工阶段投入最多，施工阶段持续时间长、动态性强，施工阶段是形成工程建设项目实体的阶段，施工阶段涉及的单位数量多，施工阶段工程信息内容广泛、时间性强、数量大，施工阶段存在着众多影响目标实现的因素。

工程变更及合同价款调整有：工程变更的分类、工程变更的处理程序、工程变更价款的确定、《FIDIC 合同条件》下的工程变更。

工程索赔及建设工程价款结算有：工程索赔的概念和分类、工程索赔的处理原则和计算。

习　题

一、单选题

1. 确定工程变更价款时，若合同中没有类似和适用的价格，则由(　　)。

A. 承包商和工程师提出变更价格，业主批准执行

B. 工程师提出变更价格，业主批准执行

C. 承包商提出变更价格，工程师批准执行

D. 业主提出变更价格，工程师批准执行

2. 某市建筑工程公司承建一办公楼，工程合同价款 900 万元，2012 年 2 月签订合同，2012 年 12 月竣工，2012 年 2 月的造价指数 100.04，2012 年 12 月造价指数 100.36，则工程价差调整额为(　　)万元。

A. 4.66　　B. 2.65　　C. 3.02　　D. 2.88

3. 对于工期延误而引起的索赔，在计算索赔费用时，一般不应包括(　　)。

A. 人工费　　B. 工地管理费　C. 总部管理费　D. 利润

4. 当索赔事件持续进行时，乙方应(　　)。

A. 阶段性提出索赔报告

B. 事件终了后，一次性提出索赔报告

C. 阶段性提出索赔意向通知，索赔终止后28天内提出最终索赔报告

D. 视影响程度，不定期地提出中间索赔报告

5. 某分项工程，采用调值公式法结算工程价款，原合同价为10万元，其中人工费占15%，材料费占60%，其他为固定费用，结算时材料费上涨20%，人工费上涨10%，则结算的工程款为(　　)万元。

A. 11　　B. 11.35　　C. 11.65　　D. 12

6. 工程师进行投资控制，纠偏的主要对象为(　　)偏差。

A. 业主原因　　B. 物价上涨原因

C. 施工原因　　D. 客观原因

7. 在纠偏措施中，合同措施主要是指(　　)。

A. 投资管理　B. 施工管理　C. 监督管理　D. 索赔管理

二、多选题

1. 在《FIDIC合同条件》下，工程结算中工程量清单项目分为(　　)。

A. 一般项目结算　　B. 动员预付款

C. 暂定金额　　D. 计日工

E. 保留金

2. 在《FIDIC合同条件》下，工程结算的条件是(　　)。

A. 质量合格

B. 符合合同条件

C. 变更项目必须有造价工程师的变更通知

D. 变更项目必须有工程师的变更通知

E. 承包商的工作使工程师满意

3. 下列费用项目中，(　　)属于施工索赔费用范畴?

A. 人工费　　B. 材料费

C. 分包费用　　D. 施工企业管理费

E. 建设单位管理费

4. 在《FIDIC合同条件》中规定，施工图纸拖期交付时，承包商可索赔(　　)。

A. 工期　　B. 成本　　C. 利润

D. 工期和利润E. 成本和利润

5. 在施工中出现非承包商原因的窝工现象，承包商应向发包人索赔(　　)。

A. 台班费　　B. 台班折旧费和设备使用费

C. 台班折旧费　　D. 台班租赁费

E. 台班租赁费和设备使用费

6. 进度偏差可以表示为(　　)。

A. 已完工程计划投资－已完工程实际投资

B. 拟完工程计划投资－已完工程实际投资

C. 拟完工程计划投资－已完工程计划投资

D. 已完工程实际投资－已完工程计划投资

E. 已完工程实际进度－已完工程计划进度

三、简答题

1. 试述建设工程发生变更后，工程价款如何调整。
2. 建设工程价款索赔的程序有哪些?
3. 什么是工程价款结算? 其结算方式有哪些?
4. 什么是投资偏差? 偏差分析的方法有哪些?

四、案例题

某项工程业主与承包商签订了施工合同，合同中含有两个子项目。工程量清单中，A工作工程量为2 300m^3，B工作工程量为3 200m^3，经协商合同价A工作180元/m^3，B工作160元/m^3。

承包合同规定如下。

(1) 开工前业主应向承包商支付合同价20%的预付款。

(2) 业主自第1个月起，从承包商的工程款中，按5%的比例扣留保修金。

(3) 当子项目工程实际工程量超过估算工程量10%时，可进行调价，调整系数为0.9。

(4) 动态结算根据市场情况规定价格调整系数平均按1.2计算。

(5) 工程师签发月度付款最低金额为25万元。

(6) 预付款在最后两个月扣除，每月扣50%。

承包商每月实际完成并经工程师签证确认的工程量见表6-15。

表6-15 某工程每月实际完成并经工程师签证确认的工程量 单位：m^3

月份	3	4	5	6
A工作	500	800	800	600
B工作	700	900	800	600

问题：

1. 工作预付款是多少?
2. 每月工程量价款、工程师应签证的工程款、实际签发的付款凭证各是多少?

综 合 实 训

一、实训目标

为提高学生实践能力，将施工阶段的工程变更、工程索赔和工程价款的结算转化为实际操作的技能，学生应以《示范文本》和《FIDIC合同条件》要求编制工程变更、工程索赔和工程价款结算条件为依据，锻炼处理工程变更、工程索赔和编制工程价款结算的实际能力。

二、实训要求

(1) 编写内容。教师根据教学实际需要，指导学生处理工程变更、工程索赔和编制工程价款的结算。

(2) 编制要求。教师可以将本部分实训教学内容分散安排在各节教学过程中，也可以在本章结束后统一安排。教师要指导学生按照教学内容编写，尽量做到规范化和标准化。

建设工程竣工验收阶段工程造价控制

学习目标

了解竣工决算的内容、竣工财务决算报表的结构；熟悉竣工决算与竣工结算的区别；掌握新增固定资产、无形资产、流动资产、其他资产价值的确定；掌握工程保修费用的处理原则。

学习要求

能力目标	知识要点	权重
了解竣工决算的概念； 熟悉竣工决算与竣工结算在内容以及作用方面的区别	竣工决算与竣工结算	20%
熟悉工程新增固定资产价值的构成； 掌握新增无形资产的计价原则	新增固定资产和新增无形资产的价值确定	50%
掌握各类工程保修问题的处理原则	工程保修费用处理规定	30%

引 例

某建设单位根据建设工程的竣工及交付使用等工程完成情况，需要编制建设项目竣工决算。建设单位所掌握的资料包括该建设项目筹建过程中决策阶段经批准的可行性研究报告、投资估算书；设计阶段的设计概算、设计交底文件；招投标阶段的标底价格，开标、评标的相关记录文件；施工阶段与承包方所签订的承包合同，以及施工过程中按照工程进度与承包方进行的工程价款的结算资料、工程师签发的工程变更记录单、工程竣工平面示意图等文件。

该建设单位编制建设项目竣工决算所需要的资料是否完备？应该如何取得、管理编制竣工决算所需资料？竣工决算应该包括哪些内容？

7.1 竣工决算

竣工决算是指所有项目竣工后，建设单位按照国家有关规定在项目竣工验收阶段编制的竣工决算报告。竣工决算是以实物量和货币指标为计量单位，综合反映竣工项目从筹建开始到项目竣工交付使用为止的全部建设费用、建设成果和财务情况的总结性文件，是竣工验收报告的重要组成部分。竣工决算是正确核定新增固定资产价值，考核分析投资效果，建立健全经济责任制的依据，是反映建设项目实际造价和投资效果的文件。

7.1.1 竣工决算的概念

竣工决算是建设工程经济效益的全面反映，是项目法人核定建设工程各类新增资产价值、办理建设项目交付使用的依据。

竣工决算是工程造价管理的重要组成部分，做好竣工决算是全面完成工程造价管理目标的关键性因素之一。通过竣工决算，既能够正确反映建设工程的实际造价和投资结果，又可以通过竣工决算与概算、预算的对比分析，考核投资控制的工作成效，为工程建设提供重要的技术经济方面的基础资料，提高未来工程建设的投资效益。

竣工决算对建设单位而言具有重要作用，具体表现在以下几个方面。

(1) 竣工决算是综合、全面地反映竣工项目建设成果及财务情况的总结性文件，它采用货币指标、实物数量、建设工期和各种技术经济指标综合、全面地反映建设项目自开始建设到竣工为止全部建设成果和财务状况。

(2) 竣工决算是办理交付使用资产的依据，也是竣工验收报告的重要组成部分。建设单位与使用单位在办理交付资产的验收交接手续时，通过竣工决算反映了交付使用资产的全部价值，包括固定资产、流动资产、无形资产和其他资产的价值。及时编制竣工决算可以正确核定固定资产价值并及时办理交付使用，缩短工程建设周期，节约建设项目投资，准确考核和分析投资效果。可作为建设主管部门向企业使用单位移交财产的依据。

竣工决算不同于竣工结算，区别在于以下几个方面。

(1) 编制单位。竣工决算由建设单位的财务部门负责编制，竣工结算由施工单位的预算部门负责编制。

(2) 反映内容。竣工决算是建设项目从开始筹建到竣工交付使用为止所发生的全部建设费用，竣工结算是承包方承包施工的建筑安装工程的全部费用。

(3) 性质。竣工决算反映建设单位工程的投资效益，竣工结算反映施工单位完成的施工产值。

(4) 作用。竣工决算是业主办理交付、验收、各类新增资产的依据，是竣工报告的重要组成部分；竣工结算是施工单位与业主办理工程价款结算的依据，是编制竣工决算的重要资料。

特别提示

本章引例中，某建设单位所掌握的资料是完备的，建设工程竣工阶段是建设项目从筹建到竣工验收交付使用的最后阶段，建设项目经过决策阶段、设计阶段、招投标阶段、施工阶段直至竣工验收。在这些阶段中，建设单位应该有步骤地收集整理资料，编制工程竣工决算报告，比较投资计划与实际造价，确定投资结果并总结经验，确认各类新增资产并核算资产价值。

7.1.2 竣工决算的内容

竣工决算是建设项目从筹建到竣工交付使用为止所发生的全部建设费用。为了全面反映建设工程经济效益，竣工决算由竣工财务决算说明书、竣工财务决算报表、竣工工程平面示意图、工程造价比较分析4部分组成。前两个部分又称为竣工财务决算，是竣工决算的核心部分。

1. 竣工财务决算说明书

有时也称为竣工决算报告情况说明书。说明书主要反映竣工工程建设成果，是竣工财务决算的组成部分，主要包括以下内容。

(1) 建设项目概况。从工程进度、质量、安全、造价和施工等方面进行分析和说明。

(2) 资金来源及运用的财务分析。包括工程价款结算、会计账务处理、财产物资情况以及债权债务的清偿情况。

(3) 建设收入、资金结余以及结余资金的分配处理情况。

(4) 主要技术经济指标的分析、计算情况。例如，新增生产能力的效益分析等。

(5) 工程项目管理及决算中存在的问题，并提出建议。

(6) 需要说明的其他事项。

2. 竣工财务决算报表

根据财政部印发的有关规定和通知，竣工财务决算报表应按大、中型项目和小型项目分别编制。

(1) 大、中型项目需填报：工程项目竣工财务决算审批表，大、中型项目概况表，大、中型项目竣工财务决算表，大、中型项目交付使用资产总表，工程项目交付使用资产明细表。

(2) 小型项目需填报：工程项目竣工财务决算审批表(同大、中型项目)，小型项目竣工财务决算总表，工程项目交付使用资产明细表。

知识链接

大、中型项目竣工财务决算报表中，大、中型项目概况表综合反映建成的大、中型项目的基本概况；大、中型项目竣工财务决算表反应竣工的大、中型项目全部投资来源和资金占用情况；大、中型项目交付使用资产总表反映工程项目建成后新增固定资产、无形资产、资产流动和其他资产价值，作为财产交接的依据；工程项目交付使用资产明细表反映交付使用资产及其价值的更详细的情况，是交付单位办理资产交接的依据，也是接收单位资产入账的依据。

3. 竣工工程平面示意图

竣工工程平面示意图(简称竣工图)是真实地反映各种地上和地下建筑物、构筑物等情况的技术文件，是工程进行交工验收、维护改建和扩建的依据。国家规定对于各项新建、扩建、改建的基本建设工程，特别是基础、地下建筑、管线、结构、港口、水坝、桥梁、井巷以及设备安装等隐蔽部位，都应该绘制详细的竣工图。为了提供真实可靠的资料，在施工过程中应做好这些隐蔽工程检查记录，整理好设计变更文件。具体要求有以下几方面。

(1) 凡按原施工图竣工未发生变动的，由施工单位在原施工图上加盖“竣工图”标志后，作为竣工图。

(2) 凡在施工过程中，虽有一般性设计变更，但能将原施工图加以修改补充作为竣工图的，由施工单位负责在原施工图上注明修改部分，并附以设计变更通知和施工说明，加盖“竣工图”标志后作为竣工图。

(3) 凡结构形式发生改变、施工工艺发生改变、平面布置发生改变、项目发生改变等重大变化，不宜在原施工图上修改、补充的，应按不同责任分别由不同责任单位组织重新绘制竣工图，施工单位负责在新图上加盖“竣工图”标志，并附以有关记录和说明，作为竣工图。

4. 工程造价比较分析

工程造价比较应侧重主要实物工程量、主要材料消耗量，以及建设单位管理费、建筑安装工程其他直接费、现场经费和间接费等方面的分析。对比整个项目的总概算，然后再将设备、工器具购置费、建筑安装工程费和工程建设其他费用，逐一与竣工决算财务表中所提供的实际数据和经批准的概算、预算指标、实际的工程造价进行比较分析，以确定工程项目总造价是节约还是超支。

特别提示

引例中，竣工决算包括4部分内容：竣工财务决算说明书、竣工财务决算报表、竣工图和工程造价比较分析。

7.1.3 竣工决算的编制

1. 竣工决算的编制依据

(1) 经批准的可行性研究报告、投资估算书、初步设计或扩大初步设计、修正总概算、施工图设计以及施工图预算等文件。

(2) 设计交底或图纸会审纪要。

(3) 招投标标底价格、承包合同、工程结算等有关资料。

(4) 施工纪录、施工签证单及其他在施工过程中的有关费用记录。

(5) 竣工、竣工验收资料。

(6) 历年基本建设计划、历年财务决算及批复文件。

(7) 设备、材料调价文件和调价记录。

(8) 有关财务制度及其他相关资料。

2. 竣工决算的编制步骤

根据财政部有关的通知要求，竣工决算的编制包括以下几步。

(1) 收集、分析、整理有关原始资料。为了保证提供资料的完整性、全面性，从建设工程开始就按照编制依据的要求收集、整理、清点有关资料，包括所有的技术资料、工料结算的经济文件、施工图纸、施工纪录和各种变更与签证资料、财产物资的盘点核实、债权的收回及债务的清偿等。在收集、整理原始资料中，特别注意对建设工程容易损坏和遗失的各种设备、材料、工、器具，要逐项实地盘点、核查并填列清单，妥善保管或按照国家有关规定处理，杜绝任意侵占和挪用。

(2) 对照、核实工程变动情况，重新核实各单位工程、单项工程工程造价。要做到将竣工资料与原设计图纸进行查对、核实，如有必要可实地测量，确认实际变更情况；根据经审定后的施工单位竣工结算等原始资料，按照有关规定对原概(预)算进行增减调整，重新核定建设项目工程造价。

(3) 如实反映项目建设有关成本费用。将审定后的设备及工、器具购置费、建筑安装工程费、工程建设其他费用，以及待摊费用等严格划分和核定后，分别记入相关的建设成本栏目中。

(4) 编制建设工程竣工财务决算说明书。

(5) 编制建设工程竣工财务决算报表。

(6) 做好工程造价比较分析。

(7) 整理、装订好竣工工程平面示意图。

(8) 上报主管部门审查、批准、存档。

特别提示

竣工财务决算由建设工程竣工财务决算报表和建设工程竣工财务决算说明书两部分组成，是工程决算的核心内容。

知识链接

在编制竣工财务决算表时，应注意以下几个问题。

(1) 资金来源中的资本金与资本公积金的区别。

(2) 项目资本金与借入资金的区别。

(3) 资金占用中的交付使用资产与库存器材的区别。

7.1.4 新增资产价值的确定

建设工程竣工投产运营后，建设期内支出的投资，按照国家财务制度和企业会计准则、税法的规定，形成相应的资产。按性质这些新增资产可分为固定资产、无形资产、流动资产和其他资产4类。

知识链接

在有些参考书中新增资产还包括递延资产。递延资产是指企业不能将其支出全部计入当年损益，应当在以后年度分期摊销的各项费用。例如，企业租入固定资产的改良性工程(如为延长固定资产使用寿命的改装、翻修、改造)支出等。

1. 新增固定资产

1）新增固定资产价值的构成

（1）已经投入生产或者交付使用的建筑安装工程价值，主要包括建筑工程费、安装工程费。

（2）达到固定资产使用标准的设备、工具及器具的购置费用。

（3）预备费，主要包括基本预备费和涨价预备费。

（4）增加固定资产价值的其他费用，主要包括建设单位管理费、研究试验费、设计勘察费、工程监理费、联合试运转费、引进技术和进口设备的其他费用等。

（5）新增固定资产建设期间的融资费用，主要包括建设期利息和其他相关融资费用。

特别提示

固定资产是指同时具有下列两个特征的有形资产：为生产商品、提供劳务、出租或经管理而持有的，使用寿命超过一个会计年度。

固定资产确认同时满足两个条件：固定资产包含的经济利益很可能流入企业，该固定资产的成本能够可靠地计量。

2）新增固定资产价值的计算

新增固定资产价值的确定是以能够独立发挥生产能力的单项工程为对象，当某单项工程建成，经有关部门验收合格并正式交付使用或生产时，即可确认新增固定资产价值。

新增固定资产价值的确定原则如下：一次交付生产或使用的单项工程，应一次计算确定新增固定资产价值；分期分批交付生产或使用的单项工程，应分期分批计算确定新增固定资产价值。

在确定新增固定资产价值时要注意以下几种情况。

（1）对于为了提高产品质量、改善职工劳动条件、节约材料消耗、保护环境等建设的附属辅助工程，只要全部建成，正式验收合格并交付使用后，也作为新增固定资产确认其价值。

（2）对于单项工程中虽不能构成生产系统，但可以独立发挥效益的非生产性项目，例如职工住宅、职工食堂、幼儿园、医务所等生活服务网点，在建成、验收合格并交付使用后，应确认为新增固定资产并计算资产价值。

(3) 凡企业直接购置并达到固定资产使用标准，不需要安装的设备、工具、器具，应在交付使用后确认新增固定资产价值，凡企业购置并达到固定资产使用标准，需要安装的设备、工具、器具，在安装完毕交付使用后应确认新增固定资产价值。

(4) 属于新增固定资产价值的其他投资，应随同收益工程交付使用时一并计入。

(5) 交付使用资产的成本，按下列内容确定。

① 房屋建筑物、管道、线路等固定资产的成本包括建筑工程成本和应由各项工程分摊的待摊费用。

② 生产设备和动力设备等固定资产的成本包括需要安装设备的采购成本(即设备的买价和支付的相关税费)、安装工程成本、设备基础支柱等建筑工程成本，或砌筑锅炉及各种特殊炉的建筑工程成本、应由各设备分摊的待摊费用。

③ 运输设备及其他不需要安装的设备、工具、器具等固定资产一般仅计算采购成本，不包括待摊费用。

(6) 共同费用的分摊方法。新增固定资产的其他费用，如果是属于整个建设项目或两个以上单项工程的，在计算新增固定资产价值时，应在各单项工程中按比例分摊。一般情况下，建设单位管理费按建筑工程、安装工程、需要安装设备价值占价值总额的一定比例分摊，而土地征用费、勘察设计费等费用则按建筑工程造价分摊。

应用案例 7-1

某工业建设项目及甲车间的建筑工程费、安装工程费、需安装设备费、建设单位管理费、土地征用费以及勘察设计费见表 7-1。

表 7-1　项目费用表　　单位:万元

项目	建筑工程费	安装工程费	需安装设备费	建设单位管理费	土地征用费	勘察设计费
甲车间竣工决算	500	150	300			
项目竣工决算	1 500	800	1 000	60	120	40

要求：计算新增固定资产价值。

解： 甲车间分摊建设单位管理费＝60× [(500 ＋150 ＋300)/(1 500＋ 800 ＋1 000)]
＝17.27(万元)

甲车间分摊土地征用费＝120×(500/1 500) ＝40(万元)

甲车间分摊勘察设计费＝40×(500/1 500) ＝13.33(万元)

甲车间新增固定资产价值＝(500 ＋150 ＋300)＋ (17.27＋40 ＋13.33) ＝1 020.6(万元)

3) 确定新增固定资产价值的作用

(1) 能够如实反映企业固定资产价值的增减情况，确保核算的统一、准确性。

(2) 反映一定范围内固定资产的规模与生产速度。

(3) 核算企业固定资产占用金额的主要参考指标。

(4) 正确计提固定资产折旧的重要依据。

(5) 分析国民经济各部门技术构成、资本有机构成变化的重要资料。

特别提示

资本有机构成是指由资本的技术构成决定，并反映技术构成变化的资本价值构成。

2. 新增无形资产

1）无形资产的定义

无形资产是指企业拥有或控制的没有实物形态的可辨认非货币性资产。无形资产包括：专利权、非专利技术、商标权、著作权、特许权、土地使用权等。

2）无形资产的内容

（1）专利权。是指国家专利主管部门依法授予发明创造专利申请人对其发明在法定期限内享有的专有权利。专利权这类无形资产的特点是具有独占性、期限性和收益性。

（2）非专利技术。是指企业在生产经营中已经采用的、仍未公开的、享有法律保护的各种实用和新颖的生产技术与技巧等。非专利权这类无形资产的特点是具有经济性、动态性和机密性。

（3）商标权。是指经国家工商行政管理部门商标局批准注册，申请人在自己生产的产品或商品上使用特定的名称、图案的权利。商标权的内容包括两个方面：独占使用权和禁止使用权。

（4）著作权。是指国家版权部门依法授予著作者或者文艺作品的创作者和出版商在一定期限内发表、制作发行其作品的专有权利，例如：文学作品、工艺美术作品、音乐舞蹈作品等。

（5）特许权。又称特许经营权，是指企业通过支付费用而被准许在一定区域内，以一定的形式生产某种特定产品的权利。这种权利可以由政府机构授予，也可以由其他企业、单位授予。

（6）土地使用权。是指国家允许某企业或单位在一定期间内对国家土地享有开发、利用、经营等权利。企业根据《中华人民共和国城镇国有土地使用权出让和转让暂行条例》的规定向政府土地管理部门申请土地使用权所支付的土地使用权出让金，企业应将其资本化，确认为无形资产。

特别提示

无形资产确认须同时满足两个条件：与该资产有关的经济利益很可能流入企业，该无形资产的成本能够可靠地计量。

3）企业核算新增无形资产确认原则

（1）企业外购的无形资产。其价值包括购买价款、相关税费以及直接归属与使该项资产达到预定用途所发生的其他支出。

（2）投资者投入的无形资产。应当按照投资合同或协议约定的价值确定，但合同或协议约定价值不公允的除外。

特别提示

公允价值是指在公平交易中，熟悉情况的双方自愿交易的金额。

（3）企业自创的无形资产。企业自创并依法确认的无形资产，应按照满足无形资产确认条件后至达到预定用途前所发生的实际支出确认。

(4) 企业接收捐赠的无形资产。按照有关凭证所记金额作为确认基础；若捐赠方未能提供结算凭证，则按照市场上同类或类似资产价值确认。

3. 新增流动资产

依据投资概算拨付的项目铺底流动资金，由建设单位直接移交使用单位。企业流动资产一般包括以下内容：货币资金，主要包括库存现金、银行存款、其他货币资金；原材料、库存商品；未达到固定资产使用标准的工具和器具的购置费用。企业应按照其实际价值确认流动资产。

特别提示

其他货币资金按其用途可以划分为：外埠存款、银行汇票存款、银行本票存款、在途资金等。

应收和预付款项，一般情况下按应收和预付款项的企业销售商品或提供劳务时的实际交易金额或合同约定金额确认流动资产。

4. 新增其他资产

其他资产是指除固定资产、无形资产、流动资产以外的其他资产。形成其他资产原值的费用主要由生产准备费(包含职工提前进厂费和劳动培训费)、农业开荒费和样品样机购置费等费用构成。企业应按照这些费用的实际支出金额确认其他资产。

知识链接

关于新增资产的划分，要注意以下两点。

(1) 理解各类资产的概念，明确各类资产之间的区别。

(2) 对于土地使用权确认为无形资产的，企业只有在将土地使用权作为生产经营使用，并交纳土地使用权出让金后，才可以将其确认为无形资产。

应用案例 7-2

【案例概况】

某建设项目企业自有资金 400 万元，向银行贷款 450 万元，其他单位投资 350 万元。建设期完成建筑工程 300 万元，安装工程 100 万元，需安装设备 90 万元，不需安装设备 60 万元，另发生建设单位管理费 20 万元，勘察设计费 105 万元，商标费 40 万元，非专利技术费 35 万元，生产培训费 4 万元，原材料 45 万元。

(1) 确定建设项目竣工决算的组成内容。

(2) 新增资产按经济内容划分包括哪些部分？分别是什么？

【案例解析】

竣工决算包括 4 部分内容：竣工财务决算报告说明书、竣工财务决算报表、竣工工程平面示意图、工程造价比较分析。

新增资产按经济内容划分为：固定资产、无形资产、流动资产和其他资产。其中固定资产主要指已交付使用的建筑安装工程，达到固定资产使用标准的设备和工、器具，应分配计入固定资产成本的建设单位管理费、勘察设计费；无形资产主要指专利权、非专利技术、商标权、著作权；流动资产主要指货币性资产、各类应收及预付款项、存货；企业资产主要指除固定资产、无形资产、流动资产以外的资产。

7.2 保修费用处理

引　例

某建设项目办理竣工结算后，由施工单位将建设项目交付建设单位使用。由于该项目地处南方，空气较为潮湿，且多大暴雨。在建设单位使用过程中，每到雨季建设项目外墙面都会出现渗漏现象，严重影响了用户的正常使用。该项目于2003年12月31日交付使用，发现其有渗漏现象是在2005年6月26日。经查，建筑物雨季渗漏原因是施工单位在施工过程中未能按照施工设计文件要求进行施工，而是私自进行了工程变更造成的。

该建设项目的渗漏问题是否处于合理的保修期限内？该建设项目进行维修的费用支出应由谁来承担？

保修费用是指对建设工程在保修期限和保修范围内所发生的维修、返工等各项费用支出。

建设工程保修是项目竣工验收交付使用后，在一定期限内施工单位对建设单位或用户进行回访，对于工程发生的确实是由于施工单位施工责任造成的建筑物使用功能不良或无法使用的问题，应由施工单位负责修理，直到达到正常使用的标准。

建设工程保修的具体意义在于：建设工程质量保修制度是国家确定的重要法律制度，建设工程质量保修制度对于完善建设工程保修制度、监督承包方工程质量、促进施工单位加强质量管理、保护消费者和用户的合法权益。

7.2.1 建设项目保修期限

建设工程保修期限是指建设项目竣工验收交付使用后，由于建筑物使用功能不良或无法使用的问题，应由相关单位负责修理的期限规定。

特别提示

建设工程的保修期自建设项目竣工验收合格之日起计算。

建设项目保修期限应当按照保证建筑物在合理寿命内正常使用、维护消费者合法权益的原则确定。

按照国务院颁布的279号令《建设工程质量管理条例》第四十条规定，建设项目在正常使用条件下，对建设工程的最低保修期限有以下规定。

(1) 基础设施工程、房屋建筑的地基基础工程和主体结构工程，为设计文件规定的该建设工程的合理使用年限。

(2) 屋面防水工程、有防水要求的卫生间、房间和外墙面的防渗漏期限为5年。

(3) 供热与供冷系统，期限为2个采暖期、供冷期。

(4) 电气管线、给排水管道、设备安装和装修工程，期限为2年。

(5) 涉及其他项目的保修期限应由承包方与业主在合同中规定。

特别提示

引例中，建设项目竣工验收交付使用后，在一定的时间内，本着对建设单位和建设项目使用者负责的原则，施工单位应该就建设项目出现的问题进行相应的处理。按照规定，屋面防水工程、有防水要求的卫生间、房间和外墙面的防渗漏的保修期限为5年，所以处于合理的保修期限内。

7.2.2 工程保修费用处理

工程保修费用，一般按照"谁的责任，由谁负责"的原则执行，具体规定如下。

(1) 由于业主提供的材料、构配件或设备质量不合格造成的质量缺陷，或发包人在竣工验收后未经许可自行对建设项目进行改建造成的质量问题，应由业主承担经济责任。

(2) 由于发包人指定的分包人或者不能肢解而肢解发包的工程，导致施工接口不好，造成质量问题，应由发包人自行承担经济责任。

(3) 由于勘察、设计的原因造成的质量缺陷，由勘察、设计单位负责并承担经济责任，由施工单位负责维修或处理。根据《合同法》规定，勘察、设计人应当继续完成勘察和设计，减收或免收勘察、设计费用；施工单位进行维修、处理时，费用支出应按合同约定，通过建设单位向设计单位索赔，不足部分由建设单位补偿。

(4) 由于施工单位未按国家有关施工质量验收规范、设计文件要求和施工合同约定组织施工而造成的质量问题，应由施工单位负责无偿返修并承担经济责任。如果在合同规定的时间和程序内施工单位未到现场修理，建设单位可以根据情况另行委托其他单位修理，由原施工单位承担经济责任。

特别提示

引例中，建筑物雨季渗漏原因是施工单位在施工过程中未能按照施工设计文件要求进行施工，而是私自进行了工程变更造成的。按照规定在对建设项目的维修过程中发生的费用支出，应该根据"谁的责任，由谁负责"的原则，由相关单位承担，因此保修费用应由施工单位承担。

(5) 由于施工单位采购的材料、构配件或者设备质量不合格引起的质量缺陷，或施工单位应进行却没有进行试验或检验，使不合格材料、构配件或者设备进入现场使用造成的质量问题，应由施工单位负责修理并承担经济责任。

(6) 由于业主或使用人在项目竣工验收后使用不当造成的质量问题，应由业主或使用人自行承担经济责任。

(7) 由于不可抗力或者其他无法预料的灾害造成的质量问题和损失，施工单位和设计单位均不承担经济责任，所发生的维修、处理费用应由建设单位自行承担经济责任。

特别提示

不可抗力或者其他无法预料的灾害主要包括地震、洪水、台风、泥石流、山体滑坡等。

综合应用案例

【案例概况】

某市A建设项目经过决策、设计、招投标、施工以及竣工验收等几个阶段后，建设单位准备就所掌握的资料对该项目进行竣工决算的编制。经过一段时间的工作形成了以下竣工决算文件，主要包括以下内容。

(1) 建设项目竣工财务决算说明书，包含以下内容。

① 建设项目概况。

② 资金来源及运用的财务分析，包括工程价款结算、会计账务处理、财产物资情况及债权债务的清偿情况。

③ 建设收入、资金结余及结余资金的分配处理情况。

④ 工程项目管理及决算中的经验和有待解决的问题。

⑤ 需要说明的其他事项。

(2) 建设项目竣工财务决算报表，包含以下内容。

① 建设项目竣工财务决算审批表。

② 大、中型项目概况表。

③ 大、中型项目竣工财务决算表。

④ 大、中型项目交付使用资产总表。

⑤ 小型项目概况表。

⑥ 小型项目竣工财务决算总表。

⑦ 建设项目交付使用资产明细表。

⑧ 主要技术经济指标的分析、计算情况。

(3) 工程造价比较分析，包含以下内容。

① 工程主要实物工程量、主要材料消耗量。

② 建设单位管理费、建筑安装工程其他直接费、现场经费和间接费使用分析。

③ 竣工图。

【问题】

(1) 对于建设单位编制的竣工财务决算报表，有哪些不合适的地方？怎样调整？

(2) 编制建设项目竣工决算的依据有哪些？应该如何编制？

【案例解析】

(1) “主要技术经济指标的分析、计算情况”应该是建设项目竣工决算报告说明书当中的内容；小型项目不需要填列“小型项目概况表”；“竣工图”应该单独作为建设项目竣工决算报告的一项内容加以反映，而不属于工程造价比较分析的内容。

(2) 编制建设项目竣工决算的依据有以下几个方面。

① 经批准的可行性研究报告、投资估算书、初步设计或扩大初步设计、修正总概算、施工图设计以及施工图预算等文件。

② 设计交底或图纸会审纪要。

③ 招投标标底价格、承包合同、工程结算等有关资料。

④ 施工纪录、施工签证单及其他在施工过程中的有关费用记录。

⑤ 竣工图、竣工验收资料。

⑥ 历年基本建设计划、历年财务决算及批复文件。

⑦ 设备、材料调价文件和调价记录。

⑧ 有关财务制度及其他相关资料。

(3) 竣工决算的编制包括以下几步。

① 收集、分析、整理有关原始资料。

② 对照、核实工程变动情况，重新核实各单位工程、单项工程造价。

③ 如实反映项目建设有关成本费用。

④ 编制建设工程竣工财务决算说明书。

⑤ 编制建设工程竣工财务决算报表。

⑥ 做好工程造价比较分析。

⑦ 整理、装订好竣工图。

⑧ 上报主管部门审查、批准、存档。

本章小结

本章主要介绍了建设项目竣工决算和保修费用的处理。

竣工决算是建设项目竣工交付使用的最后一个环节，因此也是建设项目建设过程中进行工程造价控制的最后一个环节。竣工决算是建设项目经济效益的全面反映，是建设单位掌握建设项目实际造价的重要文件，也是建设单位核算新增固定资产、新增无形资产、新增流动资产和新增其他资产价值的主要资料。因此，工程竣工决算应包括：竣工财务决算说明书、竣工财务决算报表、竣工工程平面示意图、工程造价比较分析4部分内容，其中竣工财务决算说明书和竣工财务决算报表是竣工决算的核心部分。编制竣工财务决算报表应该分别按照大、中型项目和小型项目的编制要求进行编写；在编制建设项目竣工决算时，应该根据编制依据、编制步骤进行编写，以保证竣工决算的完整性和准确性；在确定建设项目新增资产价值时，应根据各类资产的确认原则确认其价值。

建设项目竣工交付使用后，施工单位还应定期对建设单位和建设项目的使用者进行回访，如果建设项目出现质量问题应及时进行维修和处理。建设项目保修的期限应当按照保证建筑物在合理寿命内正常使用和维护消费者合法权益的原则确定。建设项目保修费用一般按照“谁的责任，由谁负责”的原则处理。

本章的教学目标是掌握建设项目竣工决算的作用，掌握新增固定资产、新增无形资产的价值确定原则，熟悉建设项目的最低保修期限，熟悉建设项目保修费用的处理原则。

第7章
习题测试

习　题

一、单选题

1. 建设项目竣工结算是指(　　)。

A. 建设单位与施工单位的最后决算

B. 建设项目竣工验收时建设单位和承包商的结算

C. 建设单位从建设项目开始到竣工交付使用为止发生的全部建设支出

D. 业主与承包商签订的建筑安装合同终结的凭证

2. 在建设项目交付使用资产总表中，融资费用应列入(　　)。

A. 固定资产　　B. 无形资产　　C. 流动资产　　D. 其他资产

3. 建设项目竣工决算是建设工程经济效益的全面反映，是(　　)核定各类新增资产价值、办理交付使用的依据。

A. 建设项目主管单位　　B. 施工单位

C. 项目法人　　D. 国有资产管理部门

4. (　　)是施工单位将所承包的工程按照合同规定全部完工交付时，向建设单位进行最终工程价款结算的凭证。

A. 建设单位编制的竣工决算

B. 建设单位编制的竣工结算

C. 施工单位编制的竣工决算

D. 施工单位编制的竣工结算

5. 建设项目竣工决算是建设工程从筹建到竣工交付使用全过程中所发生的所有(　　)。

A. 计划支出　　B. 实际支出　　C. 收入金额　　D. 费用金额

6. 在建设项目竣工决算中，作为无形资产入账的是(　　)。

A. 项目建设期间的融资费用

B. 为了取得土地使用权缴纳的土地使用权出让金

C. 企业通过政府无偿划拨的土地使用权

D. 企业的开办费和职工培训费

7. 建设项目竣工财务决算说明书和(　　)是竣工决算的核心部分。

A. 竣工工程平面示意图

B. 建设项目主要技术经济指标分析

C. 竣工财务决算报表

D. 工程造价比较分析

8. 以下不属于竣工决算编制步骤的是(　　)。

A. 收集原始资料　　B. 填写设计变更单

C. 编制竣工财务决算报表　　D. 做好工程造价比较分析

9. 根据《建设工程质量管理条例》的有关规定，电气管线、给排水管道、设备安装和装修工程的保修期为(　　)。

A. 建设工程的合理使用年限

B. 2年

C. 5年

D. 按双方协商的年限

10. 某地因发生地震，对建设项目造成了损失，所发生的维修费用根据保修费用的处理原则规定，应由(　　)支付。

A. 设计单位

B. 施工单位

C. 建设单位

D. 政府主管建设的部门

二、多选题

1. 竣工决算是建设工程经济效益的全面反映，具体包括(　　)。

A. 竣工财务决算报表

B. 工程造价比较分析

C. 建设项目竣工结算

D. 竣工工程平面示意图

E. 竣工财务决算说明书

2. 建设项目建成后形成的新增资产按性质可划分为(　　)。

A. 著作权

B. 无形资产

C. 固定资产

D. 流动资产

E. 其他资产

3. 在竣工决算中，以下属于建设项目新增固定资产价值的有(　　)。

A. 生产准备费用

B. 建设单位管理费用

C. 研究试验费用

D. 工程监理费用

E. 土地使用权出让金

4. 建设项目竣工决算的主要作用有(　　)。

A. 正确反映建设工程的计划支出

B. 正确反映建设工程的实际造价

C. 正确反映建设工程的实际投资效果

D. 建设单位确定各类新增资产价值的依据

E. 建设单位总结经验，提高未来建设工程投资效益的重要资料

5. 建设项目竣工决算的编制依据是(　　)。

A. 经批准的可行性研究报告、投资估算书以及施工图预算等文件

B. 设计交底或图纸会审纪要

C. 竣工图、竣工验收资料

D. 招投标标底价格、工程结算资料

E. 施工记录、施工签证单及其他在施工过程中的有关记录

6. 企业应该作为无形资产核算的内容包括(　　)。

A. 著作权

B. 商标权

C. 非专利技术

D. 政府无偿划拨给企业的土地使用权

E. 专利权

7. 小型项目竣工财务决算报表由(　　)构成。

A. 工程项目交付使用资产总表

B. 建设项目进度结算表

C. 工程项目竣工财务决算审批表

D. 工程项目交付使用资产明细表

E. 建设项目竣工财务决算总表

8. 大、中型项目竣工财务决算报表与小型项目竣工财务决算报表相同的部分有（　　）。

A. 工程项目竣工财务决算审批表

B. 工程项目交付使用资产明细表

C. 大、中型项目概况表

D. 建设项目竣工财务决算表

E. 建设项目交付使用资产总表

9. 按照国务院颁布的《建设工程质量管理条例》的有关规定，对建设工程的最低保修期限描述正确的有（　　）。

A. 基础设施工程、房屋建筑的地基基础工程，期限为 10 年

B. 供热与供冷系统，期限为 2 个采暖期、供冷期

C. 给排水管道、设备安装和装修工程，期限为 3 年

D. 屋面防水工程、有防水要求的卫生间，期限为 5 年

E. 涉及其他项目的保修期限应由承包方与业主在合同中规定

10. 关于建设项目工程保修费用处理原则正确的有（　　）。

A. 由于勘察、设计的原因造成的质量缺陷，由建设单位承担经济责任

B. 由于建设单位采购的材料、设备质量不合格引起的质量缺陷，由建设单位承担经济责任

C. 由于不可抗力或者其他自然灾害造成的质量问题和损失，由建设单位和施工单位共同承担

D. 由于业主或使用人在项目竣工验收后使用不当造成的质量问题，由设计单位承担经济责任

E. 由于施工单位未按施工质量验收规范、设计文件要求组织施工而造成的质量问题，由施工单位承担经济责任

三、判断题

1. 竣工结算由建设单位负责编制，竣工决算由施工单位负责编制。（　　）

2. 竣工决算是建设项目从筹建到竣工交付使用为止所发生的全部建设费用。（　　）

3. 竣工决算的编制步骤中，第三步为收集、分析、整理有关原始资料。（　　）

4. 建设项目新增资产，按性质分为固定资产、流动资产、无形资产和其他资产四类。（　　）

5. 企业在取得土地使用权时，在交纳了土地使用权出让金后，应将土地确认为企业的固定资产。（　　）

6. 企业的著作权、商标权、专利权、非专利技术、工、器具等均确认为企业的无形资产。（　　）

7. 确定新增固定资产价值能够反映一定范围内固定资产的规模与生产速度。（　　）

8. 建设项目保修的期限中，供热系统为 5 个采暖期。（　　）

9. 由于勘察、设计的原因造成的质量问题,由勘察、设计单位负责并承担经济责任,由施工单位负责维修或处理。 ( )

10. 由于不可抗力对建设项目造成的质量问题,由建设单位承担经济责任。 ( )

四、简答题

1. 简述建设工程竣工决算的作用。
2. 简述建设工程竣工决算与工程竣工结算的区别。
3. 简述新增固定资产的价值构成以及确定价值的作用。
4. 简述建设工程项目保修期的规定。
5. 简述建设工程发生保修费用支出时的处理方法。

五、案例题

某建设项目办理竣工结算交付使用后,办理竣工决算。实际总投资为 50 000 万元,其中建筑安装工程费 30 000 万元;设备购置费 4 500 万元;工、器具购置费 200 万元;建设单位管理费及勘察设计费 1 200 万元;土地使用权出让金 1 600 万元;开办费及劳动培训费 1 000 万元;专利开发费 1 600 万元;库存材料 150 万元。

问题:

按资产性质分类并计算新增固定资产、无形资产、流动资产、其他资产的价值。

六、实训题

H 市某饭店工程竣工交付使用后,经有关部门审计,饭店实际投资为 50 800 万元,分别为:设备购置费 4 500 万元;建筑安装工程费 35 000 万元;工、器具购置费 300 万元;土地使用权出让金 4 000 万元;企业开办费 2 500 万元;专利技术开发及申报登记费 650 万元,垫支的流动资金 3 900 万元。

经项目可行性研究结果预计,项目交付使用后年营业收入为 31 000 万元,年总成本为 24 000 万元,年销售税金及附加 950 万元。

根据以上所给资料,按照资产性质划分项目的新增资产类型,分别计算新增资产的价值,确定项目的年投资利润率和年投资利税率。

参考文献

崔武文，2010. 工程造价管理[M]. 北京：中国建材工业出版社.

柯洪，2019. 2019年版全国一级造价工程师职业资格考试应试指南：建设工程计价[M]. 北京：中国计划出版社.

王春梅，2015. 工程造价案例分析[M]. 2版. 北京：清华大学出版社.

王朝霞，2014. 建筑工程定额与计价[M]. 4版. 北京：中国电力出版社.

袁建新，迟晓明，2008. 施工图预算与工程造价控制[M]. 2版. 北京：中国建筑工业出版社.

张凌云，2015. 工程造价控制（工程造价与工程管理类专业适用）[M]. 3版. 北京：中国建筑工业出版社.

中国建设监理协会，2020. 2020全国监理工程师职业资格考试用书：建设工程投资控制（土木建筑工程）[M]. 北京：中国建筑工业出版社.

中华人民共和国国家发展和改革委员会，中华人民共和国建设部，2006. 建设项目经济评价方法与参数[M]. 3版. 北京：中国计划出版社.

中华人民共和国住房和城乡建设部，中华人民共和国国家质量监督检验检疫总局，2013. 建设工程工程量清单计价规范：GB 50500—2013[S]. 北京：中国计划出版社.